高等职业教育“十三五”规划教材（网络工程课程群）

网络操作系统管理与配置
——Windows Server 2008

主　编　张庆玲　舍乐莫　张建军

副主编　吕润桃　高锁军　时立峰　刘海涛

中国水利水电出版社
www.waterpub.com.cn
·北京·

内 容 提 要

网络操作系统包含了改进的网络、应用程序和 IIS 服务，为用户提供了一整套稳定可靠、功能强大的网络解决方案。全书围绕 Windows Server 2008 操作系统及其各种网络服务器讲解，共 10 章，主要内容包括网络操作系统概述、管理 DNS 服务器、管理 WINS 服务器、管理活动目录服务、管理 DHCP 服务器、管理 Web 服务器、管理 FTP 服务器、管理证书服务器、管理邮件服务器、磁盘管理。

本书结构合理、内容翔实、实用性强、涉及范围广泛，且每章都配有相关知识点的实验和习题。

本书可作为高职高专院校计算机类核心专业的教材，也可作为全国职业技能大赛计算机网络技术赛项和网络培训班以及网络工程师软考的培训教材，还可供网络管理员、系统集成人员参考。

图书在版编目（CIP）数据

网络操作系统管理与配置 : Windows Server 2008 / 张庆玲，舍乐莫，张建军主编. -- 北京 : 中国水利水电出版社，2018.7
高等职业教育“十三五”规划教材. 网络工程课程群
ISBN 978-7-5170-6696-5

Ⅰ. ①网… Ⅱ. ①张… ②舍… ③张… Ⅲ. ①Windows操作系统－网络服务器－高等职业教育－教材 Ⅳ. ①TP316.86

中国版本图书馆CIP数据核字(2018)第175370号

策划编辑：石永峰　**责任编辑：**张玉玲　**加工编辑：**王玉梅　**封面设计：**李 佳

书　名	高等职业教育“十三五”规划教材（网络工程课程群） 网络操作系统管理与配置——Windows Server 2008 WANGLUO CAOZUO XITONG GUANLI YU PEIZHI——WINDOWS SERVER 2008
作　者	主　编　张庆玲　舍乐莫　张建军 副主编　吕润桃　高锁军　时立峰　刘海涛
出版发行	中国水利水电出版社 （北京市海淀区玉渊潭南路 1 号 D 座　100038） 网址：www.waterpub.com.cn E-mail：mchannel@263.net（万水） sales@waterpub.com.cn 电话：（010）68367658（营销中心）、82562819（万水）
经　售	全国各地新华书店和相关出版物销售网点
排　版	北京万水电子信息有限公司
印　刷	三河市祥宏印务有限公司
规　格	184mm×260mm　16 开本　14.25 印张　333 千字
版　次	2018 年 7 月第 1 版　2018 年 7 月第 1 次印刷
印　数	0001—3000 册
定　价	36.00 元

前　　言

随着计算机网络技术的日益普及和不断发展，计算机网络课程已经成为计算机类专业的主干专业课之一。网络操作系统是计算机网络的一个重要组成部分，“网络操作系统”课程是各大院校计算机专业的核心课程，具有很强的实践性。目前常用的网络操作系统主要有Windows Server 2008、Linux。为满足我国高职教育的需要，我们编写了这本“教、学、做”一体化的网络操作系统的教材。

全书主要讲解 Windows Server 2008 操作系统的安装及其各种网络服务器的安装、配置与管理，共 10 章，主要内容包括网络操作系统概述、管理 DNS 服务器、管理 WINS 服务器、管理活动目录服务、管理 DHCP 服务器、管理 Web 服务器、管理 FTP 服务器、管理证书服务器、管理邮件服务器、磁盘管理。本书结构合理、层次分明、详略得当，每章后面都配有实验和习题。

本课程是一门实践性很强的课程，建议在讲授网络操作系统时，应注重培养学生的动手能力，尽量提供配置完备的网络实训环境，让学生充分地利用网络资源，最大限度地在模拟环境中理解实际生活的应用。通过实验，以项目驱动的方式使学生掌握服务器的配置及网络管理的基本技能。

本书作者张庆玲、张建军、吕润桃、赵金考、韩耀坤、陈慧英、郭洪兵、王芳、赵红伟、刘涛来自包头轻工职业技术学院，舍乐莫、高锁军、时立峰、刘海涛来自内蒙古机电职业技术学院。本书由张庆玲、舍乐莫、张建军任主编，吕润桃、高锁军、时立峰、刘海涛任副主编，编写分工如下：张庆玲编写了第 1 章至第 3 章，舍乐莫、张建军编写了第 4 章至第 6 章，吕润桃、高锁军编写了第 7、第 8 章，时立峰、刘海涛编写了第 9、第 10 章，赵金考、韩耀坤、陈慧英、郭洪兵、王芳、赵红伟、刘涛也参与了本书各章节的编写工作。

限于编者的水平，书中难免有不足和疏漏之处，恳请提出宝贵意见。

编　者

2018 年 6 月

目　录

第 1 章 网络操作系统概述

操作系统（Operating System，OS）是计算机系统中负责提供应用程序运行环境以及用户操作系统环境的系统软件，同时也是计算机系统的核心与基石。它的职责包括对硬件的直接监管、对各种计算资源（如内存、处理器时间等）的管理，以及提供诸如作业管理之类的面向应用程序的服务等。

教学目标

- 了解 Windows 网络操作系统的发展、功能、特性以及分类
- 了解网络操作系统的几种常用版本
- 了解 Windows Server 2008 基本概念
- 掌握安装 Windows Server 2008 的方法

1.1 网络操作系统的发展

网络操作系统（Network Operating System，NOS）能够实现单机操作系统全部功能，还能使网络上各个计算机能方便而有效地共享网络资源，为网络用户提供所需的各种服务软件，是网络用户与计算机网络之间的接口，是计算机网络中管理一台或多台主机的软硬件资源、支持网络通信、提供网络服务的程序集合。相对于单机操作系统而言的网络操作系统是具有网络功能的计算机操作系统。操作系统有以下三个发展阶段：

（1）最初的操作系统是单块式的，像目前仍在使用的 DOS 就属于这一类。它由一组可以任意互相调用的过程组成。它对系统的数据没有任何保护，没有清晰的结构，因此，安全性差，对它的扩展更加困难。

（2）另一种结构的操作系统是层次式的，UNIX、Novell NetWare 等都属于这一类。

（3）第三种结构为 Client/Server 模式，以卡内基梅隆大学研制的 Mach 为代表的微内核结构的操作系统和 Microsoft Windows NT 等属于这种类型。

1.2 网络操作系统的功能

网络操作系统除了具有通常操作系统应具有的处理机管理、存储器管理、设备管理和文件管理外，还具有以下两大功能。

1. 提供高效、可靠的网络通信能力

网络操作系统还对每个网络设备之间的通信进行管理，这是通过网络操作系统中的媒体访问法来实现的。

2. 提供多种网络服务功能

网络操作系统负责管理 LAN 用户和 LAN 打印机之间的连接，总是跟踪每一个可供使用的打印机以及每个用户的打印请求，并对如何满足这些请求进行管理，使每个用户端的操作系统感到所希望的打印机犹如与其计算机直接相连。

网络操作系统的各种安全特性可用来管理每个用户的访问权利，确保关键数据的安全保密。因此，网络操作系统从根本上说是一种管理器，用来管理连接、资源和通信量的流向。总而言之，要为用户提供访问网络中计算机各种资源的服务，如远程作业录入并进行处理的服务功能、文件传输服务功能、电子邮件服务功能等。

1.3 网络操作系统的特性

当今网络操作系统具有以下特点：

（1）从体系结构的角度看，当今的网络操作系统可能不同于一般网络协议所需的完整的协议通信传输功能，但具有所有操作系统职能，如任务管理、缓冲区管理、文件管理、磁盘和打印机等外设管理。

（2）从操作系统的观点看，网络操作系统大多是围绕核心调度的多用户共享资源的操作系统，包括磁盘处理、打印机处理、网络通信处理等面向用户的处理程序和多用户的系统核心调度程序。

（3）从网络的观点看，可以将网络操作系统与标准的网络层次模型作比较：在物理层和数据链路层，一般网络操作系统支持多种网络接口卡，如 Novell 公司、3Com 公司以及其他厂家的网卡，其中有基于总线的网卡，也有基于令牌环网的网卡及支持星型网络的 ARCNET 网卡。因此，从拓扑结构来看，网络操作系统可以运行于总线型、环型、星型等多种形式的网络之上。为了提供网络的互联性，一般网络操作系统提供了多种复杂的桥接、路由功能，可以将具有相同或不同的网络接口卡、不同协议和不同拓扑结构的网络连接起来。

一个典型的网络操作系统，一般具有以下特征：

（1）硬件独立，网络操作系统可以在不同的网络硬件上运行。

（2）桥/路由连接，可以通过网桥、路由功能和别的网络联接。

（3）多用户支持，在多用户环境下，网络操作系统给应用程序及其数据文件提供了足够的、标准化的保护。

（4）网络管理，支持网络应用程序及其管理功能，如系统备份、安全管理、容错、性能控制等。

（5）安全性和存取控制，对用户资源进行控制，并提供控制用户对网络访问的方法。

（6）用户界面，网络操作系统提供用户丰富的界面功能，具有多种网络控制方式。

1.4 网络操作系统的分类

网络操作系统是用于网络管理的核心软件，目前得到广泛应用的网络操作系统有 UNIX、Linux、NetWare、Windows NT Server、Windows 2000 Server、Windows Server 2003 和 Windows Server 2008 等。

1.4.1 UNIX

UNIX 操作系统是一个通用的、交互作用的分时系统，最早的版本是美国电报电话公司（AT&T）Bell 实验室的 K.Thompson 和 M.Ritchie 共同研制的，目的是在贝尔实验室内创造一种进行程序设计研究和开发的良好环境。

UNIX 操作系统的主要特性如下：

（1）模块化的系统设计。

（2）逻辑化文件系统。

（3）开放式系统：遵循国际标准。

（4）优秀的网络功能。

（5）优秀的安全性。

（6）良好的可移植性。

（7）可以在任何档次的计算机上使用。

1.4.2 Linux

Linux 提供了一个稳定、完整、多用户、多任务和多进程的运行环境，具有如下特点：

（1）完全遵循 POSLX 标准。

（2）真正的多任务、多用户系统，内置网络支持，能和其他 OS 无缝连接，网络效能速度最快，支持多种文件系统。

（3）可运行于多种硬件平台。

（4）对硬件要求较低。

（5）有广泛的应用程序支持。

（6）设备独立。

（7）安全。

（8）良好的可移植性。

（9）具有庞大且素质较高的用户群。

1.4.3 NetWare

NetWare 最初是为 Novell S-Net 网络开发的服务器操作系统。其主要特性如下：

（1）提供简化的资源访问和管理。

（2）确保企业数据资源的完整性和可用性。

（3）以实时方式支持在中心位置进行关键性商业信息的备份与恢复。

（4）支持企业网络的高可扩展性。

（5）包含开放标准及文件协议。

1.4.4 Windows NT Server

Windows NT 从一开始就几乎成为中小型企业局域网的标准操作系统，是发展最快的一种操作系统，它采用多任务、多流程操作及多处理器系统（SMP）。

在 SMP 系统中，工作量比较均匀地分布在各个 CPU 上，提供了极佳的系统性能。Windows NT 系列从 3.1 版、3.50 版、3.51 版，已发展到 4.0 版。

1.4.5 Windows 2000 Server

Windows 2000 Server 用于工作组和部门服务器等中小型网络。Windows 2000 Advanced Server 用于应用程序服务器和功能更强的部门服务器。Windows 2000 Datacenter Server 用于运行数据中心服务器等大型网络系统。

1.4.6 Windows Server 2003

1. Windows Server 2003 标准版

Windows Server 2003 标准版是一个可靠的网络操作系统，可以迅速方便地提供企业解决方案。这个版本是小型企业和部门应用的理想选择。

2. Windows Server 2003 企业版

Windows Server 2003 企业版是为满足各种规模的企业的一般用途而设计的。它是各种应用程序、Web 服务和基础结构的理想平台，提供高度可靠性、高性能和出色的商业价值，是一种全功能的网络服务器操作系统。它支持多达 8 个的处理器，提供了企业级功能（如 8 节点群集、支持高达 32GB 的 RAM 等），可以用于基于 Intel Itanium 系列的计算机，也可以用于能够支持 8 个处理器和 64GB RAM 的 64 位计算平台。

3. Windows Server 2003 数据中心版

Windows Server 2003 数据中心版是为运行企业和任务所倚重的应用程序而设计的，是 Microsoft 迄今为止开发的功能最强大的服务器操作系统。它支持高达 32 路的 SMP 和 64GB 的 RAM，可以用于能够支持 64 位处理器和 512GB RAM 的 64 位计算平台。

4. Windows Server 2003 Web 版

Windows Server 2003 Web 版是专为用作 Web 服务器而设计的。它提供了 Windows 服务器操作系统的下一代 Web 结构的功能。

1.4.7 Windows Server 2008

目前，Windows Server 2008 包括多种不同的版本，以支持不同单位（公司）网络的各种服务器和工作负载需求。

1. Windows Server 2008 Standard Edition（标准版）

该操作系统包括 32 位和 64 位两种类型，其中，32 位（X86）版本最多支持 4GB RAM，在 SMP 配置下最多支持 4 个处理器；64 位（X64）版本最多支持 32GB RAM，在 SMP 配置下最多支持 4 个处理器。该版本主要面向中小型企业用户。

2. Windows Server 2008 Enterprise Edition（企业版）

该操作系统包括 32 位和 64 位两种类型，其中，32 位（X86）版本在 SMP 配置下最多支持 64GB RAM 和 8 个处理器；64 位（X64）版本在 SMP 配置下最多支持 2TB RAM 和 8 个处理器。该版本主要针对大型企业的操作系统，特别是在运行 SQL Server 2008 Enterprise Edition 和 Exchange Server 2007 应用程序的服务器上，就采用此版本。

3. Windows Server 2008 Datacenter Edition（数据中心版）

该操作系统包括 32 位和 64 位两种类型，其中 32 位（X86）版本在 SMP 配置下最多支持 64GB RAM 和 32 个处理器；64 位（X64）版本在 SMP 配置下最多支持 2TB RAM 和 64 个处理器。该版本直接针对大规模的企业应用。

4. Windows Web Server 2008

Windows Web Server 2008 同样包括 32 位和 64 位两种类型，其中 32 位（X86）版本在 SMP

配置下最多支持 4GB RAM 和 4 个处理器；64 位（X64）版本在 SMP 配置下最多支持 32GB RAM 和 4 个处理器，该版本是专门为 Web 应用程序服务器而设计的，其他角色，如 Windows 部署服务器和 Active Directory 域服务等，在 Windows Web Server 2008 上不受支持。

5. Windows Server 2008 for Itanium-Based Systems

与前几种版本不同，Windows Server 2008 for Itanium-Based Systems 是专为 Intel Itanium 64 位处理器架构设计的。该架构不同于 Intel Core 2 Duo 或 AMD Turion 系列处理器芯片中存在的 X64 架构。这是 Windows Server 2008 可以安装到 1 台基于 Itanium 的计算机上的唯一版本，并且需要一个 Itanium 2 处理器。该版本在 SMP 配置下最多支持 64 个处理器和 2TB RAM。

1.5 实验：虚拟机中安装 Windows Server 2008 镜像文件

1.5.1 实验目的

- 掌握虚拟机的安装和配置。
- 掌握在虚拟机中安装 Windows Server 2008 镜像文件的方法。

1.5.2 实验内容

通过本实验我们学习如何安装和设置虚拟机，然后在该虚拟机中安装 Windows Server 2008 镜像文件。其中 Windows Server 2008 的安装分区是 20GB，文件系统格式是 NTFS，计算机名是 WIN-MWTCJQPVFUQ，管理员密码是 abc123#，服务器的 IP 地址是 172.16.50.88，子网掩码是 255.255.0.0，DNS 服务器的 IP 地址是 172.16.50.88，默认网关是 172.16.50.1，属于工作组 XXGC。

1.5.3 实验步骤

一、安装虚拟机

单击虚拟机安装程序（此处为 VMware-Workstation-full-10.0.3-18105310.exe），打开如图 1-1 所示的窗口。

（1）单击“下一步”按钮，打开如图 1-2 所示的对话框，选择“我接受许可协议中的条款”选项。

（2）单击“下一步”按钮，打开如图 1-3 所示的对话框，选择安装类型为“典型”。单击“下一步”按钮，设置安装路径，一般按照默认值把文件安装到 C 盘下，单击“更改”按钮可以选择其他安装路径，如图 1-4 所示。

（3）单击“下一步”按钮，显示正在安装中，这个过程需等待几分钟，如图 1-5 所示，然后单击“下一步”按钮，出现如图 1-6 所示的窗口，单击“完成”按钮，完成安装，安装好的虚拟机控制台如图 1-7 所示。

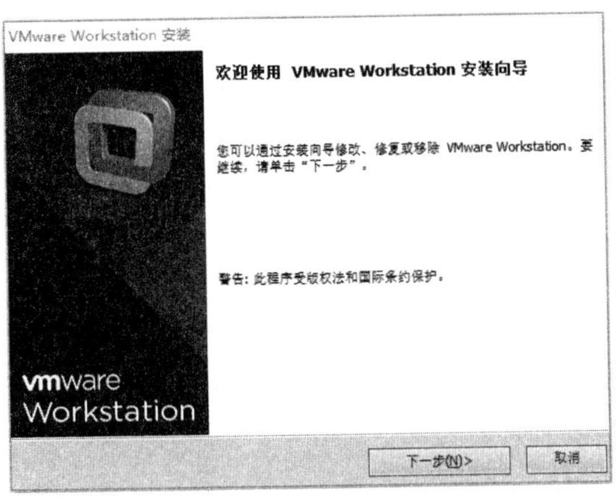

图 1-1 虚拟机安装窗口

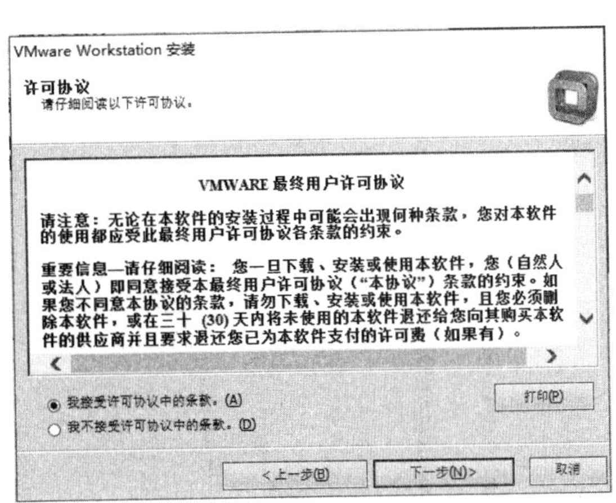

图 1-2 “许可协议”对话框

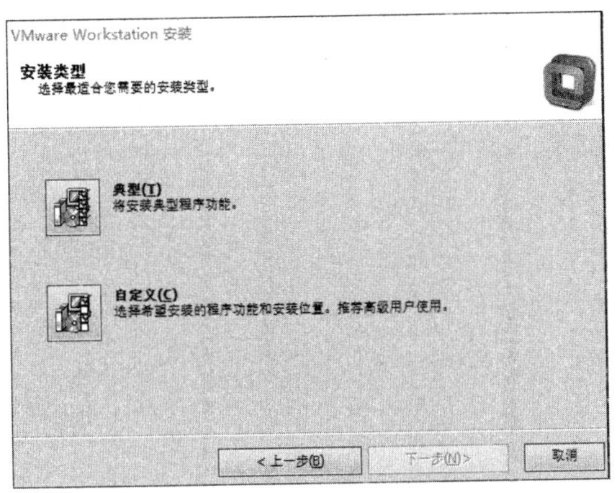

图 1-3 “安装类型”对话框

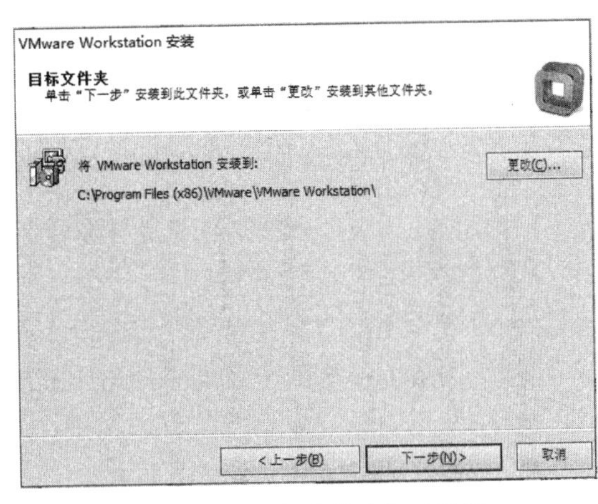

图 1-4 “目标文件夹”对话框

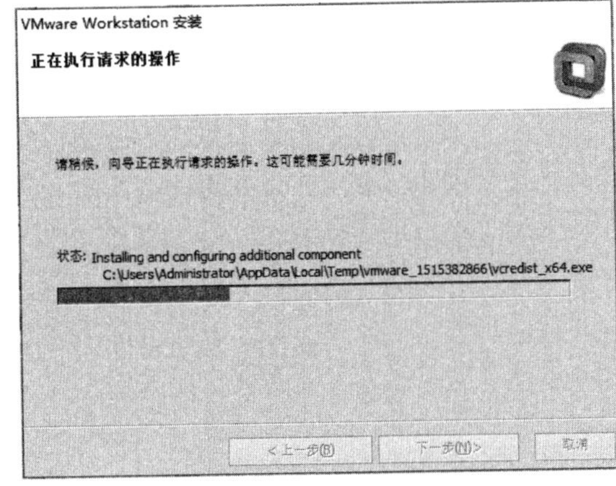

图 1-5 提示信息窗口

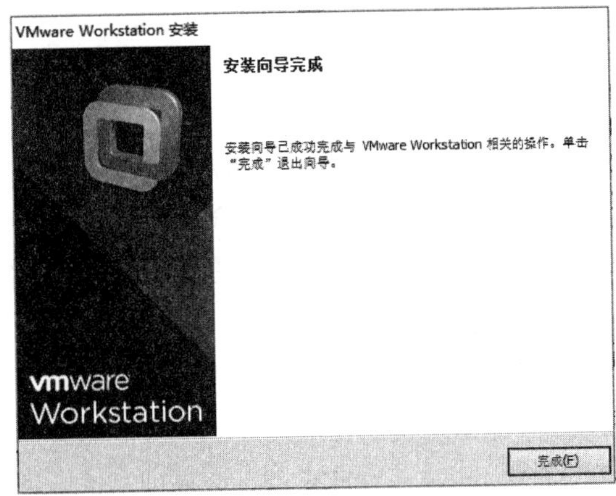

图 1-6 安装成功

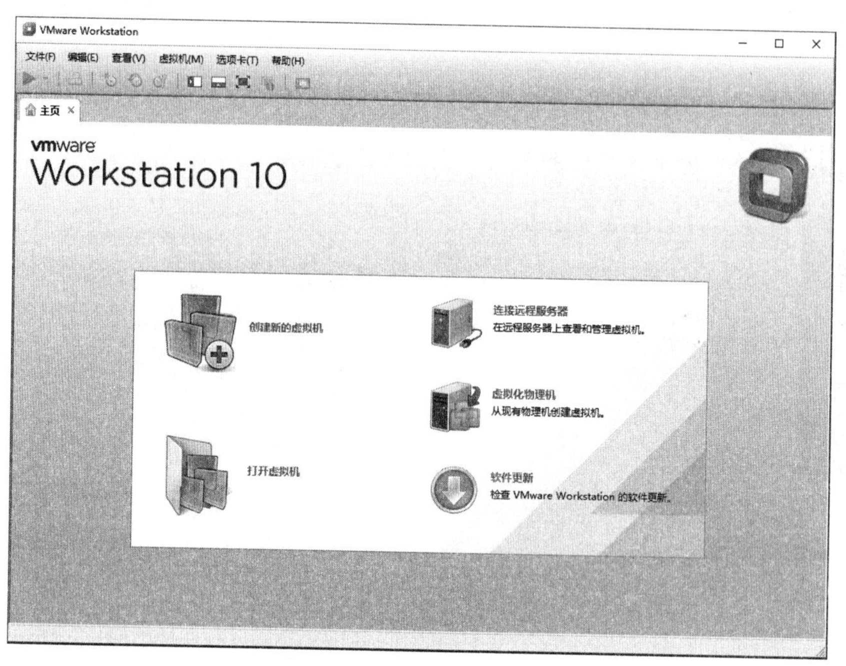

图 1-7 虚拟机控制台

二、在 VMware 中安装 Windows Server 2008 镜像文件

1. Windows Server 2008 镜像文件安装要求

处理器：

最小：1.4GHz（X64 处理器）或以上。

注意：Windows Server 2008 for Itanium-Based Systems 版本需要 Intel Itanium 2 处理器。

内存：

最小：512MB RAM。

最大：32GB（Standard、Web Server 和 Foundation 的系统）或 2TB（Enterprise、Datacenter 和基于 Itanium 的系统）。

可用磁盘空间：

基础版：10GB 或以上。

其他最小：32GB 或以上。

注意：配备 16GB 以上 RAM 的计算机需要更多的磁盘空间进行分页、休眠和转储文件。

2. 安装 Windows Server 2008 镜像文件前建议

（1）检查应用程序兼容性。

（2）断开 UPS 设备。

（3）备份服务器。

（4）禁用防病毒软件或断开网络。

（5）运行 Windows 内存诊断工具。

（6）提供大容量存储驱动程序。

（7）Windows 防火墙默规划。

（8）准备 Active Directory。

（9）检查升级路径。

3. 安装 Windows Server 2008 镜像文件前准备

（1）打开 VMware 控制台，执行“文件”→“新建虚拟机”命令，如图 1-8 所示。

（2）在弹出的对话框中选择“典型”配置方式，如图 1-9 所示。

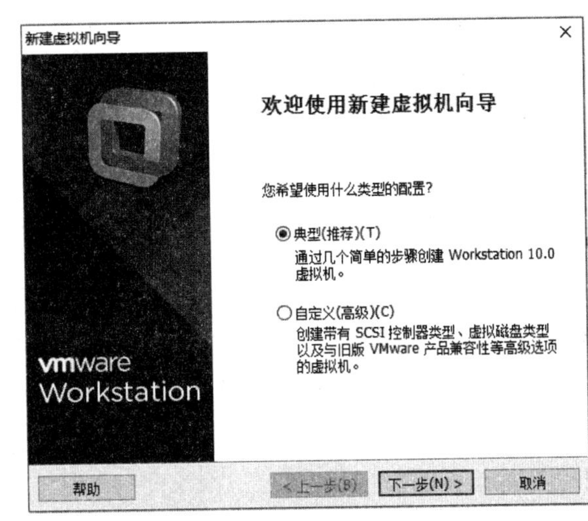

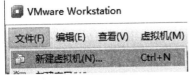

图 1-8　“新建虚拟机”命令

图 1-9　“欢迎使用新建虚拟机向导”对话框

（3）单击“下一步”按钮，打开“安装客户机操作系统”对话框，“安装来源”选择“安装程序光盘映像文件”选项，单击“浏览”按钮，从本地盘中选择 Windows Server 2008 镜像文件，如图 1-10 所示。

（4）单击“下一步”按钮，打开“简易安装信息”对话框，如图 1-11 所示，输入 Windows 产品密钥，“密码”文本框可以先不填写。

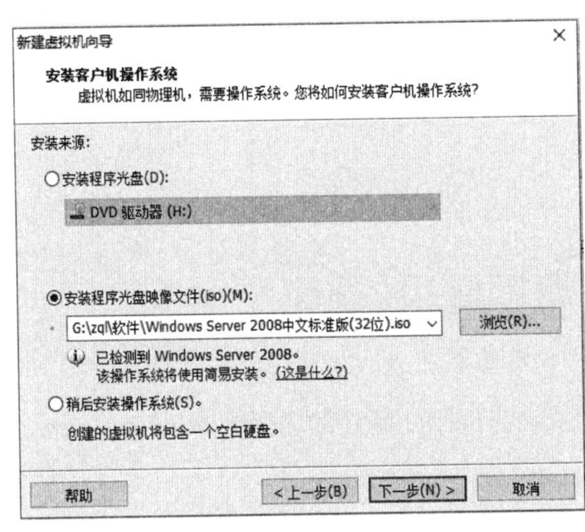

图 1-10　“安装客户机操作系统”对话框

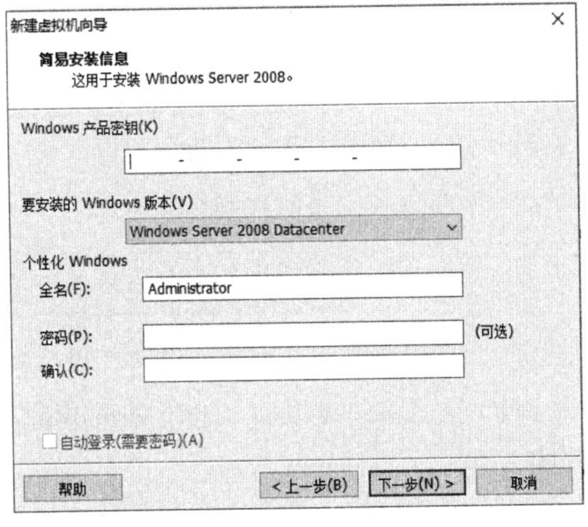

图 1-11　“简易安装信息”对话框

第1章

（5）单击“下一步”按钮，打开“命名虚拟机”对话框，如图 1-12 所示，输入虚拟机名称：Windows Server 2008，默认保存在 C 盘，也可以单击“浏览”按钮更改文件保存位置。

（6）单击“下一步”按钮，在弹出的对话框中选择磁盘的大小为 20，如图 1-13 所示。

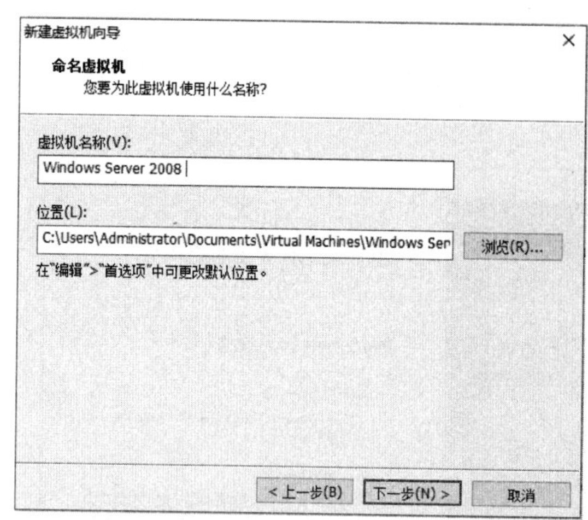

图 1-12 “命名虚拟机”对话框

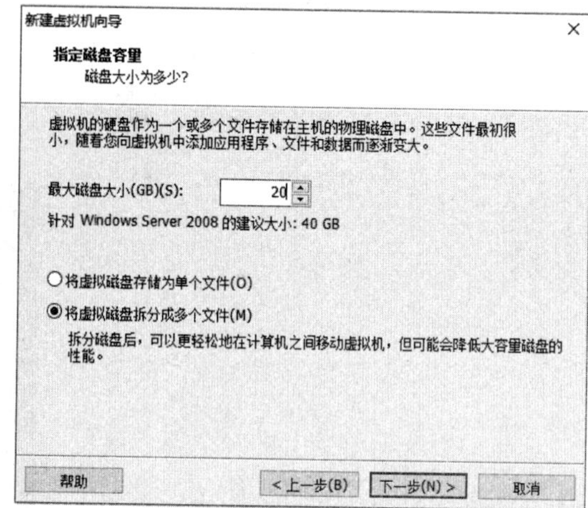

图 1-13 “指定磁盘容量”对话框

（7）单击“下一步”按钮，使用“新建虚拟机向导”创建一块新硬盘，如图 1-14 所示，单击“完成”按钮。

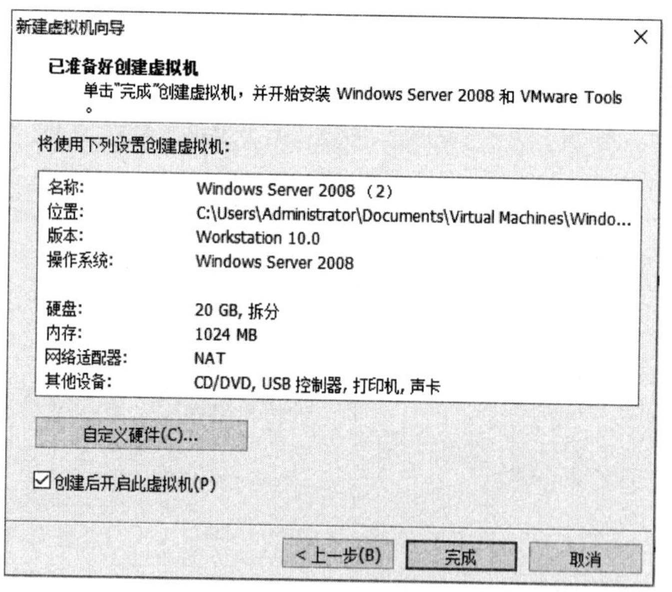

图 1-14 虚拟硬盘创建完成

（8）完成新建虚拟机，此时 VirtualBox 左侧就会出现刚才新建的虚拟机 Windows Server 2008。

4. 安装 Windows Server 2008 镜像文件步骤

（1）启动安装过程以后，显示如图 1-15 所示的对话框，出现安装进程。

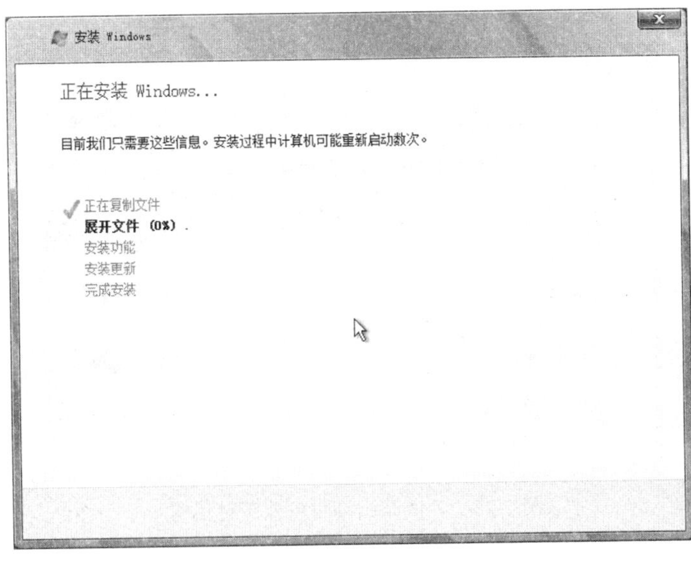

图 1-15　正在安装

（2）显示如图 1-16 所示的对话框，在“操作系统”列表框里，列出了可以安装的操作系统，选择“Windows Server 2008 Enterprise（完全安装）”选项，安装 Windows Server 2008 企业版。

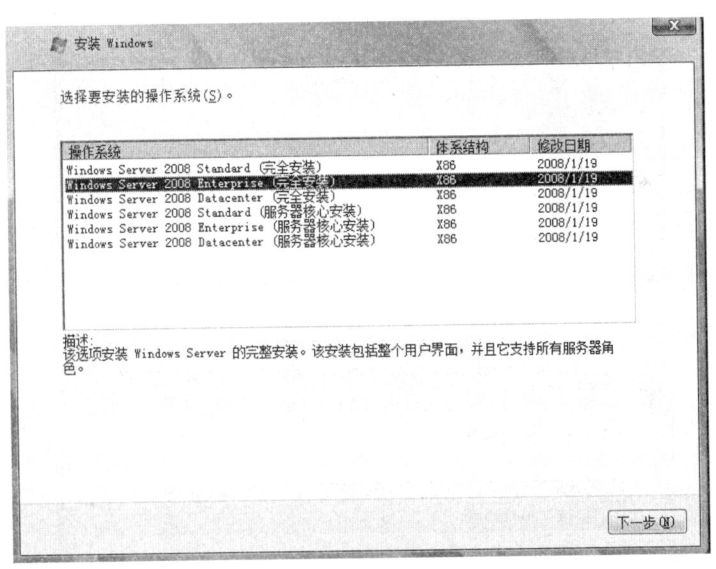

图 1-16　选择系统版本

（3）单击“下一步”按钮，弹出如图 1-17 所示的对话框，勾选“我接受许可条款”复选框，单击“下一步”按钮，弹出如图 1-18 所示的对话框，单击“自定义（高级）”来进行全新安装，弹出如图 1-19 所示的对话框，显示当前计算机上硬盘的分区信息。如果服务器上安装有多块硬盘，则会依次显示为磁盘 0、磁盘 1、磁盘 2、……。

（4）在安装过程中，系统会根据需要自动重启，如图 1-20 所示。安装完成后，首次登录，会要求更改密码。

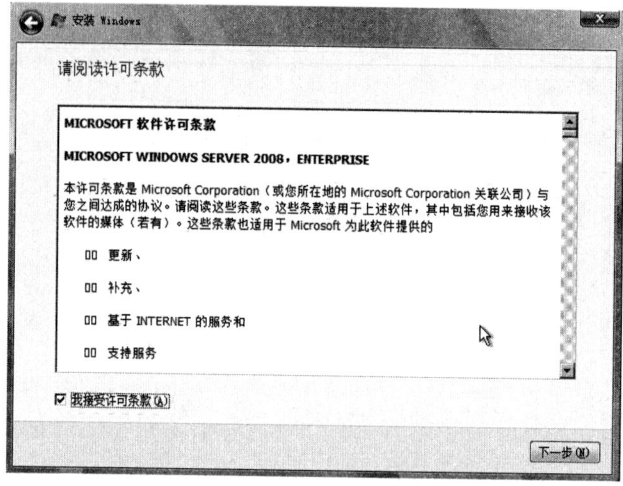

图 1-17 “请阅读许可条款”对话框

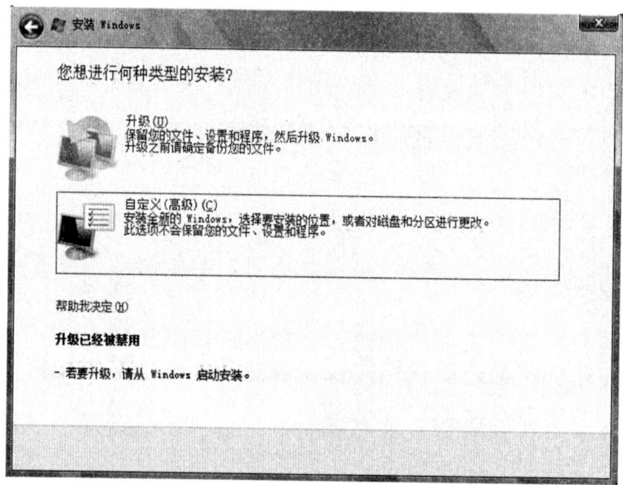

图 1-18 选择安装类型

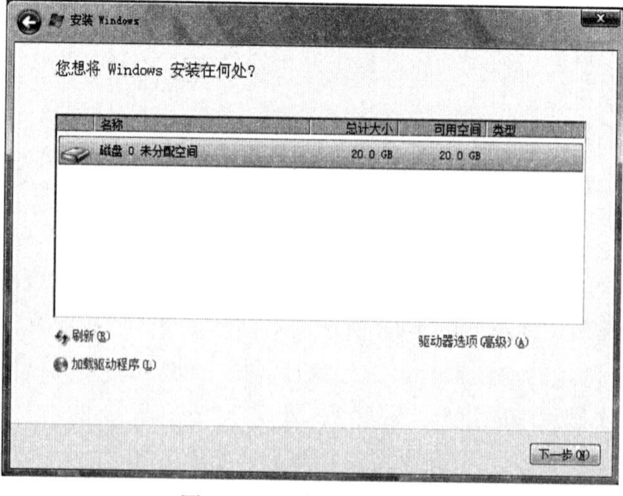

图 1-19 硬盘的分区信息

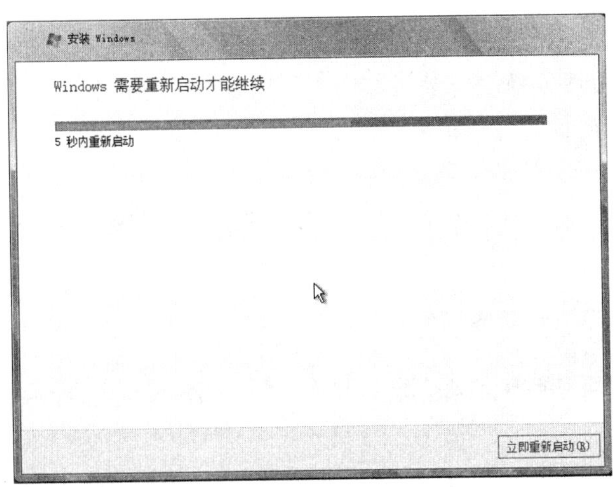

图 1-20　重新启动

在安装完成后，应先设置一些基本配置，如计算机名、IP 地址、配置自动更新等，这些均可在“初始配置任务”窗口中完成，如图 1-21 所示。

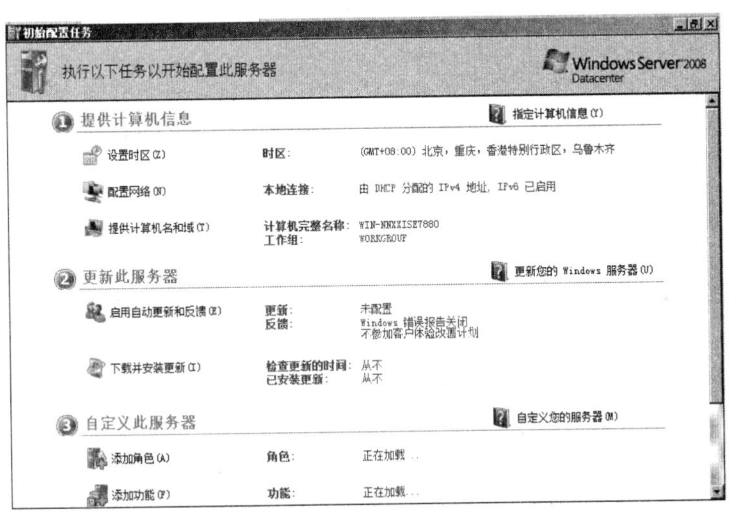

图 1-21　“初始配置任务”窗口

Windows Server 2008 对于账户（书中所有图中“帐户”均应为“账户”）密码的要求非常严格，无论是管理员还是普通账户，都要设置强密码，要求如下：

- 至少 6 个字符（必须满足）。
- 不包含 Administrator 或 admin（必须满足）。
- 包含大写字母（A、B、C 等，可选）。
- 包含小写字母（a、b、c 等，可选）。
- 包含数字（0、1、2 等，可选）。
- 包含非字母数字字符（#、&、*等，可选）。

其中应至少包含可选项中的 2 个。

至此，Windows Server 2008 安装完成了。

5. 配置计算机名

Windows Server 2008 系统在安装过程中不需要设置计算机名，而是使用由系统随机配置的计算机名，但是系统配置的计算机名称冗长，不便于标识，因此，为了更好地标识和识别服务器，应将其更改为便于记忆的名称。

（1）选择“开始”→“所有程序”→“管理工具”→“服务器管理器”选项，打开“服务器管理器”窗口，如图 1-22 所示。

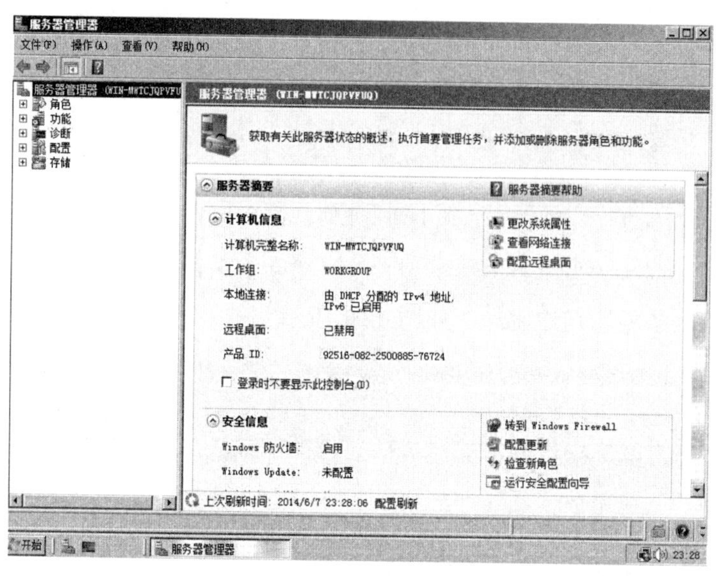

图 1-22　服务器管理器控制台

（2）在“计算机信息”区域中单击“更改系统属性”按钮，出现如图 1-23 所示的对话框。

（3）单击“更改”按钮，显示如图 1-24 所示的对话框，在“计算机名”文本框中输入新的名称，在“工作组”文本框中可以更改计算机所处的工作组。

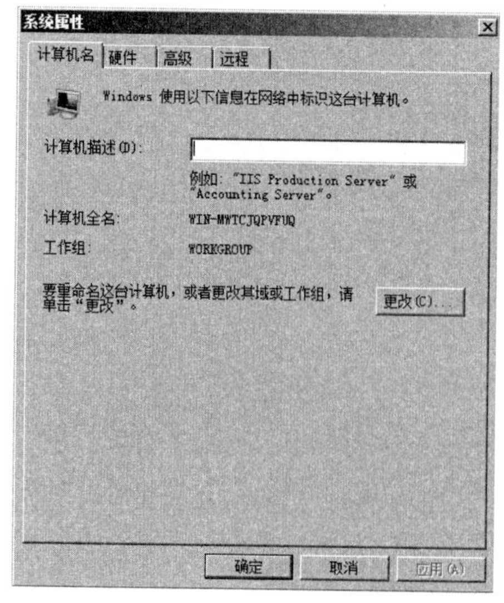

图 1-23　“系统属性”对话框

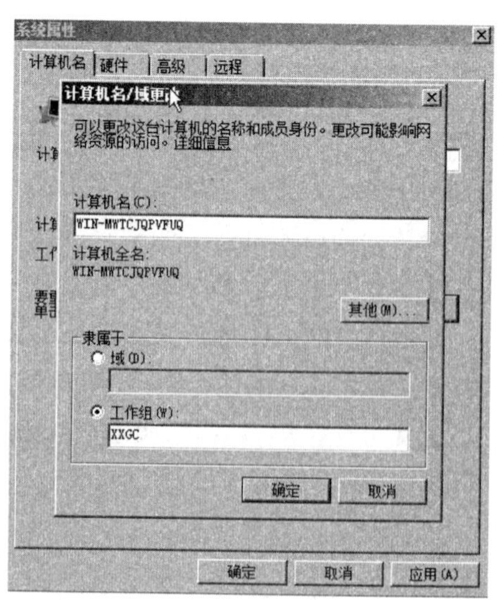

图 1-24　“计算机名/域更改”对话框

（4）单击“确定”按钮，回到“系统属性”对话框，再单击“关闭”按钮，关闭“系统属性”对话框。接着出现对话框，提示必须重新启动计算机以应用更改，如图 1-25 所示。

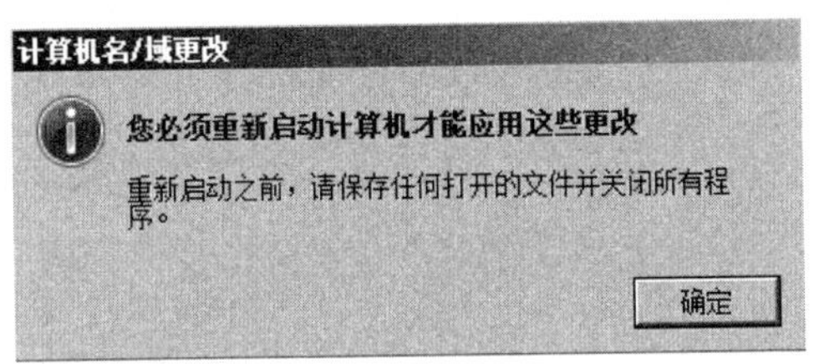

图 1-25 “计算机名/域更改”提示框

（5）单击“确定”按钮，即可生效。

6. 配置网络

网络配置是提供各种网络服务的前提。Windows Server 2008 安装完成后，默认自动获取 IP 地址，自动从网络中的 DHCP 服务器获得 IP 地址。由于 Windows Server 2008 用来为网络提供服务，所以通常需要设置静态 IP 地址。

（1）右击桌面右下角任务托盘区域的网络连接图标，选择快捷菜单中的“网络和共享中心”选项，打开如图 1-26 所示的窗口。

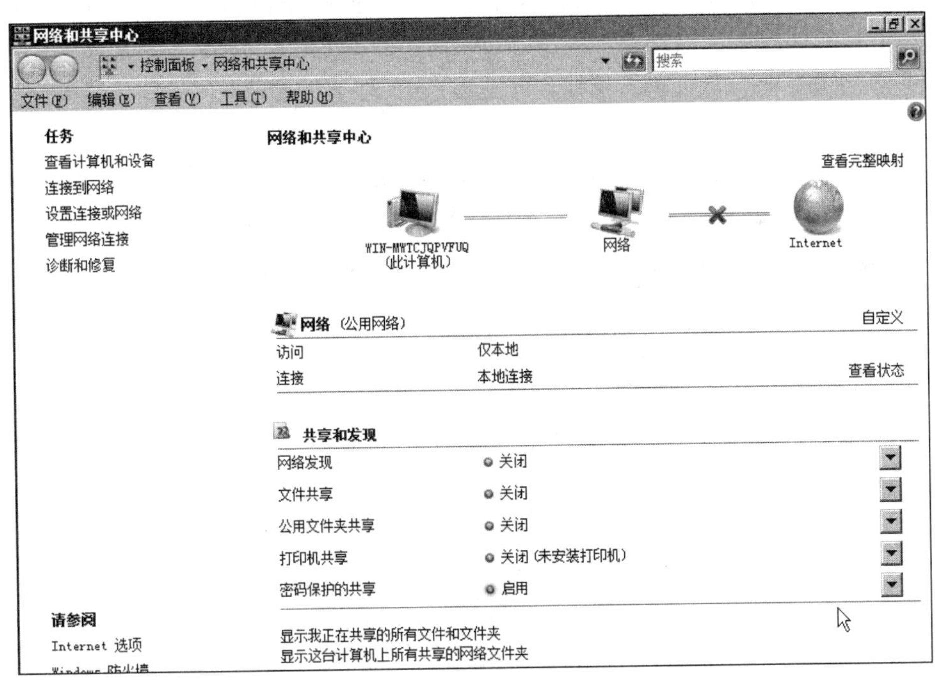

图 1-26 “网络和共享中心”窗口

（2）单击“本地连接”按钮，弹出如图 1-27 所示的对话框。

（3）单击“属性”按钮，弹出如图 1-28 所示的对话框。Windows Server 2008 中包含 IPv6 和 IPv4 两个版本的 Internet 协议，均默认安装。目前由于 IPv6 还没有被大范围应用，网络中仍以 IPv4 为主，因此在本书中讲解网络设置以 IPv4 为例。

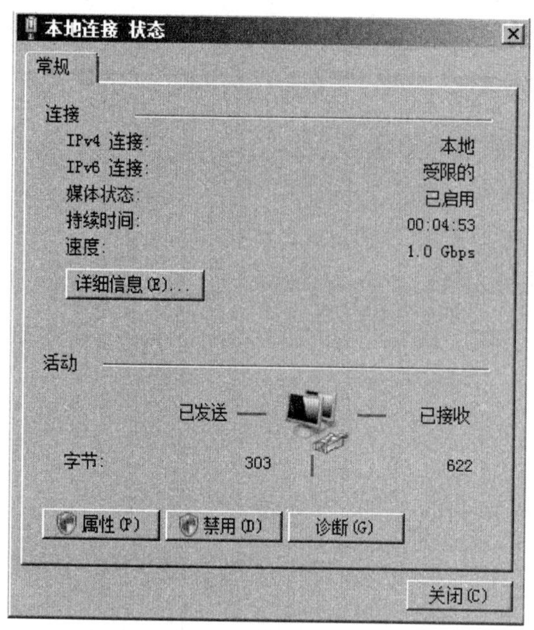

图 1-27 “本地连接状态”对话框

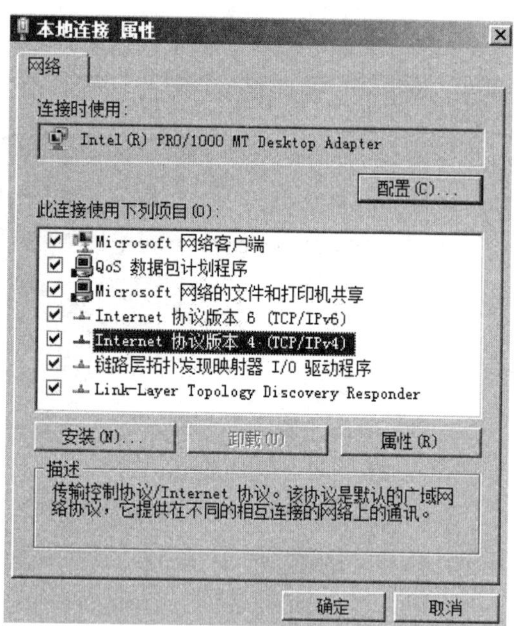

图 1-28 “本地连接 属性”对话框

（4）打开“本地连接 属性”对话框，在“此连接使用下列项目”选项框中勾选“Internet 协议版本 4（TCP/IPv4）”复选框，弹出“Internet 协议版本 4（TCP/IPv4）属性”对话框，选择“使用下面的 IP 地址”单选按钮，分别输入 IP 地址、子网掩码、默认网关，如图 1-29 所示。

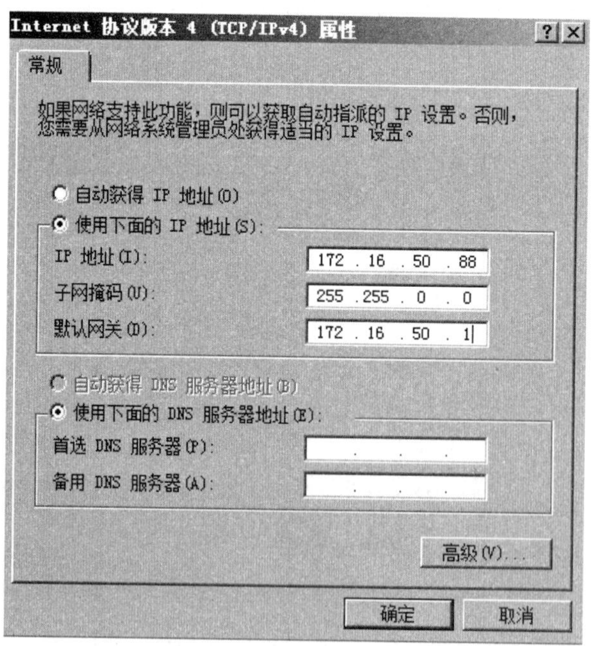

图 1-29 “Internet 协议版本 4（TCP/IPv4）属性”对话框

（5）单击“确定”按钮，完成 TCP/IP 设置。

1.6 习题

1．IP 地址由哪两部分组成？
2．在 Windows Server 2008 中配置 TCP/IP 协议有哪几种方法？
3．用什么命令可以测试 TCP/IP 配置信息？
4．在安装 Windows Server 2008 前有哪些注意事项？
5．Windows Server 2003 和 Windows Server 2008 两种操作系统的安装有什么不同？

第 2 章 管理 DNS 服务器

DNS 是 Domain Name System 或 Domain Name Service 的缩写，DNS 服务器是由域名解析器和域名服务器组成的。域名服务器是指保存有该网络中所有主机的域名和对应 IP 地址，并具有将域名转换为 IP 地址的功能的服务器。其中一个域名必须对应一个 IP 地址，而一个 IP 地址不一定有域名。域名系统采用类似目录树的等级结构。域名服务器为 C/S 模式中的服务器方，它主要有两种形式：主服务器和转发服务器。将域名映射为 IP 地址的过程就称为“域名解析”。

教学目标

- 学会安装 DNS 服务器
- 掌握配置 DNS 正向查找区域的方法
- 掌握配置 DNS 客户端的方法
- 能够实现 DNS 服务器的反向解析
- 能够实现 DNS 转发
- 能够管理 DNS 日志
- 能够备份 DNS 服务器

2.1 DNS 概述

2.1.1 域名系统

1. 主机文件

主机文件是一个文本文件，但其文件名中没有包含扩展名。在 Windows Server 2008 中，该文件存储在\Winnt\System32\Drivers\Etc 文件夹中。这个文件提供了 IP 地址到主机名的映射。每条记录占一行，由 IP 地址和主机名两部分组成，IP 地址在左边，相应的主机名在右边。IP 地址与主机名之间用一个或多个空格分开。

2. DNS

DNS 的全称为 Domain Name System，即域名系统。DNS 是一种 Internet 和 TCP/IP 标准命名服务，它允许网络上的客户机注册和解析 DNS 名称，用于搜索和访问由局域网或其他网络（如 Internet）上的其他计算机提供的资源。DNS 是一种组织成域层次结构的计算机和网络服务命名系统，它是 TCP/IP 协议组的组成部分之一。DNS 是一个分布式系统，主机的域名和 IP 地址数据分布在不同的服务器上，从而减少了对任何一台服务器的依赖性。DNS 命名用于 TCP/IP 网络（如 Internet），用来通过用户友好的名称定位计算机和服务。当用户在应用程序（如 Web 浏览器）中输入 DNS 名称时，DNS 服务器可以将此名称解析为与此名称相关的其他信息，如 IP 地址。

Internet 上通用的主机名称是域名，也称为域名地址。DNS 服务器负责解析 IP 地址与域名地址之间的映射关系。

2.1.2 域名空间

DNS 采用 C/S 模式工作。域名地址与 IP 地址之间的映射关系信息存储在多台 DNS 服务器上，由此构成了 DNS 域名空间。实际上，每台 DNS 服务器上并不存储整个域名空间的全部数据，而只是存储其中的一部分，通过 DNS 服务器之间的通信可以获得所需的其他信息。DNS 客户机通过向某个 DNS 服务器查询域名空间中的有关信息，以实现域名地址与 IP 地址的转换，如图 2-1 所示。

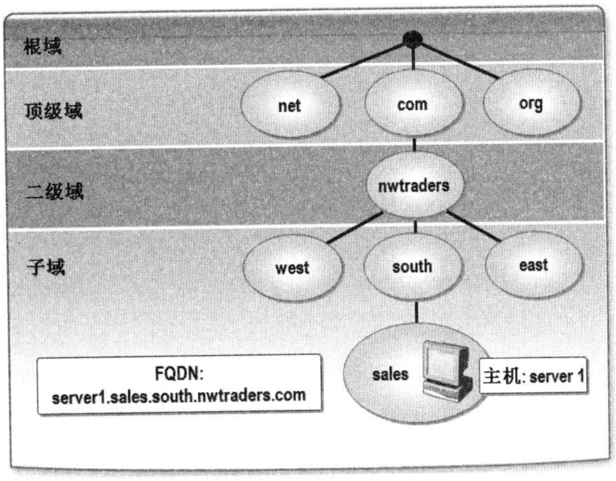

图 2-1 域名空间

DNS 域名空间基于有名域树的概念。图 2-1 给出一个 DNS 域名空间的例子。树的每个等级都可以代表树的一个分支或叶，分支是多个名称被用于标识一组命名资源的等级，叶代表在该等级中仅使用一次来指明特定资源的单独名称。

2.1.3 区域与资源记录

域名系统DNS允许将DNS域名空间分成区域，每个区域存储有关一个或多个连续的DNS域的信息，用于存储这些信息的文件称为区域文件。

区域有以下三种类型：

（1）标准主要区域。

（2）标准辅助区域。

（3）集成的Active Directory区域。

在区域文件中，信息以资源记录形式存储。常用的资源记录（RR）包括：

（1）主机资源记录（A RR）。

（2）别名资源记录（CNAME RR）。

（3）邮件交换器资源记录（MX RR）。

（4）指针资源记录（PTR RR）。

（5）服务位置资源记录（SRV RR）。

（6）其他资源记录。

2.1.4 DNS服务器

对域名空间的管理是由名称服务器来完成的，该服务器称为DNS服务器。DNS服务器用于存储域名空间中部分区域的信息（如区域内主机名与IP地址对照表），并以区域为单位对域名空间进行管理。

DNS服务器有以下三种类型：

（1）主要域名服务器。

（2）辅助域名服务器。

（3）缓存专用服务器。

2.1.5 DNS查询原理

当DNS客户机需要查询程序中使用的名称时，它会查询DNS服务器来解析该名称。客户机发送的每条查询消息都包括三条信息，以指定服务器应回答的问题：

（1）指定的DNS域名，表示为完全合格的域名（FQDN）。

（2）指定的查询类型，它可以根据类型指定资源记录，或作为查询操作的专门类型。

（3）指定DNS域名的类别，对于Windows DNS服务器，应指定为Internet（IN）类别。

DNS查询分为两种类型解析：递归查询和迭代查询。递归查询如图2-2所示，迭代查询如图2-3所示。

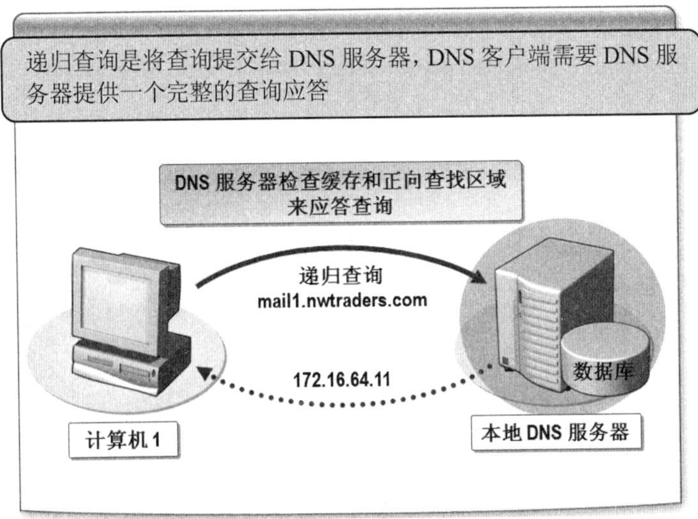

图 2-2　递归查询示意图

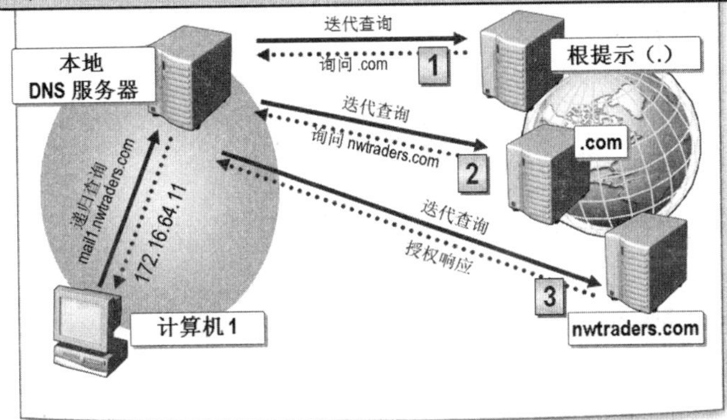

图 2-3　迭代查询示意图

2.2 实现 DNS 服务

2.2.1 安装 DNS 服务器

在安装 DNS 服务器前需满足以下要求：

- 设置 DNS 的 TCP/IP 属性，手动输入静态 IP 地址、子网掩码、默认网关和 DNS 地址等。
- 部署域环境：域名。

（1）以域管理员账户登录，选择“开始”→“管理工具”→“服务器管理器”→“角色”命令，然后在控制台右侧单击“添加角色”按钮，启动“添加角色向导”，单击“下一步”按钮，弹出如图 2-4 所示的对话框，在“角色”列表中，勾选“DNS 服务器”复选框。

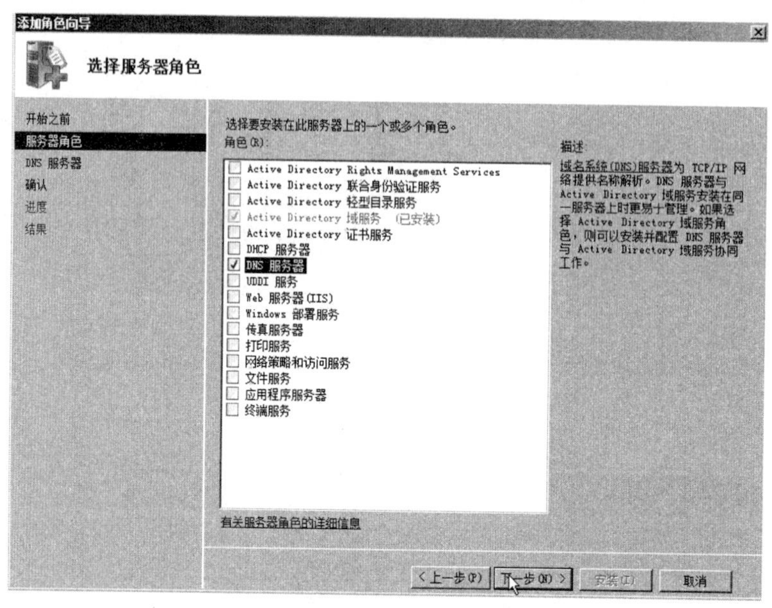

图 2-4 “选择服务器角色”对话框

（2）单击“下一步”按钮，显示“DNS 服务器”对话框，简要介绍其功能和注意事项。

（3）单击“下一步”按钮，弹出“确认安装选择”对话框，单击“安装”按钮，弹出如图 2-5 所示的对话框，在域控制器上安装 DNS 服务器角色，区域将与 Active Directory 域服务集成在一起。

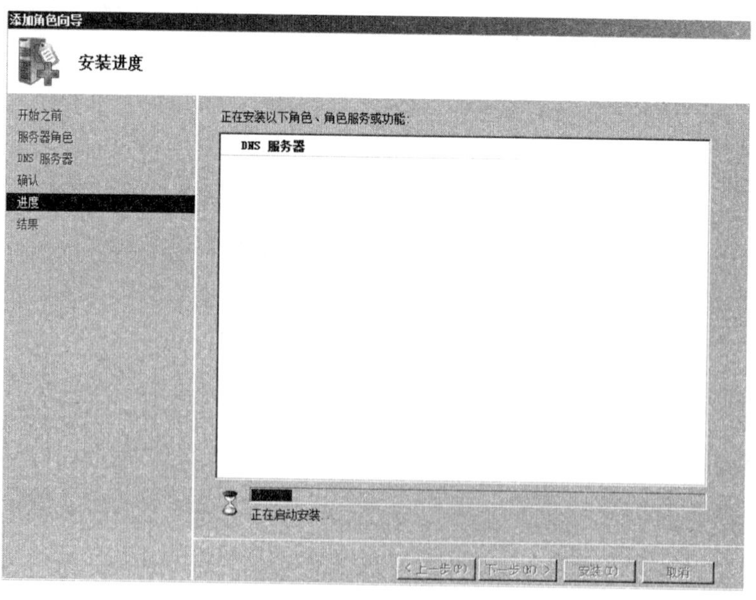

图 2-5 “安装进度”对话框

（4）安装完毕，如图 2-6 所示。最后单击“关闭”按钮，返回到“服务器管理器”控制台，在“角色摘要”中显示“DNS 服务器”，如图 2-7 所示。

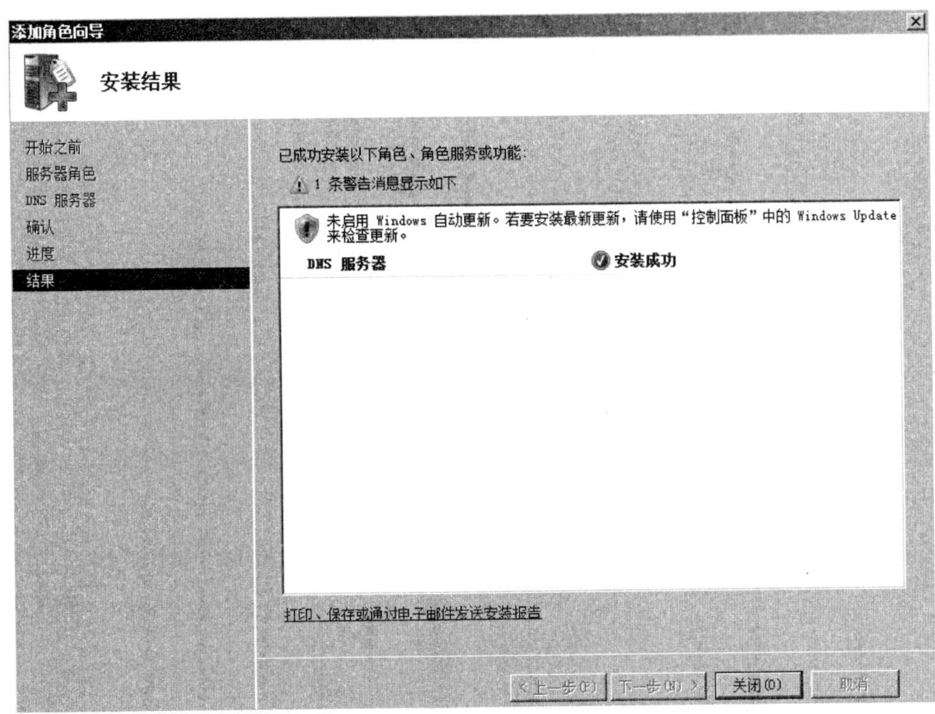

图 2-6　安装结果

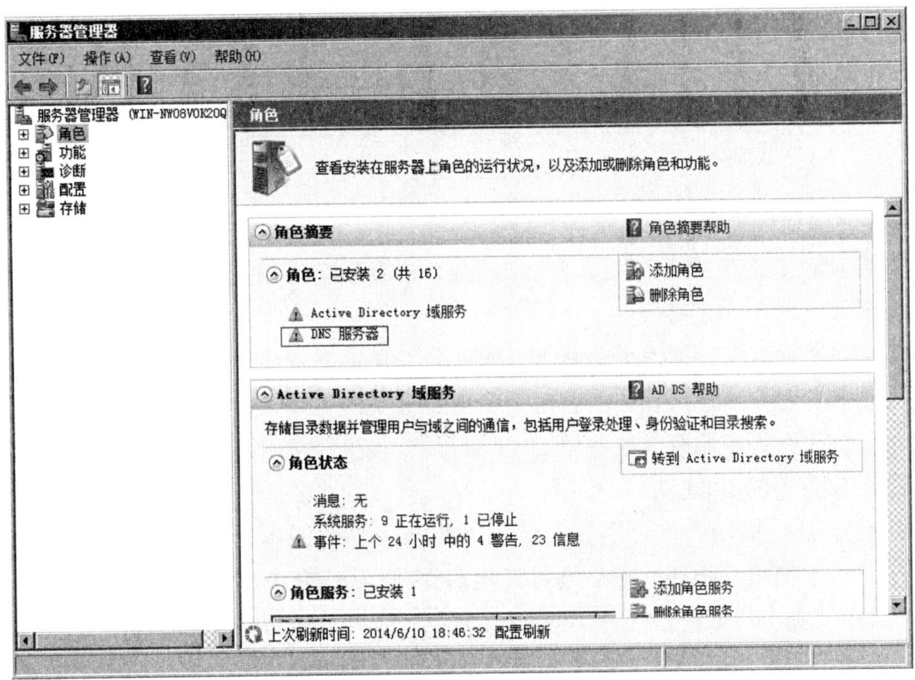

图 2-7　“角色摘要”信息

2.2.2 配置DNS客户端

（1）单击“开始”按钮，指向“设置”，然后单击“网络和拨号连接”按钮。

（2）在“网络和拨号连接”窗口中，右击要配置的网络连接，然后在快捷菜单中选择“属性”命令。

（3）在“本地连接 属性”对话框中，从“此连接使用下列选定的组件”列表中选择“Internet协议（TCP/IP）”，然后单击“属性”按钮，弹出如图2-8所示的对话框。

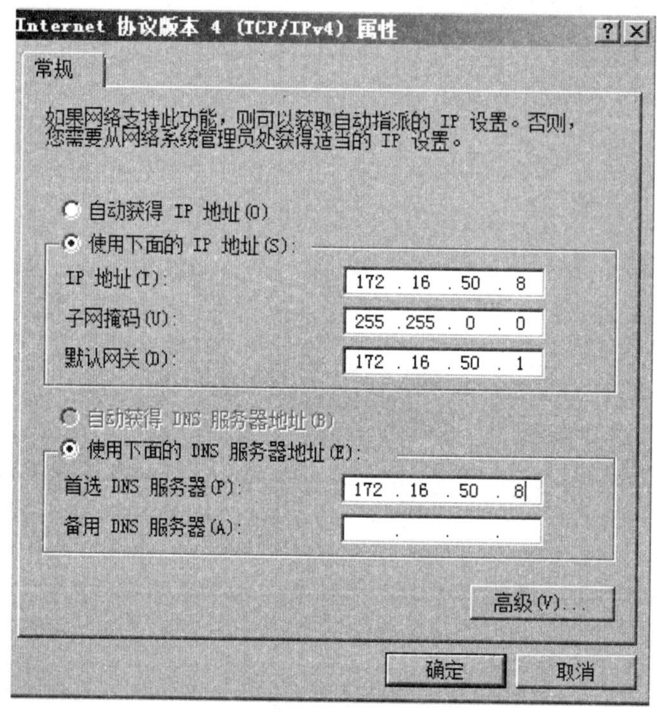

图2-8 配置DNS客户端

（4）在“常规”选项卡上，执行下列操作之一：

- 若要通过DHCP服务器为客户端提供DNS服务器的IP地址，请选择“自动获得DNS服务器地址”单选按钮。
- 若要通过手动方式为客户端配置DNS服务器的IP地址，请选择“使用下面的DNS服务器地址”单选按钮，然后在“首选DNS服务器”文本框中输入主服务器的IP地址。如果网络中还有其他备用DNS服务器，请在“备用DNS服务器”文本框中输入备用服务器的IP地址。
- 若要添加更多的DNS服务器，请在“Internet协议版本4（TCP/IPv4）属性”对话框中单击“高级”按钮，然后设置其他DNS服务器的IP地址。

（5）单击“确定”按钮，关闭“Internet协议版本4（TCP/IPv4）属性”对话框。

（6）单击“确定”按钮，关闭“本地连接 属性”对话框。

（7）关闭“网络和拨号连接”窗口。

2.3 配置和管理 DNS 服务器

2.3.1 创建区域

1. 添加正向查找区域

什么是正向查找区域?

例如:

域名		IP 地址
www.baidu.com	⟶	61.135.16.10

操作步骤如下:

(1) 单击“开始”按钮，指向“所有程序”，选择“管理工具”，然后单击 DNS。

(2) 在 DNS 控制台目录树中，右击“正向查找区域”选项，然后从快捷菜单中选择“新建区域”命令，如图 2-9 所示。

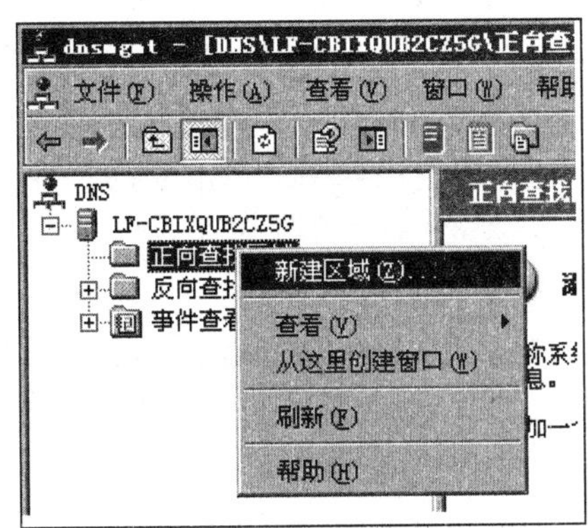

图 2-9　新建正向区域

(3) 在“新建区域向导”的欢迎页中，单击“下一步”按钮。

(4) 在“区域类型”页中，选择“标准主要区域”选项，然后单击“下一步”按钮。

(5) 输入区域名称，然后单击“下一步”按钮。

(6) 执行下列操作之一:

- 单击“创建新文件，文件名为”按钮，然后指定新文件的名称。
- 单击“使用此现存文件”按钮，然后指定一个已经存在的区域文件名。

指定区域文件后，单击“下一步”按钮

(7) 单击“完成”按钮。

2. 添加反向查找区域

操作步骤如下:

(1) 单击“开始”按钮，指向“所有程序”，选择“管理工具”，然后单击 DNS。

（2）在 DNS 控制台目录树中，右击“反向查找区域”选项，然后选择“新建区域”命令，如图 2-10 所示。

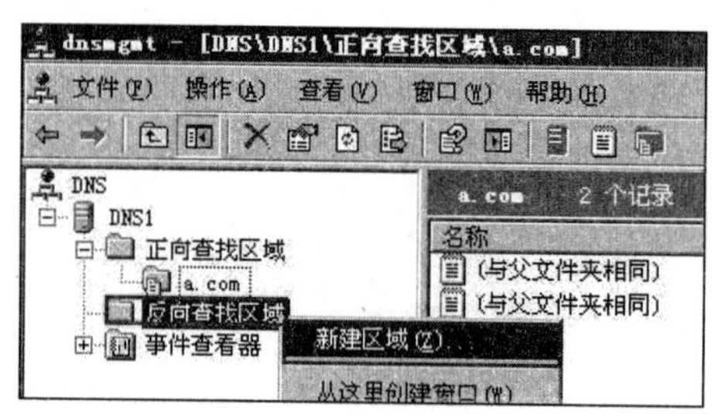

图 2-10　新建反向查找区域

（3）在“新建区域向导”的欢迎页中，单击“下一步”按钮。

（4）在“区域类型”页中，选择“标准主要区域”选项，然后单击“下一步”按钮。

（5）在“反向查找区域”页的“网络 ID”文本框中，输入此区域所支持的返回搜索的网络 ID，然后单击“下一步”按钮。

（6）在“区域文件”页中，单击“创建文件，文件名为”按钮，然后在下面的文本框中指定反向查找区域文件的名称，接着单击“下一步”按钮。

（7）单击“完成”按钮。

3. 删除区域

（1）在 DNS 控制台窗口左侧的目录树中，单击要删除的区域，可以是正向查找区域或反向查找区域。

（2）在“操作”菜单上，选择“删除”命令。

（3）当询问确认要删除此区域时，请单击“确定”按钮。

4. 暂停区域

（1）在 DNS 控制台窗口左侧的目录树中，单击要暂停的区域。

（2）在“操作”菜单上，选择“属性”命令。

（3）在相应区域“属性”对话框的“常规”选项卡中，单击“暂停”按钮。

（4）单击“确定”按钮。

5. 启动区域

（1）在 DNS 控制台窗口左侧的目录树中，单击要重新启动的区域。

（2）在“操作”菜单上，选择“属性”命令。

（3）在相应区域“属性”对话框的“常规”选项卡中，单击“开始”按钮。

（4）单击“确定”按钮。

6. 配置区域的属性

（1）在 DNS 控制台目录树中，单击要配置的区域。

（2）在“操作”菜单上，选择“属性”命令。

（3）在相应区域“属性”对话框的“常规”选项卡中执行下列操作之一：

- 若要更改区域文件名，请在“区域文件名称”文本框中，输入此区域的新文件名称。

- 若要更改区域类型，请单击“更改”按钮，然后在“更改区域类型”对话框中选择与当前不同的区域类型，最后单击“确定”按钮。

（4）单击“确定”按钮。

2.3.2 在正向区域中添加记录

1. 添加主机记录

（1）在 DNS 控制台目录树中，右击相应的正向查找区域，然后选择“新建主机”命令。

（2）在“新建主机”对话框中填写 DNS 计算机名称和 IP 地址。

（3）若要根据在“名称”和“IP 地址”文本框中输入的信息在此主机的反向区域中创建附加的指针记录，请勾选“创建相关的指针（PTR）记录”复选框。

（4）单击“添加主机”按钮。

（5）单击“确定”按钮。

（6）单击“完成”按钮。

（7）若要测试这条主机记录，请在某台 DNS 客户端执行 ping 命令，即在命令提示符下输入 ping host-a.test.com，如图 2-11 所示。

图 2-11 测试主机记录

2. 添加别名记录

（1）单击“开始”按钮，指向“所有程序”，选择“管理工具”，然后单击 DNS。

（2）在 DNS 控制台窗口中，右击相应的正向查找区域，然后选择“新建别名”命令。

（3）在“新建别名”对话框中填写必要的信息：在“别名”文本框中输入要指定的别名，在“目标主机完全合格的名称”文本框中输入使用此别名的 DNS 主机的完全合格域名。

（4）单击“确定”按钮。

（5）若要测试这条别名记录，请在 DNS 客户端执行 ping 命令。

2.3.3 在反向区域中添加记录

（1）单击“开始”按钮，指向“所有程序”，选择“管理工具”，然后单击 DNS。

（2）在 DNS 控制台窗口中，右击要添加指针记录的反向区域，然后选择“新建指针”命令。

（3）在“新建资源记录”对话框中设置主机信息：在“主机 IP 号”文本框中输入主机的 IP 号，然后在“主机名”文本框中输入该主机的 FQDN 名称。

注意：在反向查找区域已经存在的前提下，也可以在向正向查找区域添加主机记录的过程中向反向查找区域添加一条指针记录，方法是在设置主机记录时勾选“创建相关的指针（PTR）记录”复选框。

2.3.4 创建和管理子域

（1）单击“开始”按钮，指向“所有程序”，选择“管理工具”，然后单击 DNS。

（2）在 DNS 控制台窗口中，右击要添加子域的区域，然后选择“新建域”命令。

（3）在“新建域”对话框中输入新域的名称，然后单击“确定”按钮。

创建一个子域后，可以在该子域中添加资源记录，例如添加主机记录和别名记录等。如果子域名称为 sub.test.com，在该子域中添加了一条主机记录，而且主机名为 pc1，则该主机的 FQDN 名称应为 pc1.sub.test.com。

2.3.5 为现有区域添加辅助服务器

（1）单击“开始”按钮，指向“所有程序”，选择“管理工具”，然后单击 DNS。

（2）在 DNS 控制台窗口中，右击相应的 DNS 服务器，然后选择“新建区域”命令。

（3）在“新建区域向导”的欢迎页中，单击“下一步”按钮，出现如图 2-12 所示的界面。

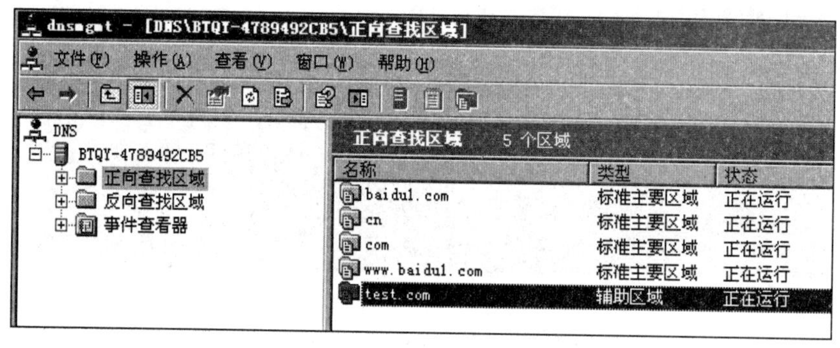

图 2-12 辅助服务器

（4）单击“辅助区域”，然后单击“下一步”按钮。

（5）输入区域的名称，然后单击“下一步”按钮。

（6）指定想要复制数据的 DNS 服务器（即用于存储标准主要区域的 DNS 服务器），然后单击“添加”按钮，再单击“下一步”按钮。

（7）单击“完成”按钮。

2.3.6 管理 DNS 服务器

1．启动或停止 DNS 服务器

（1）单击“开始”按钮，指向“所有程序”，选择“管理工具”，然后单击 DNS。

（2）在 DNS 控制台目录树中，单击相应的服务器。

（3）在“操作”菜单上，指向“所有任务”，然后选择下列命令之一：若要启动服务，请单击“开始”命令；若要停止服务，请单击“停止”命令；若要中断服务，请单击“暂停”命令；若要停止然后自动重新启动服务，请单击“重新启动”命令。

2. 在DNS控制台中添加服务器

（1）单击“开始”按钮，指向“所有程序”，选择“管理工具”，然后单击DNS。

（2）在“操作”菜单上，选择“连接到计算机”命令。

（3）在“选择目标计算机”对话框中，选择下列选项之一：如果要连接和管理的服务器位于目前用来管理它的同一台计算机上，请选择“这台计算机”；如果要连接和管理的服务器位于远程计算机上，请选择“下列计算机”，然后指定它的DNS计算机名称或IP地址。

（4）勾选“立即连接到指定计算机”复选框，然后单击“确定”按钮。

3. 从DNS控制台删除服务器

（1）单击“开始”按钮，指向“所有程序”，选择“管理工具”，然后单击DNS。

（2）在控制台目录树中，单击相应的DNS服务器。

（3）在“操作”菜单上，选择“删除”命令。

（4）当系统提示确认从列表中删除此服务器时，单击“确定”按钮。

4. 手动更新服务器数据文件

（1）单击“开始”按钮，指向“所有程序”，选择“管理工具”，然后单击DNS。

（2）在控制台目录树中，单击相应的DNS服务器。

（3）在“操作”菜单上，选择“更新服务器数据文件”命令。

2.4 实验：实现DNS服务器名称解析服务

2.4.1 实验目的

- 掌握安装DNS服务器的方法。
- 掌握配置DNS服务器的方法。
- 掌握解析域名和IP地址映射关系的方法。
- 学会在客户端验证DNS服务器的方法。

2.4.2 实验内容

本实验的目的是在Windows Server 2008中安装DNS服务器，要求服务器IP地址为172.16.50.88；创建正向查找区域btqy.com，并在其中添加主机www；配置DNS服务器和客户端，在客户端命令提示符下输入ping www.btqy.com，进行域名测试。

2.4.3 实验步骤

一、安装DNS服务器

（1）在虚拟机上配置静态TCP/IP属性，如图2-13所示。

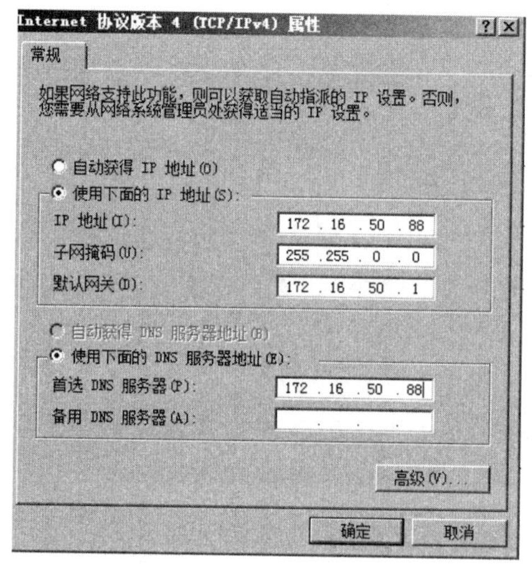

图 2-13　静态 TCP/IP 属性设置

（2）以管理员账户登录，选择“开始”→“管理工具”→“服务器管理器”→“角色”命令，然后在控制台右侧单击“添加角色”按钮，启动“添加角色向导”，单击“下一步”按钮，弹出“选择服务器角色”对话框，在“角色”列表中，勾选“DNS 服务器”复选框，如图 2-4 所示。单击“下一步”按钮，弹出“确认安装选择”对话框，单击“安装”按钮，弹出“安装进度”对话框，在域控制器上安装 DNS 角色，区域将与 Active Directory 域服务集成在一起。安装完毕，单击“关闭”按钮。

二、创建正向查找区域

为了实现正向查找，即把计算机名称解析为对应的 IP 地址，必须在 DNS 服务器上添加正向查找区域。

（1）单击“开始”按钮，指向“所有程序”，选择“管理工具”，然后单击 DNS，如图 2-14 所示。

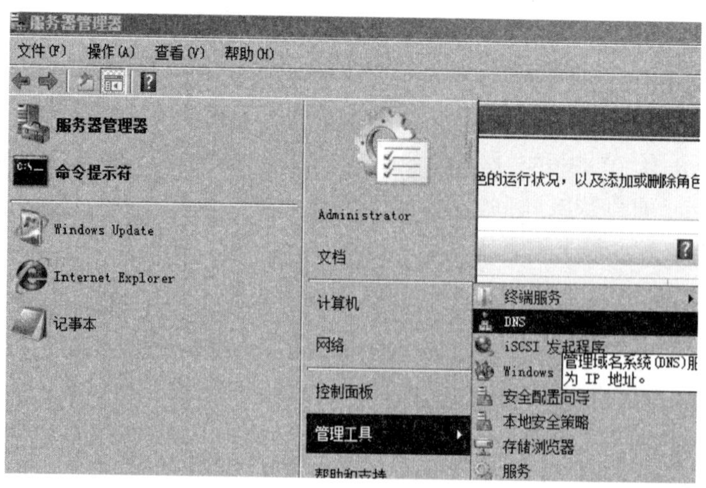

图 2-14　打开“DNS 控制台”

（2）在控制台目录树中，展开相应的 DNS 服务器。

（3）右击“正向查找区域”选项，然后在快捷菜单中选择“新建区域”命令，如图 2-9 所示。

（4）在“新建区域向导”的欢迎页中，单击“下一步”按钮。

（5）在“区域类型”页中，选择“标准主要区域”选项，然后单击“下一步”按钮。

（6）在“区域名称”页的“区域名称”文本框中，输入新建区域的名称 btqy.com，如图 2-15 所示。

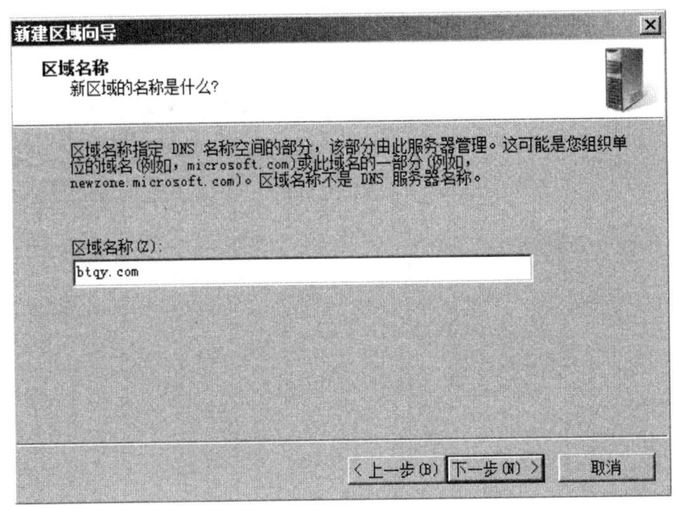

图 2-15　“区域名称”设置

（7）再选择“创建新文件，文件名为”选项，并保持下面文本框中的文件名（如 btqy.com.dns）不变，然后单击“下一步”按钮。

（8）在接下来出现的界面中，单击“完成”按钮。此时，在详细信息窗格中应能看到新建的正向查找区域，如图 2-16 所示。

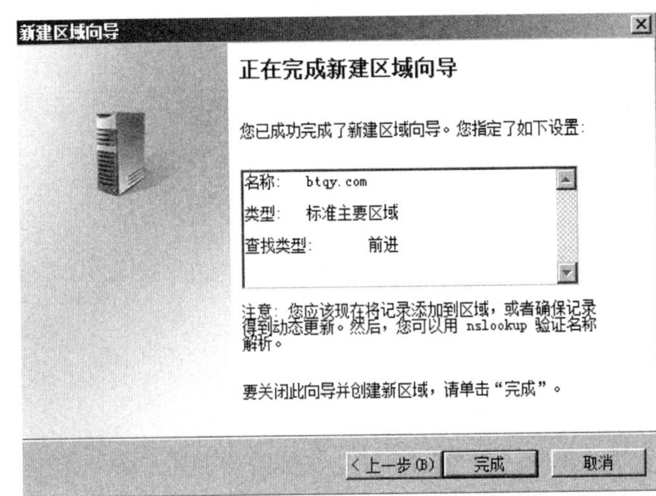

图 2-16　单击“完成”按钮后的详细信息

三、在正向查找区域中添加主机资源记录

在正向查找区域中添加一条主机资源记录（www）的步骤如下：

（1）单击“开始”按钮，指向“所有程序”，选择“管理工具”，然后单击 DNS。

（2）在控制台目录树中，展开相应的 DNS 服务器，然后展开相应的“正向查找区域”。

（3）右击相应的正向查找区域，然后在快捷菜单中选择“新建主机”命令，如图 2-17 所示。

（4）在“新建主机”对话框中配置 DNS 主机信息：在“名称”文本框中输入主机名称 www，在“IP 地址”文本框中输入该主机的 IP 地址 172.16.50.88，然后单击“添加主机”按钮，将主机记录添加到区域中，结果如图 2-18 所示。

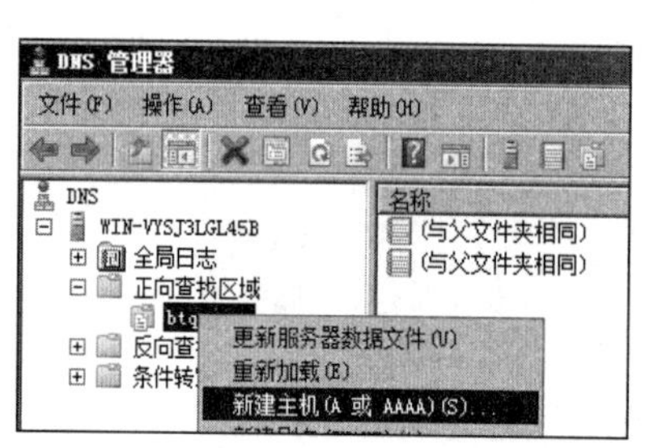

图 2-17　“新建主机”命令

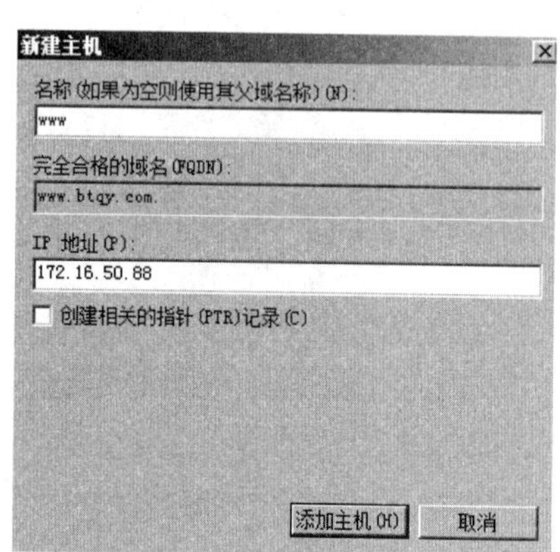

图 2-18　“新建主机”对话框

（5）此时，在详细信息窗格中应能看到新建的主机，如图 2-19 所示。

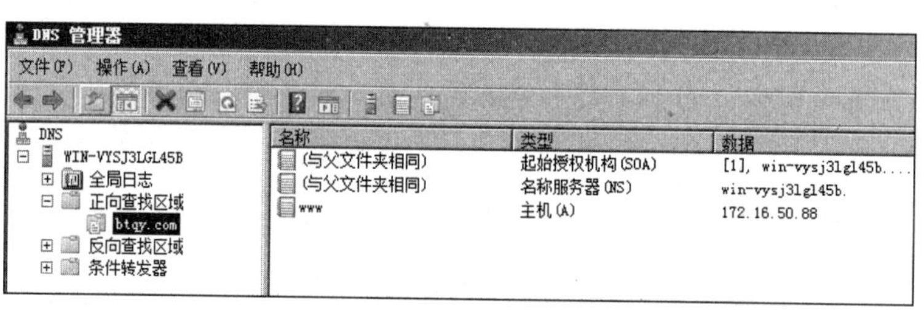

图 2-19　主机详细信息窗格

四、配置 DNS 客户端

（1）为了实现 DNS 名称解析功能，应将要启用该功能的计算机（也可以是 DNS 服务器本身）设置为 DNS 客户端。

（2）在作为 DNS 客户端使用的计算机上，单击“开始”按钮，指向“设置”，然后单击“网络和拨号连接”。

（3）在“网络和拨号连接”窗口中，右击“本地连接”按钮，然后从快捷菜单中选择“属性”命令。

（4）在“本地连接 属性”对话框的组件列表中选择“Internet 协议（TCP/IP）”，然后单

击“属性”按钮。

（5）在“Internet 协议版本 4（TCP/IPv4）属性”对话框中，选择“使用下面的 DNS 服务器地址”单选按钮，然后输入 DNS 服务器的 IP 地址 172.16.50.88，如图 2-20 所示。

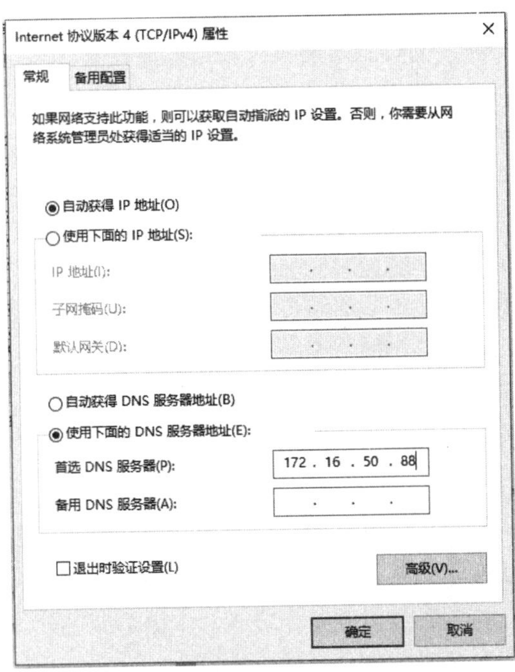

图 2-20 “Internet 协议版本 4（TCP/IPv4）属性”对话框

（6）单击“确定”按钮，返回“本地连接 属性”对话框后，再次单击“确定”按钮。

五、验证 DNS 服务器

（1）单击“开始”按钮，指向“所有程序”，选择“附件”，然后单击“命令提示符”。

（2）在命令提示符下输入并执行 ping www.btqy.com 命令，如图 2-21 所示。

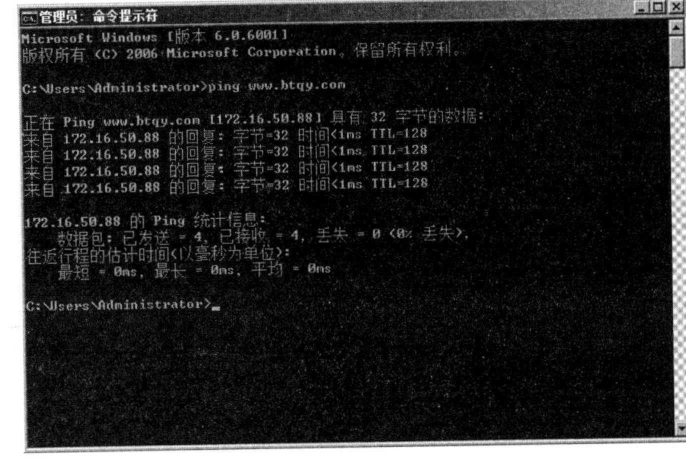

图 2-21 ping 命令行

（3）根据 ping 命令的执行情况即可判断 DNS 服务器是否能提供名称解析服务。如果出现如图 2-21 结果，说明 DNS 服务器成功提供名称解析服务。

2.5 习题

1．正确配置一台 DNS 服务器（IP 地址：1102.168.10.1），并创建一个正向查找区域。

2．正确配置 DNS 客户端（IP 地址：1102.168.10.22），并且通过客户端检测 DNS 服务器（IP 地址：1102.168.10.1）是否正常工作。

3．客户端有时会以 IP 地址形式向一台服务器请求某种服务，服务器可以根据 IP 地址反向解析出该 IP 地址对应的域名。

要求：反向解析服务器（IP 地址：1102.168.10.1）的域名。

（1）建立 IP 段 1102.168.10.X 的反向解析域。

（2）创建一个 www 主机记录。

（3）验证反向解析功能。

4．在实际网络中，一种简单又常用的方法是用 DNS 服务转发实现域名解析。也就是，当域名在本地 DNS 服务器上不能解析时，本地 DNS 服务器会将解析请求转发给其他能够实现域名解析的 DNS 服务器，这台服务器的工作方式对本地 DNS 服务器是完全透明的。

要求：为本地 DNS 服务器设置一个转发 DNS 服务器，IP 地址为 202.106.128.68。

5．要保证 DNS 服务器工作正常，必须及时了解 DNS 工作状况，如查询方面、通知方面、应答方面的所有记录信息，并根据情况可以采取相应的维护措施。

要求：

（1）启用 DNS 服务器上的调试日志，记录有关的数据包并生成相应的 DNS 现况的日志文件。

（2）查看（1）中生成的日志，并分析日志记录的内容。

第 3 章 管理 WINS 服务器

在基于 Windows 2008 的网络中，可以通过 DNS 服务将计算机的名称解析为对应的 IP 地址，从而在计算机之间实现网络通信。但是，在网络中还存在着一些使用早期版本的 Microsoft 操作系统（如 Windows 95、Windows 98 和 Windows NT 等）的计算机，它们使用 NetBIOS 名称进行网络通信。为了使这些使用早期版本 Windows 的客户机能够实现网络通信，可以在网络中安装和配置 WINS 服务器，以便注册和解析计算机的 NetBIOS 名称。

教学目标

- 掌握 WINS 基本概念
- 能够安装 WINS 服务器
- 能够配置管理 WINS 服务器
- 能够启用客户机的 WINS 功能

3.1 WINS 概述

3.1.1 WINS

WINS 的全称是 Windows Internet Name Service，意即 Windows Internet 名称服务。WINS 提供了动态复制数据库服务，可以将 NetBIOS 名称注册并解析为网络上使用的 IP 地址。

3.1.2 NetBIOS 名称概述

NetBIOS 名称是在安装操作系统的过程为计算机指定的名称。一个 NetBIOS 名称包含 16 个字节，其中的前 15 个字节是用户指定的，用来标识与网络上单个用户或计算机相关联的某个资源的唯一名称，或者标识与网络上的一组用户或计算机相关联的某个资源的组名，第 16 个字符被 Microsoft Net BIOS 客户用作名称后缀，用来标识该名称，并表明用该名称在网络上注册的资源的有关信息。

3.1.3 WINS 组件

1. WINS 服务器

WINS 服务器处理来自 WINS 客户的名称注册请求，注册其名称和 IP 地址，并响应客户提交的 NetBIOS 名称查询，如果该名称在服务器数据库中，则返回该查询名称的 IP 地址。WINS 服务器数据库保存着包含计算机的 NetBIOS 名称与 IP 地址的映射关系。

2. WINS 客户机

WINS 客户机在启动或加入网络时，将试着使用 WINS 服务器注册其名称。此后，WINS 客户机将查询 WINS 服务器并根据需要解析远程名称。

3. WINS 代理

WINS 代理是一个 WINS 客户机，该计算机配置为充当其他不能直接使用 WINS 的主计算机的代表。WINS 代理帮助解析路由 TCP/IP 网络上的计算机的 NetBIOS 名称查询。

4. WINS 数据库

WINS 数据库用于存储和复制网络中的 NetBIOS 名称到 IP 地址的映射。

3.1.4 WINS 解析

1. 名称注册

名称注册是 WINS 客户请求在网络上使用 NetBIOS 名称，该名称可以是一个唯一（专有）名称或组（共享）名。NetBIOS 应用程序可以注册一个或多个名称。在 WINS 客户机上可以配置主 WINS 服务器和辅助 WINS 服务器。当 WINS 客户机启动时，它通常直接向所配置的 WINS 服务器发送一个名称注册请求，注册它的 NetBIOS 名称和 IP 地址。

2. 名称释放

当 WINS 客户机完成使用特定的名称并正常关机时，会释放其注册名称。在释放注册名称时，WINS 客户机会通知其 WINS 服务器（或网络上其他可能的计算机），将不再使用其注册名称。

3. 名称更新

WINS 客户机需要通过 WINS 服务器定期更新其 NetBIOS 名称注册。WINS 服务器处理名称更新请求与新名称注册类似。

4. 名称解析

NetBIOS 名称被解析成 IP 地址。

WINS 客户机与 WINS 服务器之间的通信包含名称注册、名称更新、名称释放和名称解析四个过程，如图 3-1 所示。

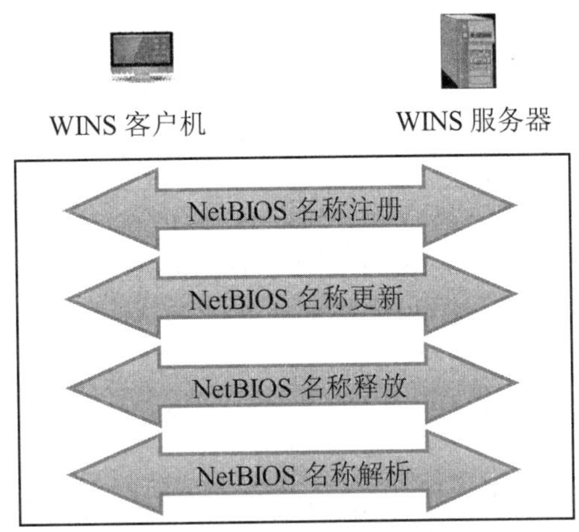

图 3-1　WINS 客户机与 WINS 服务器的通信

3.2 实现 WINS 服务

3.2.1 安装 WINS 服务器

在一台运行 Windows Server 2008 的计算机上安装 WINS 服务器之前，应确保该计算机拥有静态的 IP 地址、子网掩码和默认网关，然后利用服务器管理器来安装 WINS 服务器。

（1）选择“开始”→“服务器管理器”命令，打开“服务器管理器”工作台，选择“功能”→“添加功能”命令，如图 3-2 所示。

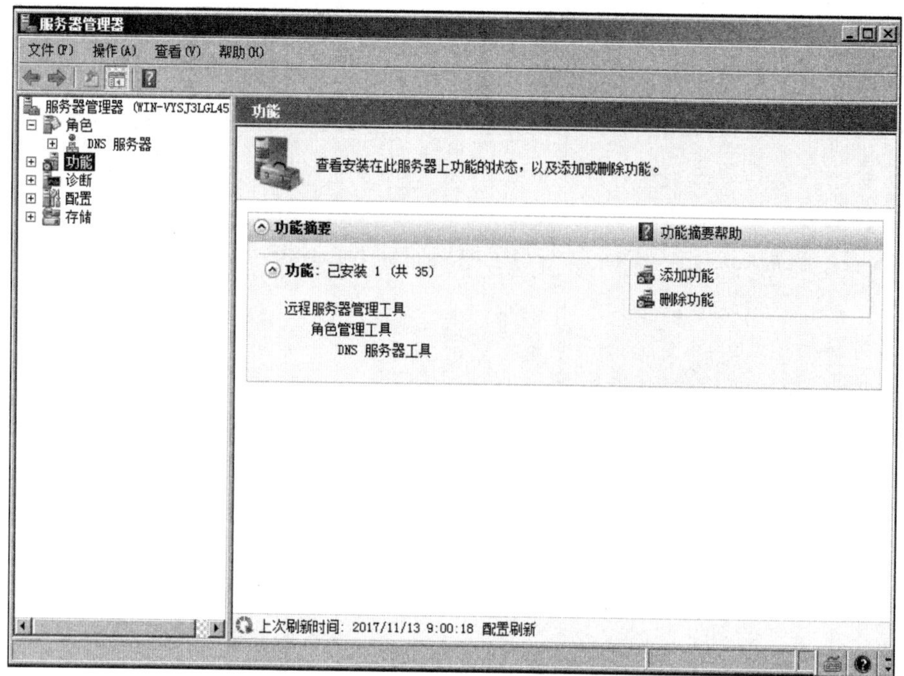

图 3-2　“服务器管理器”工作台

（2）在打开的“选择功能”对话框中勾选“WINS 服务器”复选框，单击“下一步”按钮，如图 3-3 所示。

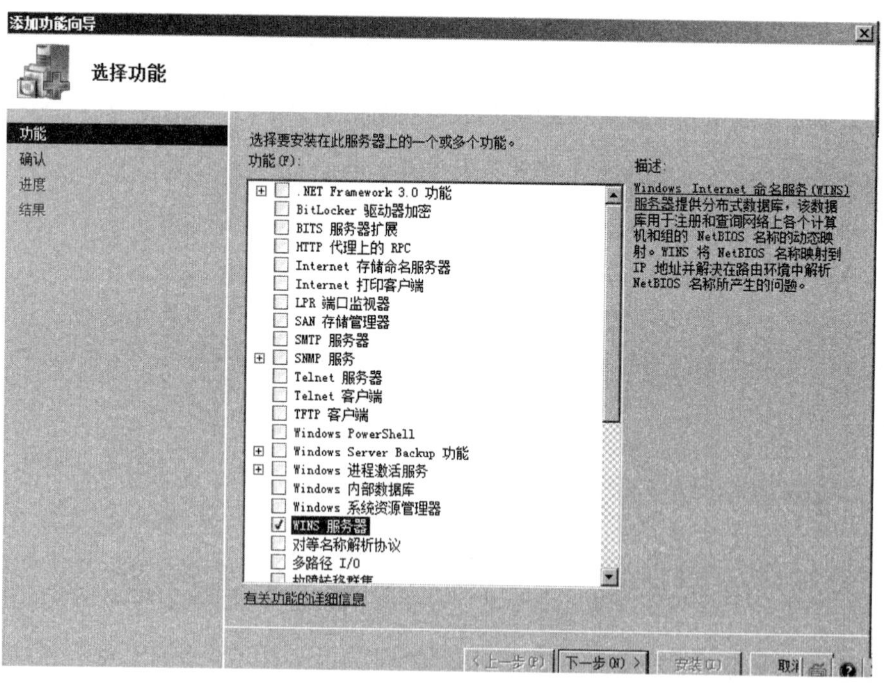

图 3-3　“选择功能”对话框

（3）打开“安装进度”对话框，显示 WINS 服务器的安装进度，如图 3-4 所示。

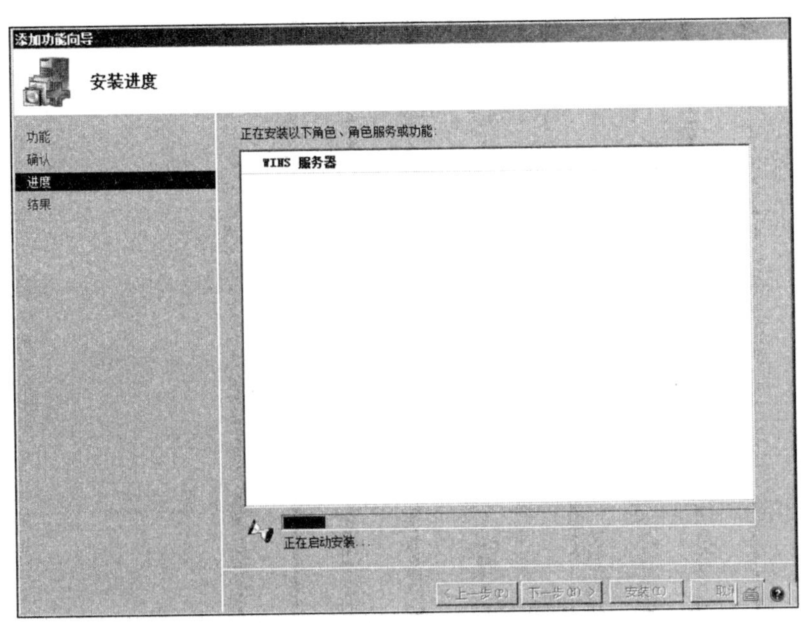

图 3-4 “安装进度”对话框

（4）单击“完成”按钮。此时，选择“开始”→“所有程序”→“管理工具”命令，再选择子菜单中新增加的 WINS 菜单项，打开如图 3-5 所示的窗口。

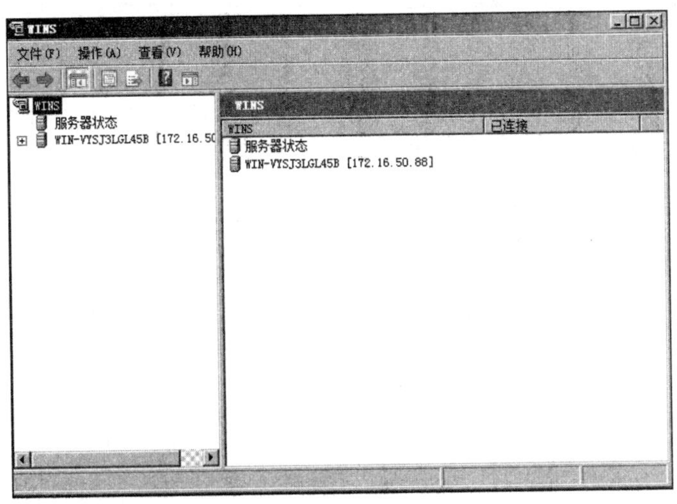

图 3-5 WINS 控制台

为了保证 WINS 服务器将其自身的 NetBIOS 名称和 IP 地址注册到数据库中，必须在该服务器上配置高级 TCP/IP 属性，使它成为其自身的一个 WINS 客户机。

3.2.2 配置 WINS 客户机

对于 WINS 客户机，必须在其高级 TCP/IP 属性中设置 WINS 服务器的 IP 地址，才能启用 WINS 的名称解析服务。在 WINS 客户机上的操作系统可以是 Windows Server 2000、Windows105、Windows108、WindowsNT 或非 Microsoft 操作系统等。

（1）选择“开始”→“设置”→“网络和拨号连接”命令。

（2）在“网络和拨号连接”窗口中，右击“本地连接”图标，然后选择“属性”→“本地连接 属性”→“Internet 协议（TCP/IP）”→“属性”命令，如图 3-6 所示。

（3）在“Internet 协议版本 4（TCP/IPv4）属性”对话框中，单击“高级”按钮，如图 3-7 所示。

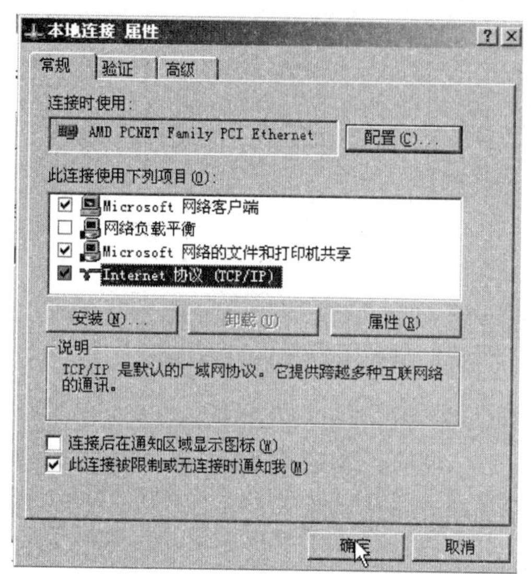

图 3-6 “本地连接 属性”对话框

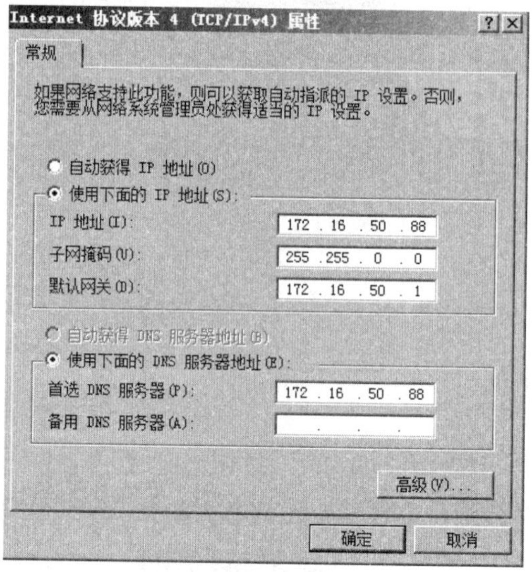

图 3-7 设置 TCP/IP 属性

（4）在“高级 TCP/IP 设置”对话框中选择 WINS 标签，然后单击“添加”按钮，在“TCP/IP WINS 服务器”对话框中输入网络连接的 IP 地址，然后单击“添加”按钮，如图 3-8 所示。

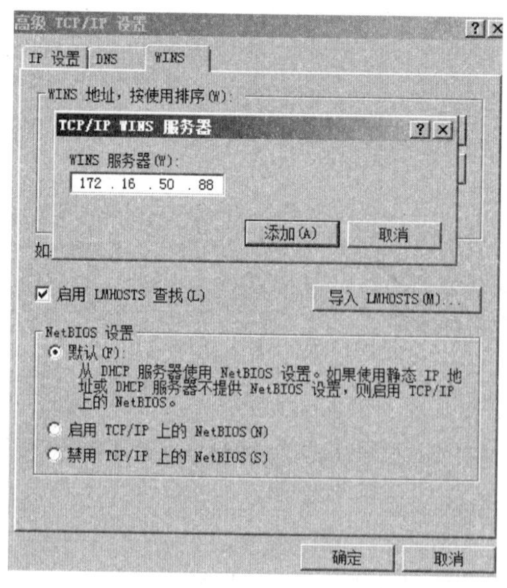

图 3-8 配置 WINS 服务器

（5）如果需要，请重复步骤（4），以添加辅助 WINS 服务器。

（6）在 WINS 客户机上，通过在命令提示符下执行 nbtstat -n 命令来验证 WINS 服务器，如图 3-9 所示。

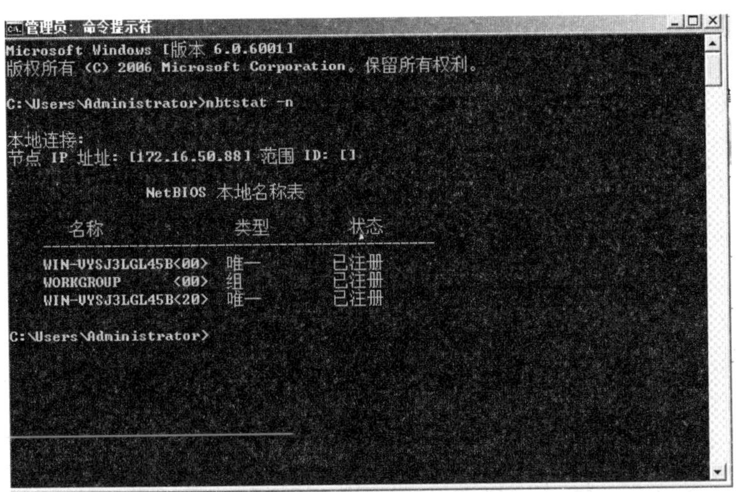

图 3-9　查看 NetBIOS 名称

3.3　配置和管理 WINS 服务器

3.3.1　管理 WINS 服务器

打开 WINS 控制台，通过 WINS 控制台可以对 WINS 服务器进行管理。

1. 添加 WINS 服务器

（1）在 WINS 控制台目录树中，单击 WINS。

（2）在“操作”菜单上，选择“添加服务器”命令。

（3）在“添加服务器”对话框中的“WINS 服务器”文本框输入适当的服务器信息，也可以单击“浏览”按钮以根据网络上的名称来定位 WINS 服务器计算机，如图 3-10 所示。

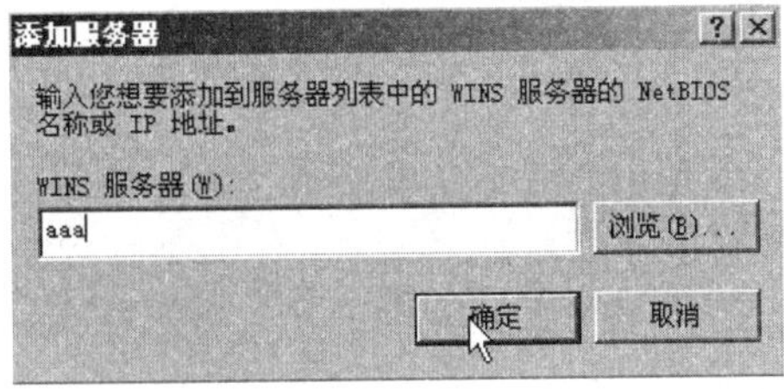

图 3-10　添加 WINS 服务器

（4）单击“确定”按钮。

2. 删除 WINS 服务器

（1）在 WINS 控制台目录树中，单击要删除的 WINS 服务器。

（2）在“操作”菜单上，选择“删除”命令。

（3）当出现提示信息时，单击“是”按钮，以确认删除 WINS 服务器。

3. 启动或停止 WINS 服务器

（1）在 WINS 控制台目录树中，单击相应的 WINS 服务器。

（2）在“操作”菜单上，指向“所有任务”，然后选择“启动”“停止”“暂停”或“重新开始”命令。

除了利用 WINS 控制台启动或停止 WINS 服务器之外，也可以在命令提示符下使用下列命令执行以上任务。

- 若要启动 WINS 服务器，请输入命令：net start wins。
- 若要停止 WINS 服务器，请输入命令：net stop wins。
- 若要中断 WINS 服务器，请输入命令：net pause wins。
- 若要重启 WINS 服务器，请输入命令：net continue wins。

4. 停止使用 WINS 服务器

在停止使用一个 WINS 服务器之前，请确保已经重新配置以前配置为该服务器的 WINS 用户的任何计算机，以将其他服务器指定为主或辅 WINS 服务器。只要这些用户继续使用 WINS 进行注册和解析网络名称，重新配置就是必需的。

（1）在 WINS 控制台目录树中，展开相应的 WINS 服务器，单击“活动注册”按钮。

（2）在“操作”菜单上，选择“删除所有者”命令。

（3）在“删除所有者”对话框中，对于“删除此所有者”，单击要停止使用 WINS 服务器的 IP 地址，如图 3-11 所示。

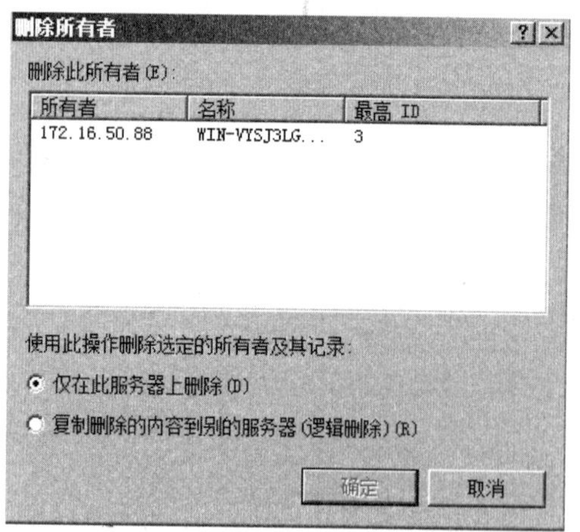

图 3-11 “删除所有者”对话框

（4）对于“使用此操作删除选定的所有者及其记录”，选择“复制删除的内容到别的服务器（逻辑删除）”单选按钮，然后单击“确定”按钮。

（5）当提示确认逻辑删除时，单击“确定”按钮。

（6）在控制台目录树中，右击“复制伙伴”，然后选择“立即复制”命令，如图 3-12 所示。

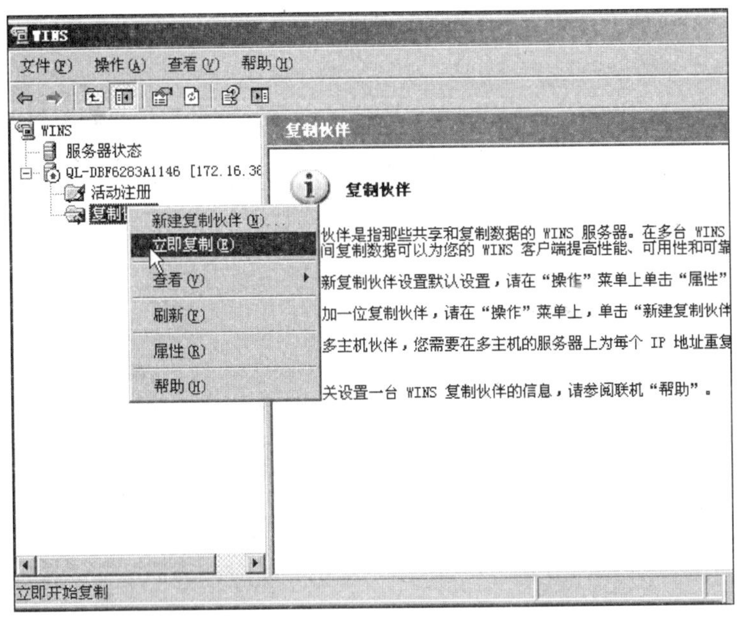

图 3-12 向伙伴服务器复制数据

3.3.2 设置 WINS 服务器属性

要设置 WINS 服务器的属性，可以执行以下操作：

（1）在 WINS 控制台目录树中，单击适当的 WINS 服务器。

（2）选择“操作”→“属性”→“常规”命令，然后对自动更新统计信息间隔、数据库备份路径以及是否在服务器关闭期间备份数据库进行设置，如图 3-13 所示。

（3）单击“间隔”标签，然后对 WINS 数据库记录被更新、删除和验证的频率进行设置，如图 3-14 所示。

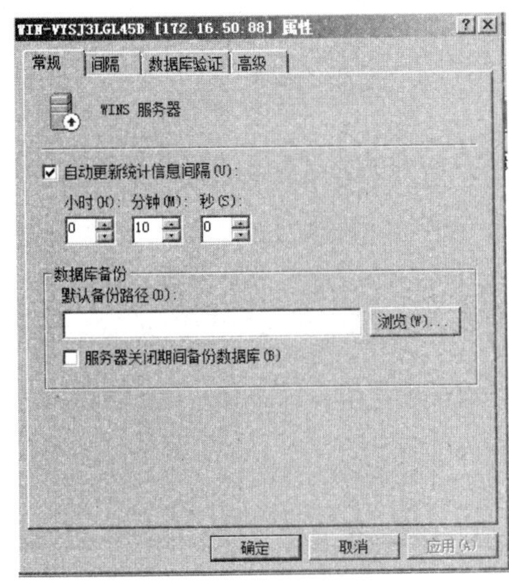

图 3-13 设置服务器常规属性

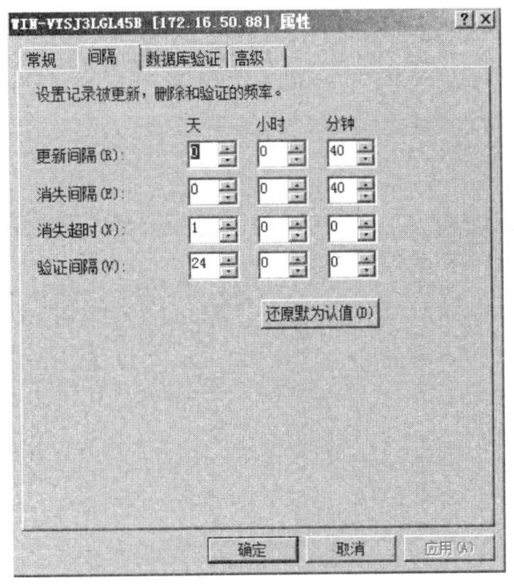

图 3-14 设置处理记录的频率

第3章

（4）单击“数据库验证”标签，然后对数据库验证间隔、开始时间以及验证根据进行设置，如图 3-15 所示。单击“高级”标签，然后对是否将 WINS 事件记录到 Windows 事件日志中、是否启用爆发处理、数据库路径以及起始版本计数进行设置，如图 3-16 所示。

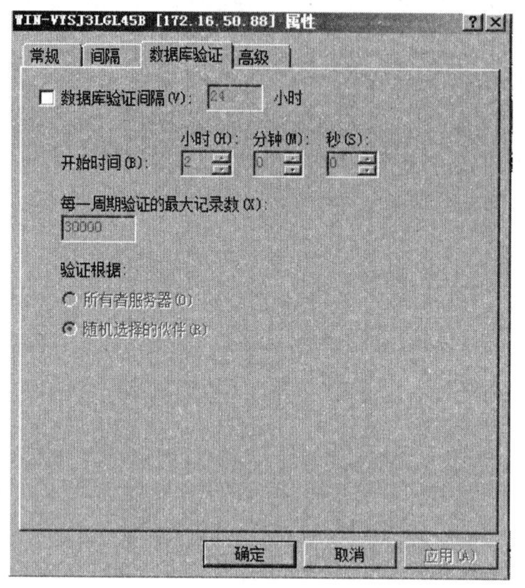

图 3-15　设置数据库验证选项

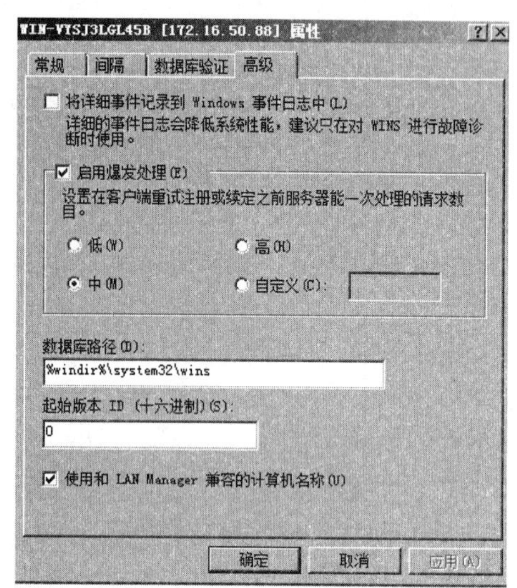

图 3-16　设置服务器其他属性

3.3.3　查看 WINS 记录

在 WINS 控制台中，可以按名称或所有者来查看 WINS 数据库中的部分记录名称，也可以查看数据库中的全部记录，还可以查看选定 WINS 记录的属性。

1. 按名称搜索 WINS 记录

（1）在 WINS 控制台目录树中，如图 3-17 所示，选择“活动注册”→“显示记录”→“记录映射”→“筛选与此名称样式匹配的记录”命令，输入或选择在搜索过程中使用的一组特定字符，如图 3-18 所示。

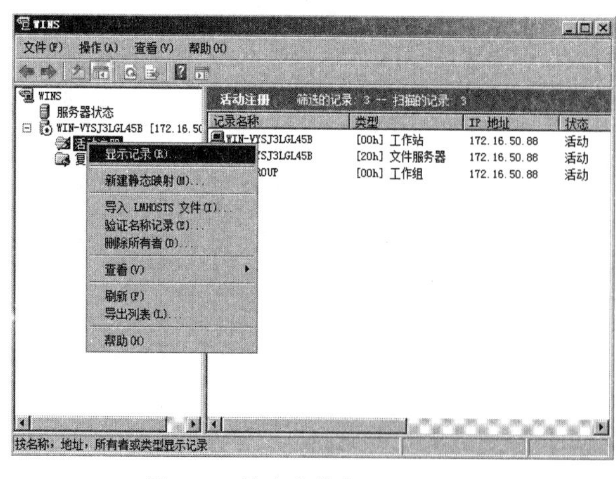

图 3-17　按名称搜索 WINS 记录

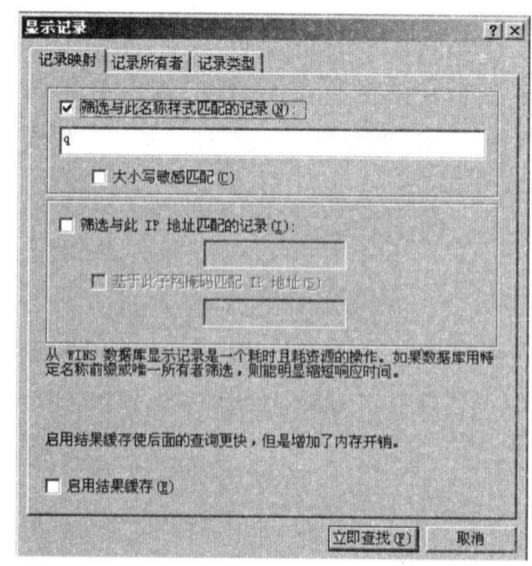

图 3-18　指定名称的开始字符

（2）单击“立即查找”按钮以开始搜索，此时，WINS 搜索服务器数据库并显示以指定字符开始的任何名称，如图 3-19 所示。

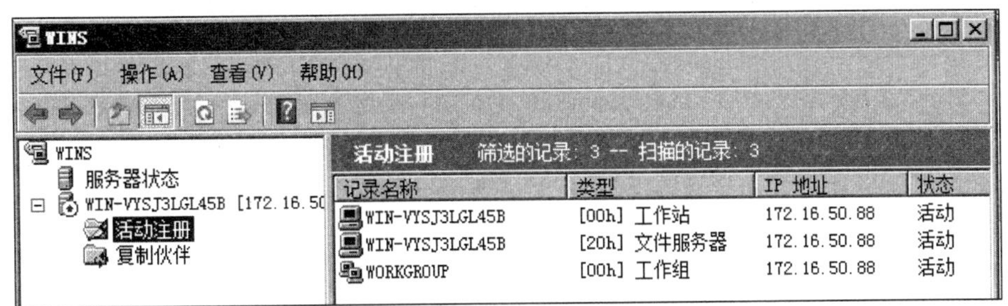

图 3-19　WINS 搜索服务器数据库结果

2. 按所有者查看 WINS 数据库

（1）在 WINS 控制台目录树中，选择“活动注册”→“显示记录”→“记录所有者”→“为这些所有者显示记录”命令，并在列表中单击选定所有者，如图 3-20 所示。

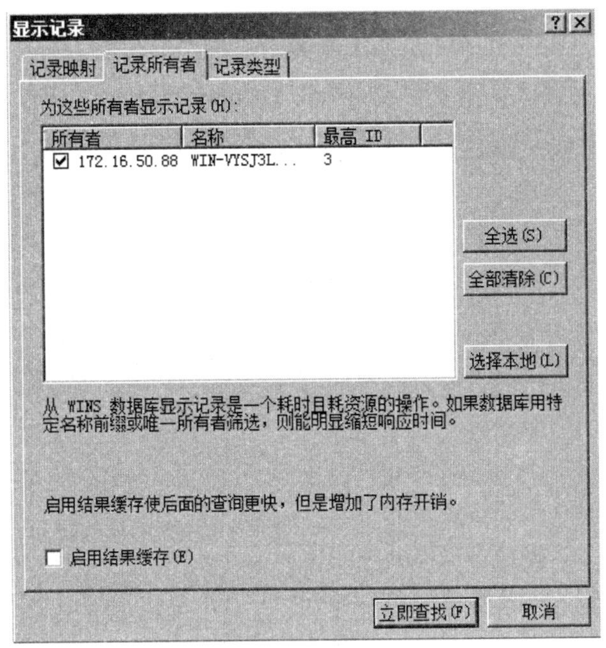

图 3-20　按所有者查看 WINS 数据库

（2）单击“立即查找”按钮。

3. 查看 WINS 数据库中的全部记录

（1）在 WINS 控制台目录树中，选择“活动注册”→“显示记录”命令。

（2）单击“立即查找”按钮。

4. 查看选定 WINS 记录的属性

（1）在详细信息窗格中，右击要查看的记录，然后选择“属性”命令，如图 3-21 所示。

（2）在 WINS 记录属性对话框中，查看这条 WINS 记录的各种属性，如图 3-22 所示。

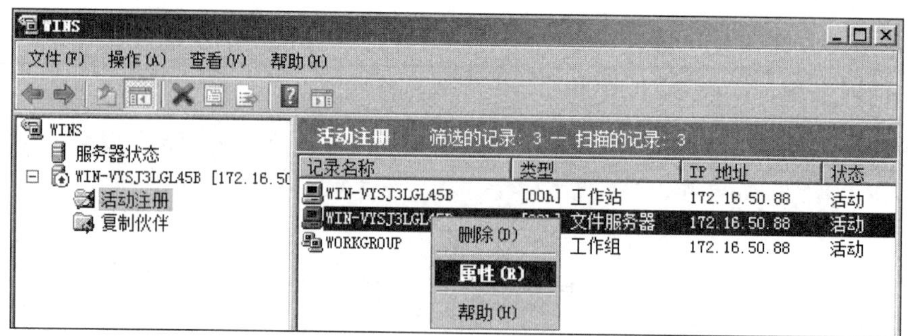

图 3-21　显示 WINS 记录属性

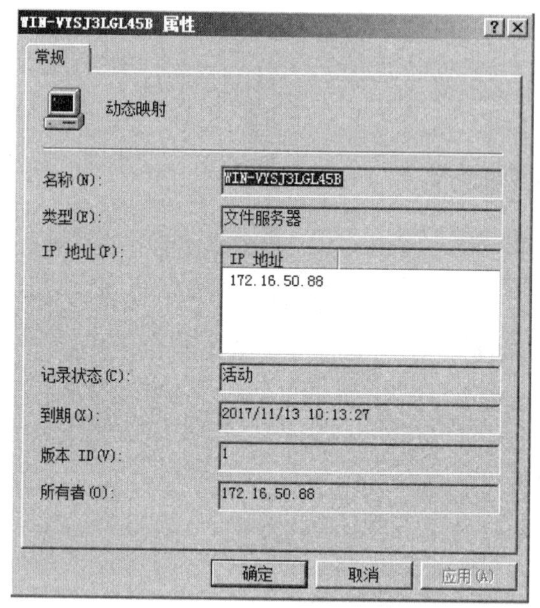

图 3-22　查看 WINS 记录属性

3.3.4　复制 WINS 数据库

当在网络上使用多个 WINS 服务器时，可以配置它们以将数据库中的记录复制到其他服务器。通过在这些 WINS 服务器之间使用复制，在整个网络上维护和分发一组一致的 WINS 信息。

1. 复制伙伴

要使复制正常工作，必须将每个 WINS 服务器至少配置为有一个其他 WINS 服务器作为其复制伙伴。这确保通过某个 WINS 服务器注册的名称最终能够被复制到网络上所有其他 WINS 服务器上。可以将复制伙伴添加并配置为拉伙伴、推伙伴或推/拉伙伴（同时使用两种复制类型）。推/拉伙伴类型是默认的配置，并且是大多数情况下推荐使用的类型。

2. 设置复制伙伴

为了实现 WINS 数据库复制，首先要添加复制伙伴并对它进行设置。若要添加复制伙伴，请执行以下操作：

（1）在WINS控制台目录树中，单击“复制伙伴”按钮。

（2）在“操作”菜单上，选择“新建复制伙伴”命令。

（3）在图3-23所示的“新的复制伙伴”对话框中，输入WINS服务器的名称或IP地址以将它当作复制伙伴添加，然后单击“确定”按钮。

在默认情况下，将复制伙伴配置为“推/拉”类型伙伴。一旦添加了伙伴，就可以将其改变为“只推”或“只拉”类型伙伴。

3. 启用自动伙伴配置

通过启用自动伙伴配置，其他WINS服务器加入网络时将被发现并添加为复制伙伴。若要启用自动伙伴配置，请执行以下操作：

（1）在WINS控制台目录树中，单击“复制伙伴”按钮。

（2）在“操作”菜单上，选择“属性”命令。

（3）在“复制伙伴 属性”对话框中，单击“高级”标签，如图3-24所示。

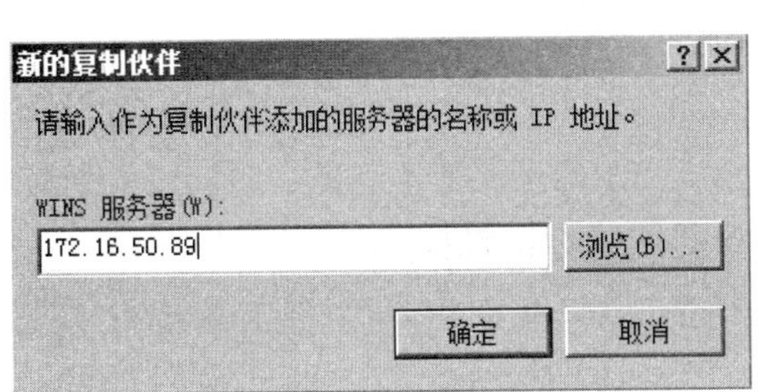

图3-23　指定要添加的复制伙伴

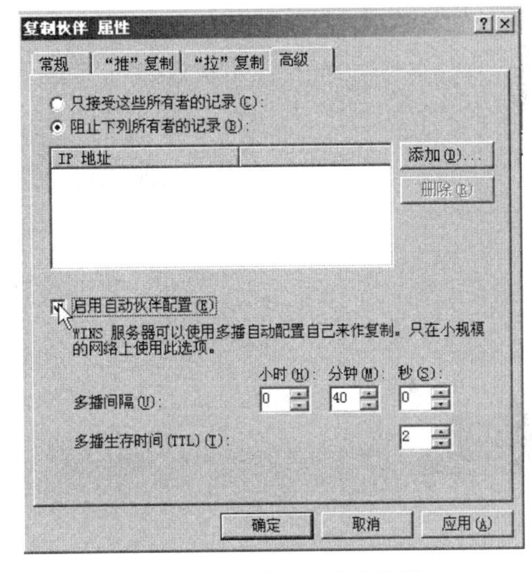

图3-24　启动自动伙伴配置

（4）勾选“启用自动伙伴配置”复选框。

（5）如果需要，请在WINS启用自动伙伴配置功能时，修改该服务器所使用的多播间隔和多播生存时间（TTL）参数。

（6）单击“确定”按钮。

3.3.5　管理静态映射

WINS服务器为注册和查询网络上的计算机和用户组NetBIOS名称与IP地址的动态映射提供分布式数据库。但是，在网络中可能还存在着运行其他操作系统的计算机，它们不能直接向WINS服务器注册NetBIOS名称。这些名称可以使用静态的WINS映射来添加或解析。

添加静态映射项操作步骤如下：

（1）在WINS控制台目录树中，选择“活动注册”→“操作”→“新建静态映射”命令。

（2）在如图 3-25 所示的“新建静态映射”对话框的“计算机名称”文本框中输入计算机的 NetBIOS 名称。

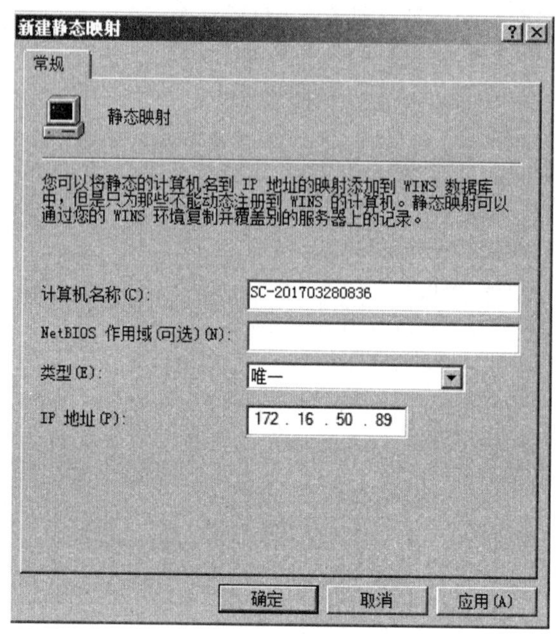

图 3-25 设置新建静态映射信息

（3）在“IP 地址”文本框中，输入计算机的 IP 地址。

（4）单击“应用”按钮，将静态映射项添加到数据库中。

3.4 实验：实现 WINS 服务器名称解析服务

3.4.1 实验目的

- 掌握 WINS 服务器的安装方法。
- 掌握 WINS 服务器配置方法。
- 掌握 WINS 服务器解析计算机名称和 IP 地址映射关系的方法。
- 学会在客户机验证 WINS 服务器的方法。

3.4.2 实验内容

本实验中要求以一台运行 Windows Server 2008 的计算机作为服务器，且该计算机拥有静态的 IP 地址 172.16.50.88、子网掩码 255.255.0.0 和默认网关 172.16.50.1。还需要一台本地机作为客户机，也可以使服务器成为其自身的一个 WINS 客户机。本实训分别在 WINS 服务器和 WINS 客户机上进行，目的是确认这些计算机被注册在 WINS 服务器数据库中。

3.4.3 实验步骤

一、安装 WINS 服务器

安装步骤见 3.2.1。

二、配置 WINS 客户机

为了保证该 WINS 服务器将其自身的 NetBIOS 名称和 IP 地址注册到数据库中，必须在该服务器计算机上配置高级 TCP/IP 属性，使其成为自身的一个 WINS 客户机，具体方法见 3.2.2 小节内容。同时以本地机作为客户机，并进行如下设置：

（1）选择“开始”→“设置”→“网络和拨号连接”→“属性”命令。

（2）选择“本地连接 属性”→“Internet 协议（TCP/IP）”→“属性”→“高级”命令，如图 3-26 所示。

（3）选择“高级 TCP/IP 设置”→WINS→“添加”命令。

（4）在“TCP/IP WINS 服务器”对话框中输入 WINS 服务器（即虚拟机）的 IP 地址 172.16.50.88，然后单击“添加”按钮，如图 3-27 所示。

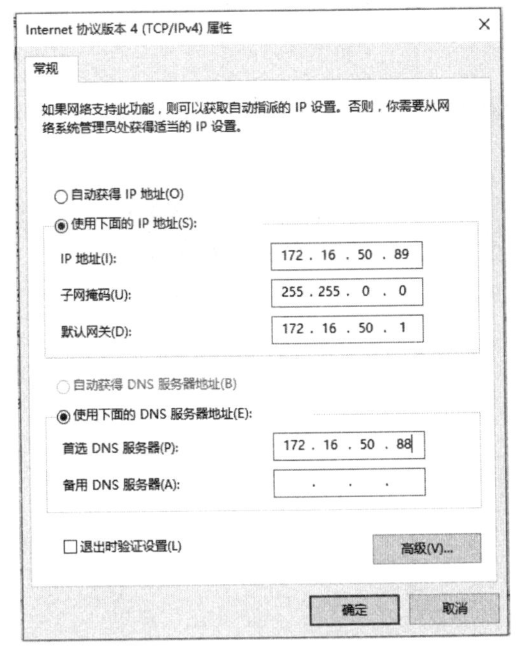

图 3-26 “Internet 协议版本 4（TCP/IPv4）属性”对话框

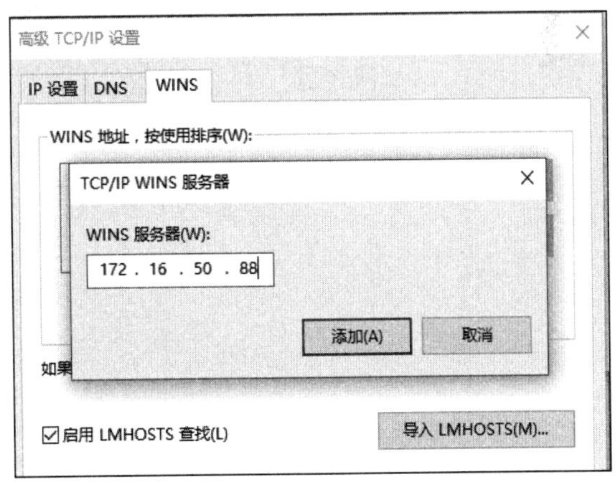

图 3-27 “高级 TCP/IP 设置”对话框

三、验证 WINS 服务器

（1）在 WINS 服务器计算机上，选择“开始”→“所有程序”→“管理工具”→WINS 命令，在 WINS 控制台目录树中，选择“活动注册”→“显示记录”命令，如图 3-28 所示。

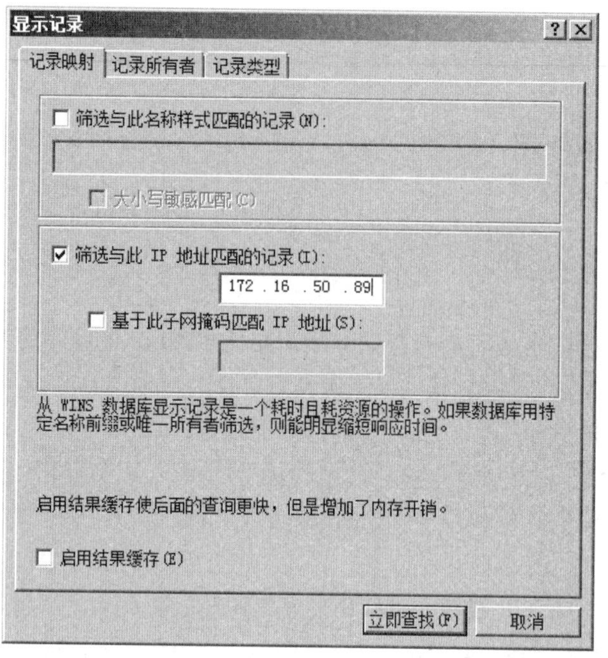

图 3-28　“显示记录”对话框

（2）单击“立即查找”按钮。此时，应能在详细信息窗格中看到已经注册的计算机，如图 3-29 所示。

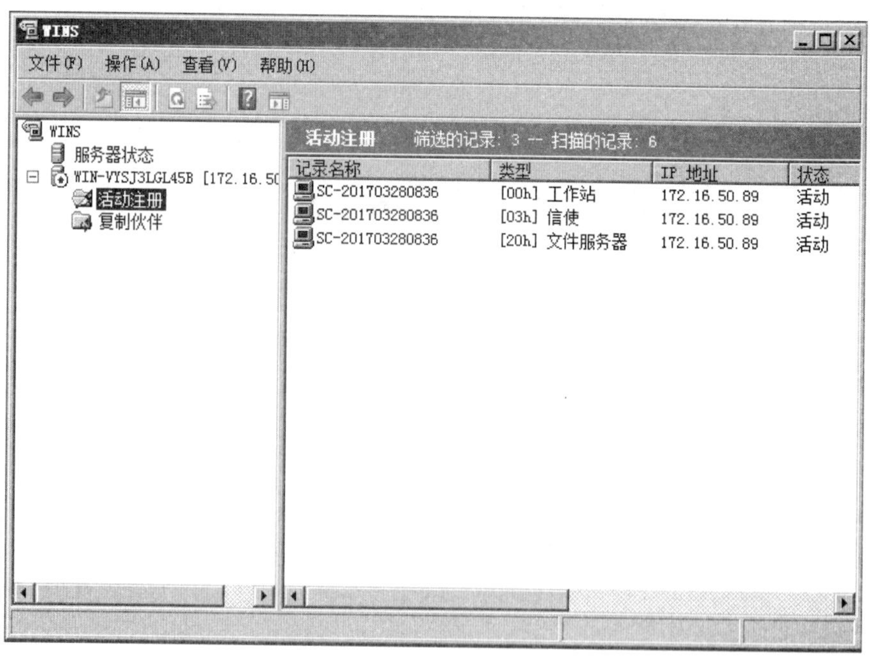

图 3-29　详细信息窗格

（3）在 WINS 客户机上，打开“命令提示符”窗口，输入命令：nbtstat -n。此时，应能看到计算机的 NetBIOS 本地名称表，如图 3-30 所示。

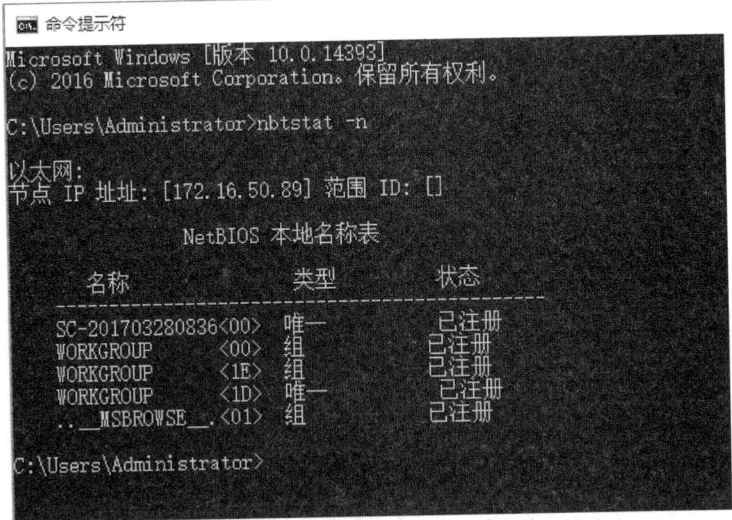

图 3-30　NetBIOS 本地名称表

3.5　习题

1. 在 WINS 客户机上验证 WINS 服务器。
2. 可用几种方式在 WINS 控制台中查看 WINS 数据库记录？

第 4 章 管理活动目录服务

活动目录（Active Directory）是一个分布式的目录服务，信息可分散在多台不同的计算机上，保证用户能够快速访问，既提高了管理效率，又使网络应用更加方便。应用于 Windows Server 2008 的目录服务，存储着网络上各种对象的有关信息，并使该信息易于管理员和用户查找及使用。创建和管理账户和组是 Windows Server 2008 网络管理员的一项核心工作。组是可以包含用户、计算机和其他组的活动目录。使用组可以管理用户和计算机对活动目录及其属性、网络共享位置、文件、目录、打印机列队等共享资源的访问。通过将用户添加到组中可以简化网络的管理工作。计算机账户提供了一种验证计算机访问网络以及域资源的方法。

通过设置用户账户策略，可以更改用户账户有关事项，例如密码策略。本地策略的设置被导入到活动目录中的组策略对象时，它们将影响应用组策略对象的任何计算机账户上的本地安全设置。

教学目标

- 掌握活动目录的基本概念
- 掌握在 Windows Server 2008 中安装活动目录的方法
- 能够进行域控制器的管理
- 能够进行用户账户、计算机账户和组的管理
- 能够进行账户和本地策略的设置

4.1 活动目录概述

4.1.1 基本概念

1. 活动目录

活动目录就是 Windows 网络中的目录服务（Directory Service），包括两方面的内容：目录和目录相关的服务。它负责目录数据库的保存、新建、删除、修改与查询等服务。

2. 域

域是 Windows 网络中独立运行的单位，域之间相互访问则需要建立信任关系。信任关系是连接在域与域之间的桥梁。当一个域与其他域建立了信任关系后，两个域之间不但可以按需要相互进行管理，还可以跨网分配文件和打印机等设备资源，使不同的域之间实现网络资源的共享与管理。

域是一个有安全边界的计算机集合，在同一个域中的计算机彼此之间已经建立了信任关系，在域内访问其他机器，不再需要被访问机器的许可。

3. 域目录树

对一个包含多个域的网络，则可以将网络设置成域目录树的结构，也就是说这些域以树状的形式存在。

在整个域目录树中，存在一个根域，也称父域。在父域下与其关联的还有若干子域，所有域共享同一个活动目录，及整个域目录树中只有一个活动目录。只不过这个活动目录分散地存储在不同的域中，整体上形成一个大的分布式的活动目录数据库。在配置一个较大规模的企业网络时，可以配置为域目录树结构。

4. 域目录林

如果网络的规模比前面提到的域目录树还要大，甚至包含了多个域目录树，这时可以将网络配置为域目录林结构。域目录林由一个或多个域目录树组成。域目录林中的每个域目录树都有唯一的命名空间，它们之间并不连续。

在整个域目录林中也存在着一个根域，这个根域是域目录林中最先安装的域。

5. 信任关系

信任关系是网络中不同域之间的一种内在联系。只有在两个域之间创建了信任关系，这两个域才可以相互访问。

在通过 Windows Server 2008 系统创建域目录树和域目录林时，域目录树的根域和子域之间，域目录林的不同树之间都会自动创建双向的、传递的信任关系，有了信任关系，使根域与子域之间、域目录林中的不同树之间可以互相访问，并可以从其他域登录到本域。

如果希望两个无关域之间可以相互访问或从对方域登录到自己所在的域，也可以手动创建域之间的信任关系。

4.1.2 服务器角色

1. 域控制器

域控制器是使用活动目录安装向导配置的运行 Windows Server 2008 的计算机。一个域可以有一个或多个域控制器。

2. 成员服务器

成员服务器是运行 Windows Server 2008 的计算机，它是域的成员但不是域控制器。因为它不是域控制器，所以成员服务器不处理账户登录过程，不参与活动目录复制，也不存储域安全策略信息。成员服务器一般用作文件服务器、应用服务器、数据库服务器、Web 服务器、证书服务器、防火墙以及远程访问服务器。

3. 独立服务器

独立服务器是运行 Windows Server 2008 的计算机并且不是 Windows Server 2008 域的成员。它可以与网络上的其他计算机共享资源，但是不接受活动目录所提供的任何好处。

4. 更改服务器角色

使用活动目录安装向导，可以将成员服务器升级至域控制器，也可以将域控制器降级为成员服务器。

4.2 安装和设置域控制器

要创建 Windows Server 2008 域，就必须在该域中创建一个域控制器。通过安装活动目录服务，可以将基于 Windows Server 2008 的计算机升级为域控制器，并创建一个新域或在现有域中添加其他域控制器。

4.2.1 安装域服务

在部署目录林根级域之前需满足以下要求：

- 设置域控制器的 TCP/IP 属性，手动指定 IP 地址、子网掩码、默认网关和 DNS 的 IP 地址等。
- 在域控制器上准备 NTFS 卷，如“C：”。

安装步骤如下：

（1）在管理工具中选择“服务器管理器”→“角色”→“添加角色”命令，单击“选择服务器角色”，勾选“Active Directory 域服务”复选框，如图 4-1 所示。

（2）单击“下一步”按钮，确认后进入安装界面，并显示正在安装，如图 4-2 所示。

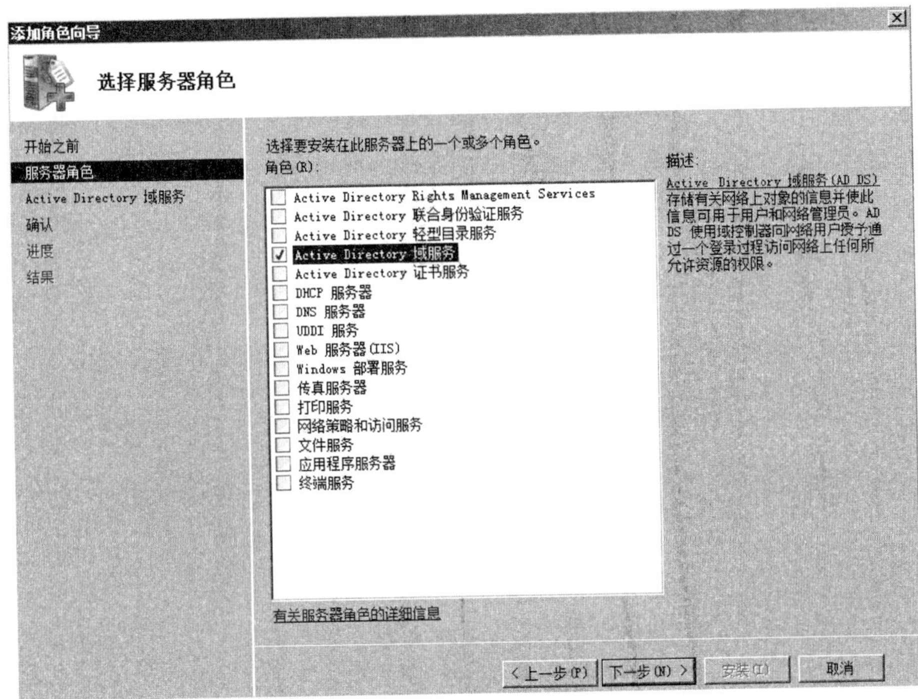

图 4-1　“选择服务器角色”对话框

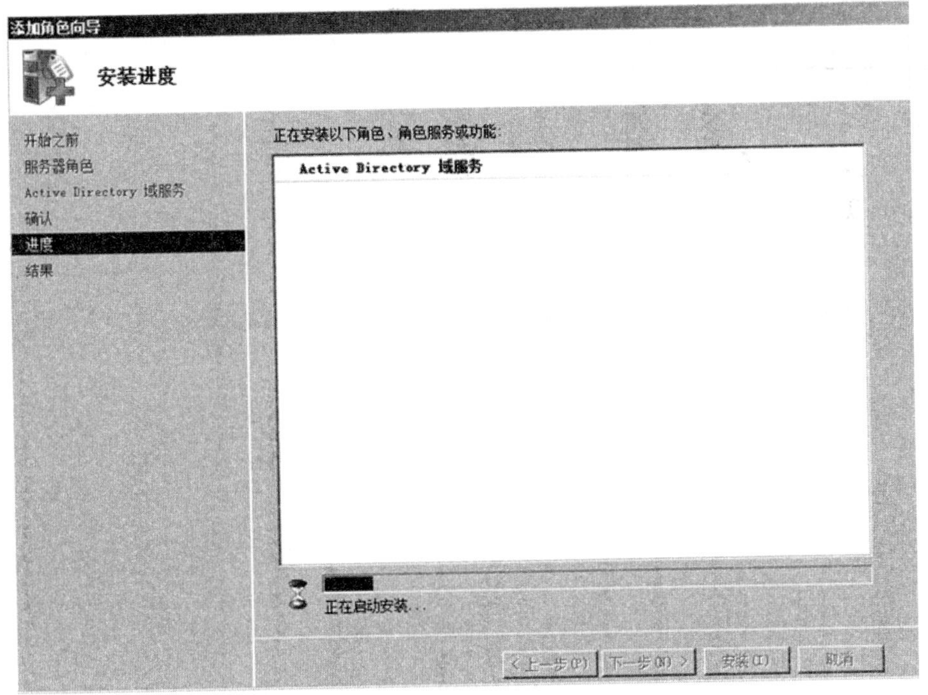

图 4-2　服务器安装进度

（3）当选定的角色服务器安装完以后，可以看到在“角色”中出现了该服务管理控制台，如图 4-3 所示。

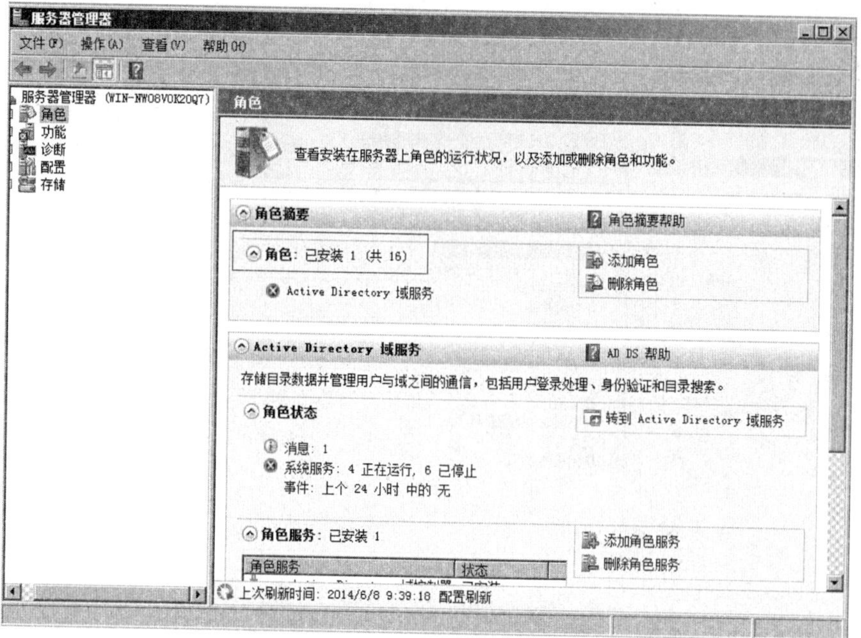

图 4-3　安装好的服务管理控制台

4.2.2　安装活动目录

在 Windows Server 2008 系统中安装活动目录时，需要先安装 Active Directory 域服务。

（1）选择“开始”→“管理工具”→“服务器管理器”命令，打开“服务器管理器”窗口，展开“角色”，可以看到已经安装成功的“Active Directory 域服务”，如图 4-4 所示。

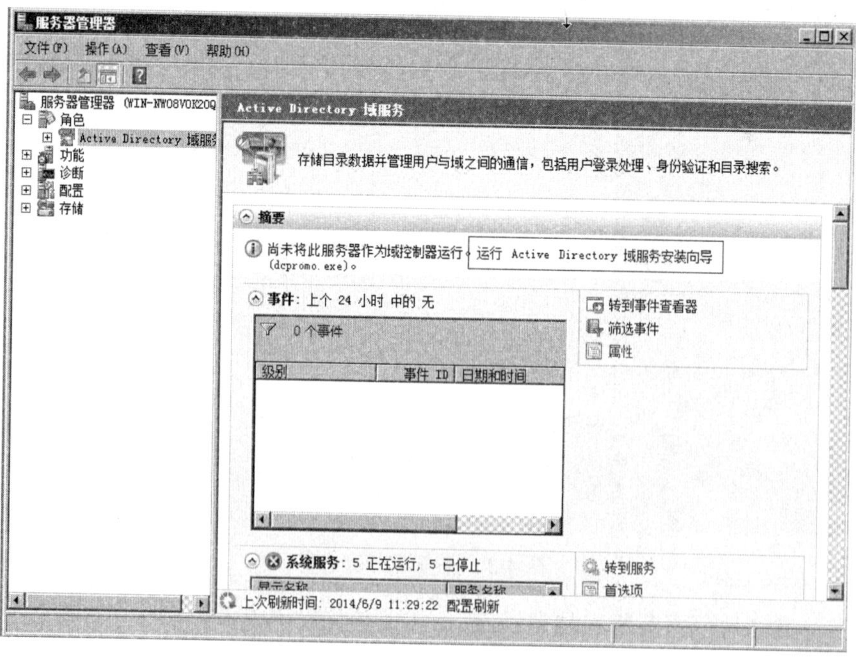

图 4-4　“Active Directory 域服务”窗口

（2）单击“摘要”区域中的“运行 Active Directory 域服务安装向导（dcpromo.exe）”链接或者执行 dcpromo 命令启动安装向导，打开如图 4-5 所示的窗口。

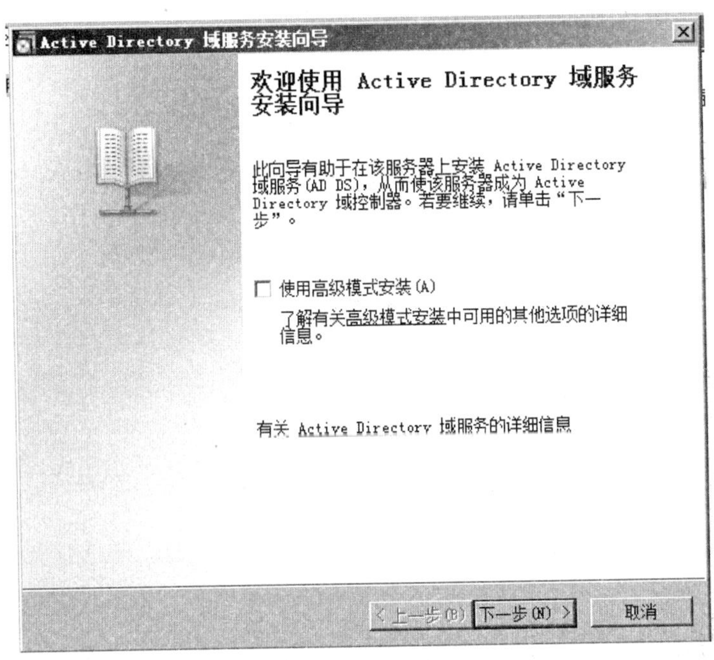

图 4-5　Active Directory 域服务安装向导

（3）单击“下一步”按钮，弹出如图 4-6 所示的对话框。单击“下一步”按钮，弹出如图 4-7 所示的对话框，选择“在新林中新建域”单选按钮，创建一台新的域控制器。如果出现“无法创建域”对话框提示，即弹出如图 4-8 所示的内容，需要打开“管理员：命令提示符”窗口，执行 net user administrator 命令，查看到“需要密码”项状态为 No，如图 4-9 所示。继续输入命令：net user administrator/passwordreq:yes，显示设置成功，如图 4-10 所示。

图 4-6　“操作系统兼容性”对话框

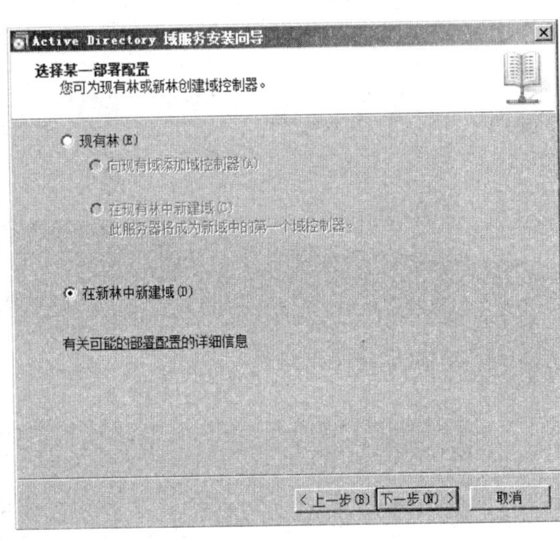

图 4-7　“选择某一部署配置”对话框

第4章

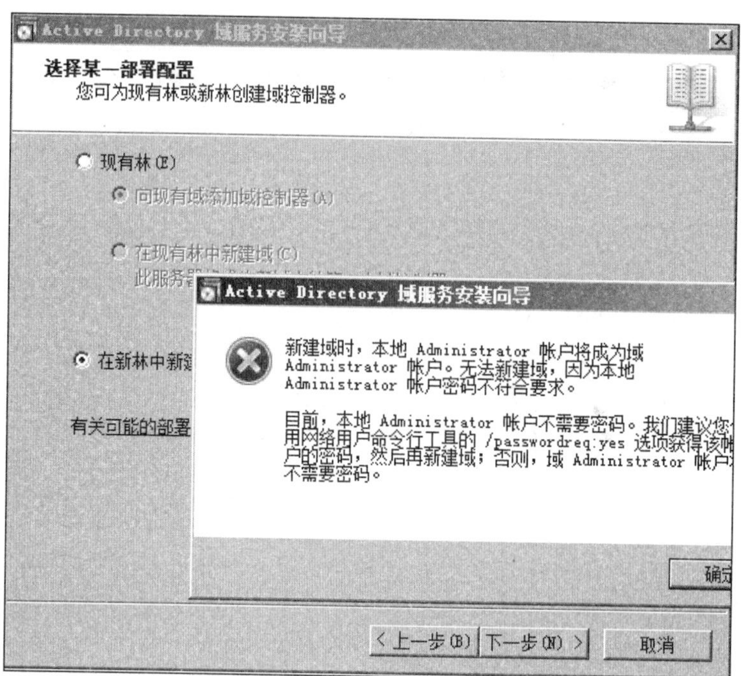

图 4-8 “无法创建域”提示

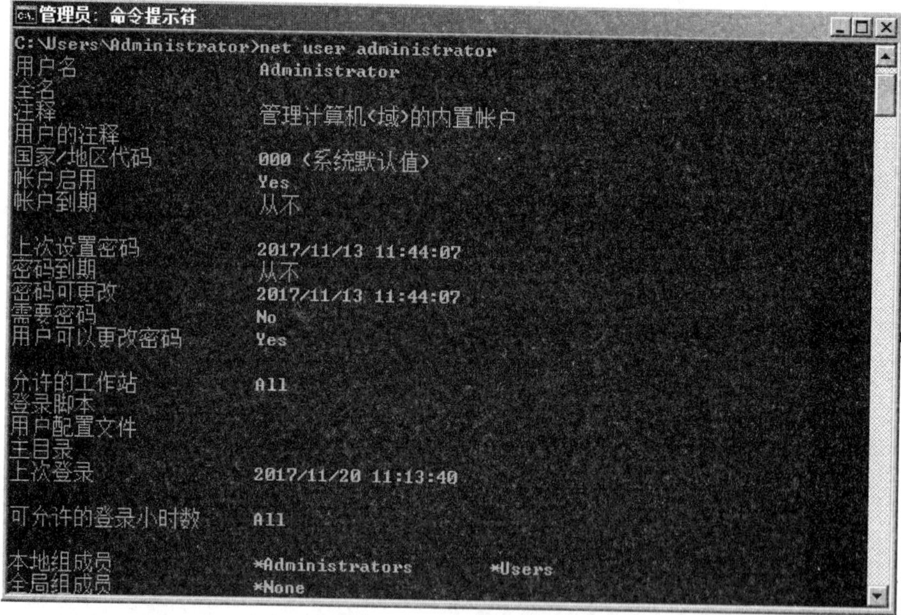

图 4-9 查看密码状态命令

```
C:\Users\Administrator>net user administrator /passwordreq:yes
命令成功完成。
```

图 4-10 设置密码命令

（4）单击“下一步”按钮，弹出如图4-11所示的对话框，在“目录林根级域的FQDN”文本框中输入林根域的域名。林中的第一台域控制器是根域，在根域下可以继续创建从属于根域的子域控制器。

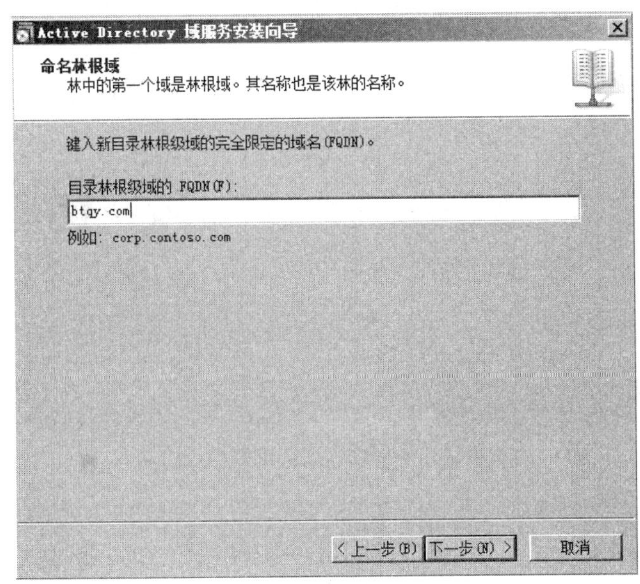

图4-11 “命名林根域”对话框

（5）单击“下一步”按钮，弹出如图4-12所示的对话框。不同的林功能级别可以向下兼容不同平台的Active Directory服务功能。

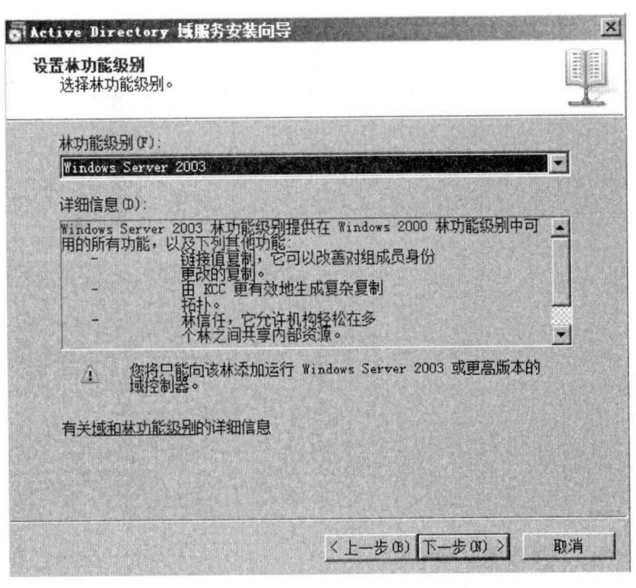

图4-12 “设置林功能级别”对话框

（6）单击“下一步”按钮，弹出如图4-13所示的对话框。设置不同的域功能级别主要是为兼容不同平台下的网络用户和子域控制器。

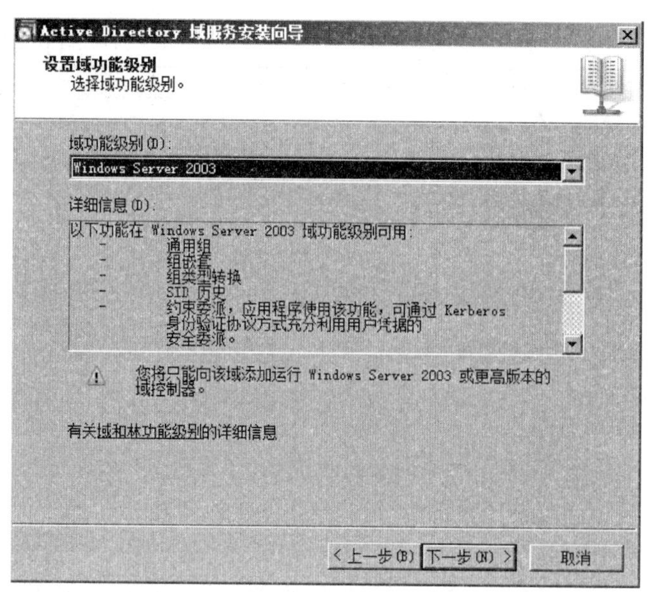

图 4-13　“设置域功能级别”对话框

（7）单击“下一步”按钮，开始检查 DNS 配置，并弹出如图 4-14 所示的对话框。林中的第一个域控制器必须是全局编录服务器且不能是只读域控制器，所以“全局编录”和“只读域控制器”两个选项都是不可选的。建议勾选“DNS 服务器”复选框，在域控制器上同时安装 DNS 服务器。

（8）单击“下一步”按钮，开始检查 DNS 委派，并弹出图 4-15 所示的警告框。该信息表示因为无法找到有权威的父区域或者未运行 DNS，所以无法创建该 DNS 的委派。

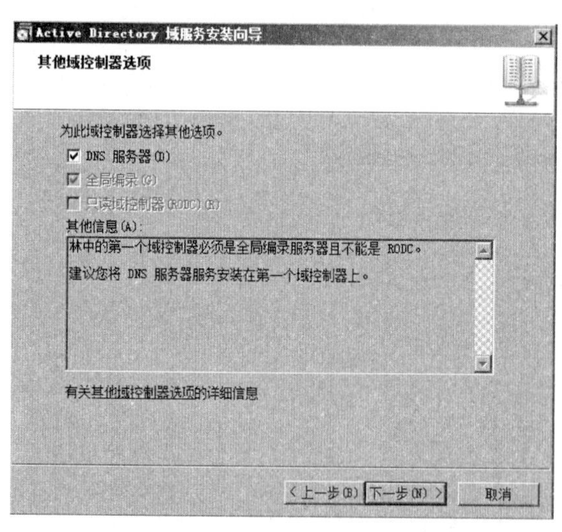

图 4-14　“其他域控制器选项”对话框

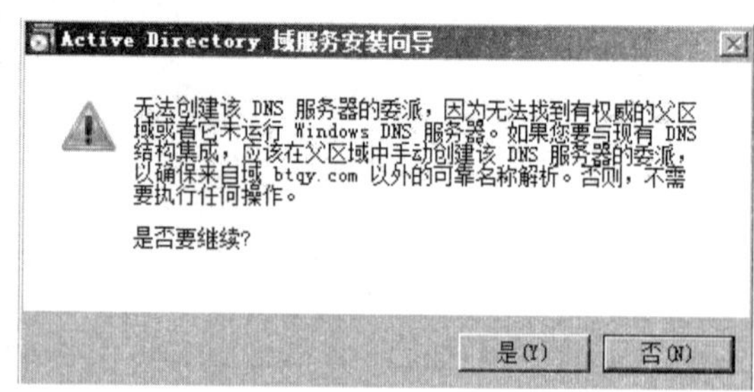

图 4-15　无法创建 DNS 的委派

（9）单击“是”按钮，显示如图 4-16 所示的对话框，一般都按其默认设置即可。

注意：如果服务器没有分配静态 IP 地址，此时就会出现图 4-16 所示的对话框，提示需要配置静态 IP 地址，可以返回去重新设置，也可以跳过此步骤，只使用动态 IP 地址。

（10）单击“下一步”按钮，弹出如图 4-17 所示的对话框，输入以目录服务还原模式启动此域控制器时使用的密码，最好与管理员密码相同。

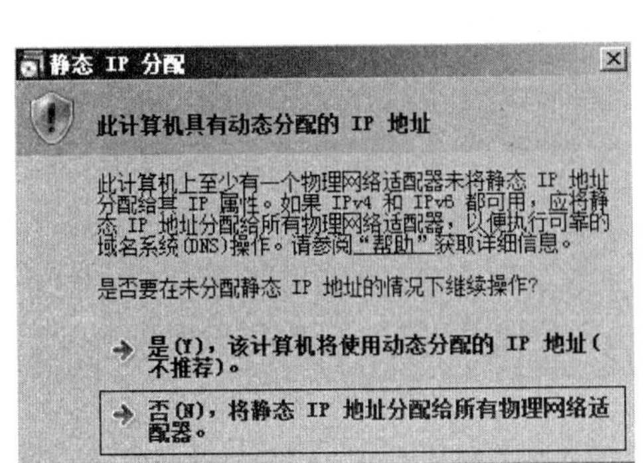

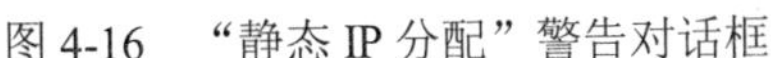
图 4-16 “静态 IP 分配”警告对话框

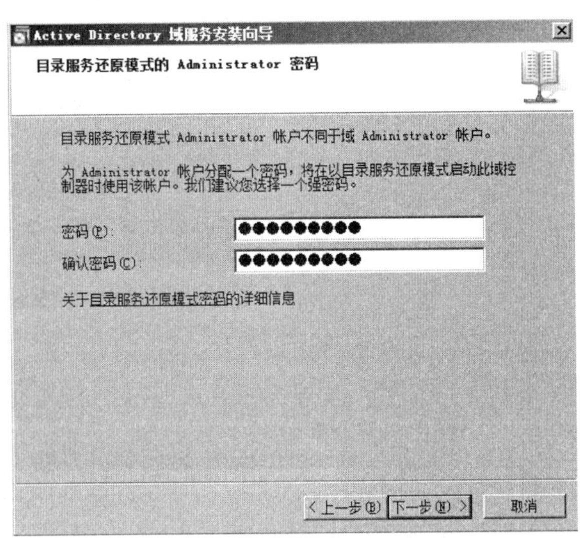

图 4-17 目录服务还原模式的密码

（11）单击“下一步”按钮，弹出如图 4-18 所示对话框，列出前面所有的配置信息，如果需要修改，可以单击“上一步”按钮返回重新设置。

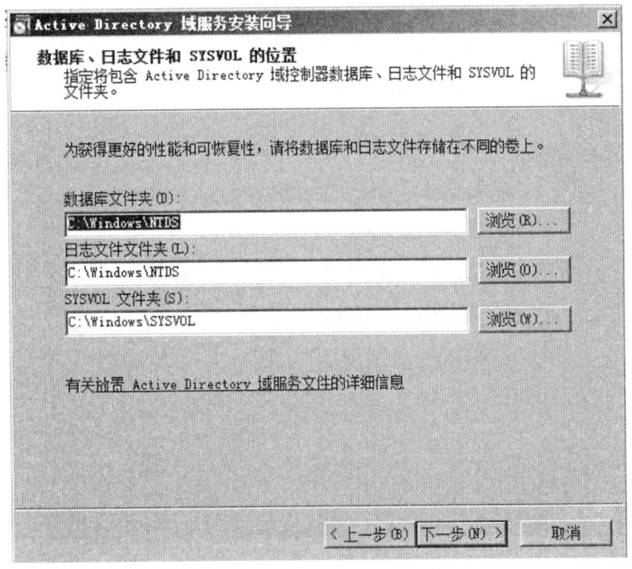

图 4-18 “数据库、日志文件和 SYSVOL 的位置”对话框

（12）单击“下一步”按钮，即可开始安装，根据所设置的选项配置 Active Directory 域服务。由于这个过程一般比较长，可能要花几分钟或更长时间，需要耐心等待。

安装完成后，重新启动计算机，即可升级为 Active Directory 域控制器。必须使用域用户账户登录，格式为：域名\用户账户，如图 4-19 所示。

图 4-19　“登录”对话框

注意：如果想要登录本地计算机，请单击“切换用户”→“其他用户”按钮，然后在用户名处输入“计算机名\登录账户名”，在密码处输入该账户的密码，即可登录本机。

4.2.3　验证 Active Directory 域服务的安装

活动目录安装完成之后，在该机上从各个方面进行验证。

1. 查看计算机名

选择“开始”→“控制面板”→“系统和安全”→“系统”→“高级系统设置”→“计算机名”命令，可以看到计算机已经由工作组成员变成了域成员，而且是域控制器，如图 4-20 所示。

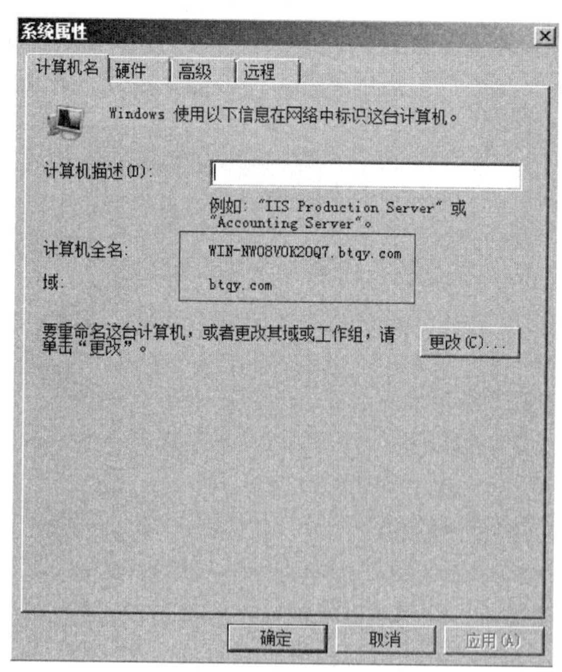

图 4-20　“系统属性－计算机名”选项卡

2. 查看管理工具

活动目录安装完成后，会添加一系列的活动目录管理工具，包括“Active Directory 用户

和计算机”“Active Directory 站点和服务”“Active Directory 域和信任关系”等。选择“开始”→“管理工具”命令，可以在“管理工具”中找到这些管理工具的快捷方式。

3. 查看活动目录对象

打开“Active Directory 用户和计算机”管理工具，可以看到企业的域名 btqy.com。单击该域，窗口右侧详细信息窗格中会显示域中的各个容器。其中包括一些内置的容器，主要有：

- Built-in：存放活动目录域中的内置组账户。
- Computers：存放活动目录域中的计算机账户。
- Users：存放活动目录域中的一部分用户和组账户。
- Domain Controllers：存放域控制器的计算机账户。

4. 查看 Active Directory 数据库

Active Directory 数据库文件保存在%System Root%\Ntds 文件夹中，主要文件有：

- Ntds.dit：数据库文件。
- Edb.chk：检查点文件。
- Temp.edb：临时文件。

5. 查看 DNS 记录

为了让活动目录正常工作，需要 DNS 的支持。活动目录安装完成后，重新启动计算机时会向指定的 DNS 上注册 SRV 记录。

有时网络连接或者 DNS 配置的问题会造成未能正常注册 SRV 记录的情况。对于这种情况，可以先维护 DNS，并将域控制器的 DNS 设置指向正确的 DNS，然后重新启动 NETLOGON 服务。

具体操作的命令如下：

```
Net stop netlogon
Net start netlogon
```

4.2.4 降级域控制器

（1）在现有的域控制器上，选择“开始”→“运行”命令，在出现的文本框中输入 dcpromo，然后单击“确定”按钮。

（2）在活动目录安装向导的欢迎页上，单击“下一步”按钮，当出现提示信息时，单击“确定”按钮，如图 4-21 所示。

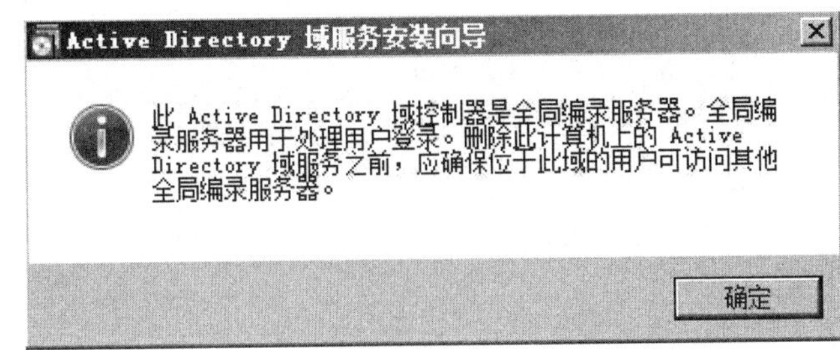

图 4-21 “Active Directory 域服务安装向导”提示

（3）在“删除域”对话框中，若勾选“删除该域，因为此服务器是该域中的最后一个域控制器”复选框，则此域控制器将变成独立服务器，否则它将变成成员服务器。设置删除活动目录选项后的服务器角色后，单击“下一步”按钮，如图 4-22 所示。

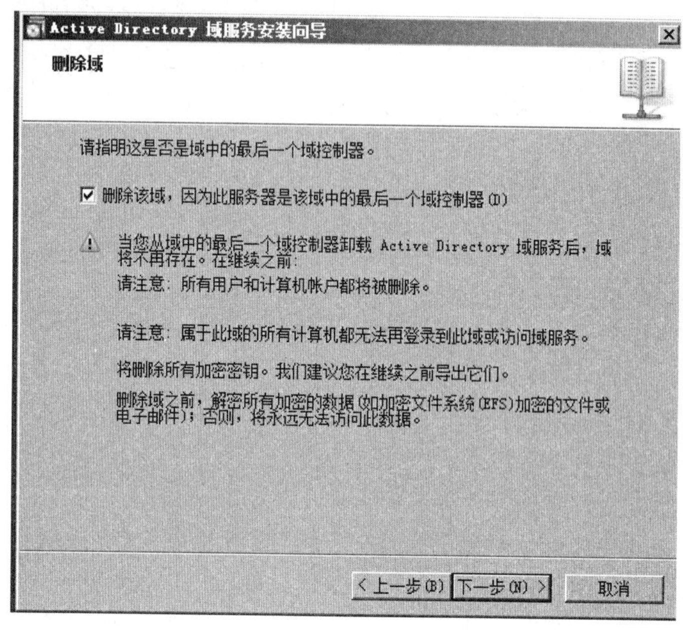

图 4-22　“删除域”对话框

（4）在“管理员密码”页上，输入服务器管理员的密码，然后单击“下一步”按钮。在“摘要”对话框中，单击“下一步”按钮，开始配置活动目录，如图 4-23 所示。

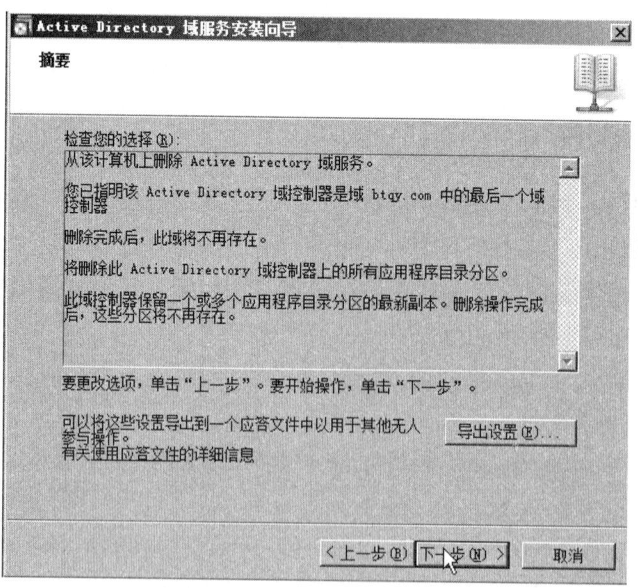

图 4-23　“摘要”对话框

（5）删除活动目录后，重新启动计算机，使所做的设置生效。

4.3 用户账户管理

在未安装活动目录的成员服务器或独立服务器上，可以利用“计算机管理”工具在工作组环境下创建和管理本地用户和组；在安装活动目录的域控制器上，可以利用“Active Directory 用户和计算机”工具在基于域的环境下创建和管理网络中的用户、计算机、组、组织单位、域、域控制器以及发布共享资源。

4.3.1 账户

1. 用户账户

用户账户是由定义 Windows Server 2008 用户的所有信息组成的记录，包括用户登录所需的用户名和密码、用户账户具有成员关系的组以及用户使用计算机和网络及访问它们的资源的权利和权限。

Windows Server 2008 的用户有以下两种类型：

（1）本地用户账户：成员服务器和独立服务器上建立的用户是本地用户，本地用户可以登录到本机，但是不能登录到域控制器上，也不能使用域内资源。

（2）域用户账户：域用户账户允许用户登录到具有可验证并授权访问域资源的身份的计算机和域。登录到网络的每个用户应有自己的唯一账户和密码。

2. 计算机账户

加入到域中的每一台计算机均具有计算机账户。与用户账户类似，计算机账户提供了一种验证和审核计算机访问网络以及域资源的方法。连接到网络上的每一台计算机都应有自己的唯一计算机账户。也可使用“Active Directory 用户和计算机”创建计算机账户。

4.3.2 管理用户账户

在域控制器服务器上，可以利用活动目录用户和计算机管理工具来添加新的用户账户，也可以利用该工具对用户账户进行各种操作，例如复制、移动、查找、重命名以及删除等。

1. 创建用户账户

（1）选择“开始”→“所有程序”→“管理工具”→“Active Directory 用户和计算机”命令。弹出的窗口如图 4-24 所示。

（2）双击域名，然后右击 Users 文件夹并在如图 4-25 所示的快捷菜单中选择“新建”→“用户”命令，弹出如图 4-26 所示的对话框，在该对话框中进行设置，各项说明如下：

- 在“新建对象 - 用户”对话框中，输入用户的姓、名和英文缩写，然后在“用户登录名”文本框中输入用户用于登录的名称，并在下拉列表中单击必须附加到用户登录名称的 UPN 后缀（后面跟@号）。

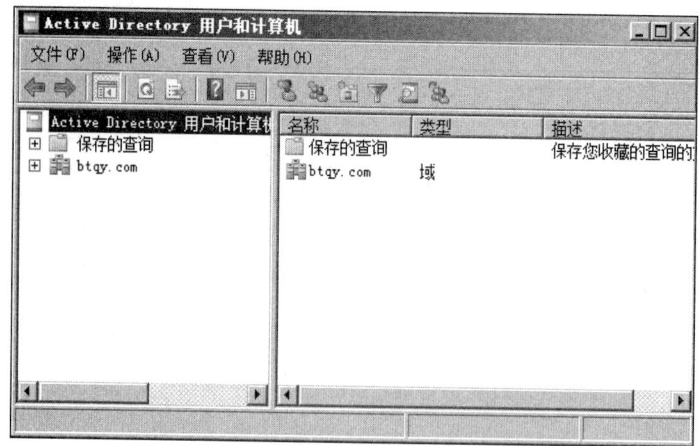

图 4-24 “Active Directory 用户和计算机”窗口

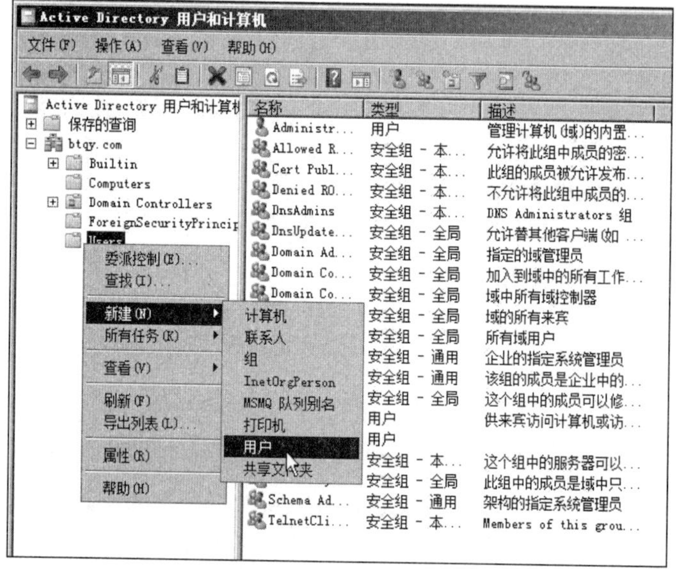

图 4-25 添加用户账户

新建对象 - 用户

创建于：btqy.com/Users

姓(L)：li

名(F)：na　　英文缩写(I)：

姓名(A)：lina

用户登录名(U)：

ln　　@btqy.com

用户登录名(Windows 2000 以前版本)(W)：

BTQY\　　ln

< 上一步(B)　下一步(N) >　取消

图 4-26 设置用户账户信息

- 如果用户使用不同的名称从运行 Windows NT、Windows 98、Windows 95 的计算机上登录，则把显示在“用户登录名（Windows 2000 以前版本）”文本框中的用户登录名称改为不同的名称。

（3）单击“下一步”按钮，弹出如图 4-27 所示对话框，进行密码和密码选项设置。在“密码”和“确认密码”文本框中输入用户的密码，然后选择相应的密码选项。若勾选“用户下次登录时须更改密码”复选框，则用户可以在首次登录时修改管理员为其设置的密码，这样除该用户外的其他所有用户（包含管理员）都不能修改其密码。

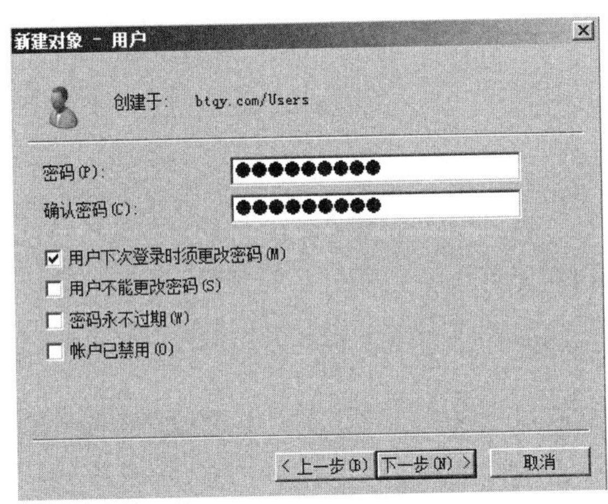

图 4-27　设置密码和密码选项

2. 删除用户账户

（1）选择“开始”→“所有程序”→“管理工具”→“Active Directory 用户和计算机”命令。

（2）在控制台目录树中，单击包含所有用户账户的文件夹。

（3）在详细信息窗格中，右击要删除的用户，然后在快捷菜单中选择“删除”命令。当出现提示信息时，单击“是”按钮。

3. 设置用户账户的属性

若要修改现有用户账户的属性，请执行以下操作：

（1）在控制台目录树中，单击包含所有用户账户的文件夹。

（2）在详细信息窗格中，右击该用户账户，然后在快捷菜单中选择“属性”命令。

（3）在用户属性对话框中，选择“常规”选项卡，然后输入该用户的姓名、描述、办公室、电话号码、电子邮件以及个人主页等信息，如图 4-28 所示。

（4）在用户属性对话框中，选择“账户”选项卡，如图 4-29 所示，然后单击“登录时间”按钮，并在随后出现的用户登录时段对话框中设置允许该用户登录的时间，如图 4-30 所示。

（5）在“账户”选项卡中，设置用户账户的密码选项和账户使用期限，然后单击“登录到”按钮，在弹出的“登录工作站”对话框中设置允许用户登录的计算机，如图 4-31 所示。

（6）设置用户账户的其他属性。例如，在“地址”选项卡中输入用户所在地址及其通信地址；在“电话”选项卡中输入用户的家庭电话、移动电话、IP 电话、传真等。

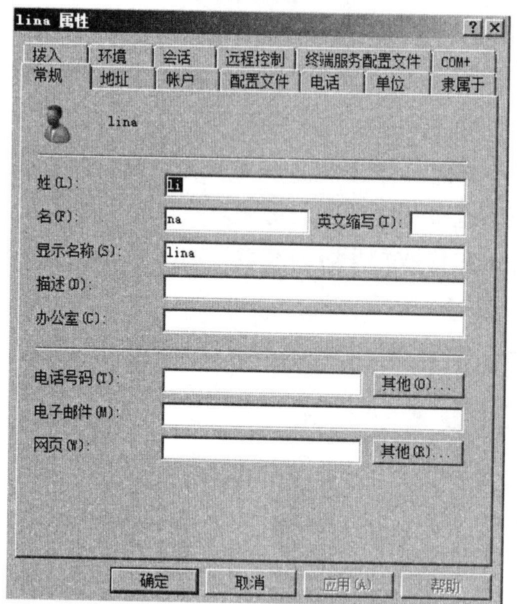

图 4-28 “常规”选项卡

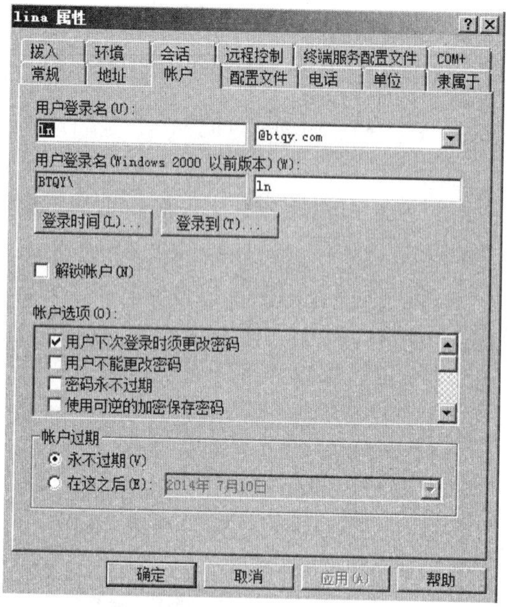

图 4-29 “账户”选项卡

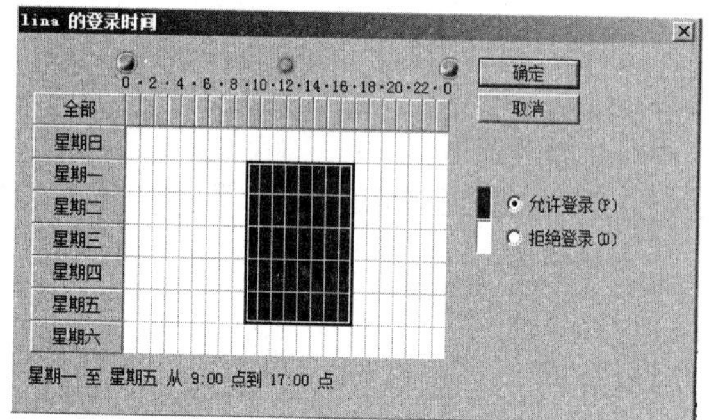

图 4-30 设置用户的登录时段

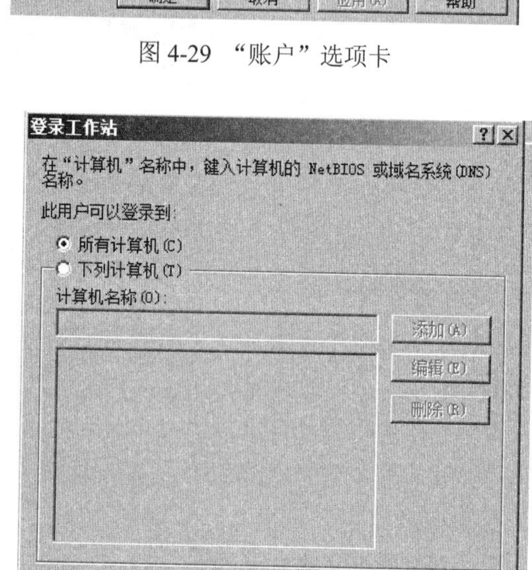

图 4-31 设置用户登录的工作站

4.4 创建和管理组

4.4.1 创建组

若在域中要创建新组，请执行以下操作：

（1）打开“Active Directory 用户和计算机”窗口在控制台目录树中，双击域节点。右击域名或某个组织单位，在弹出的快捷菜单中选择“新建”→“组”命令，弹出如图 4-32 所示的对话框。

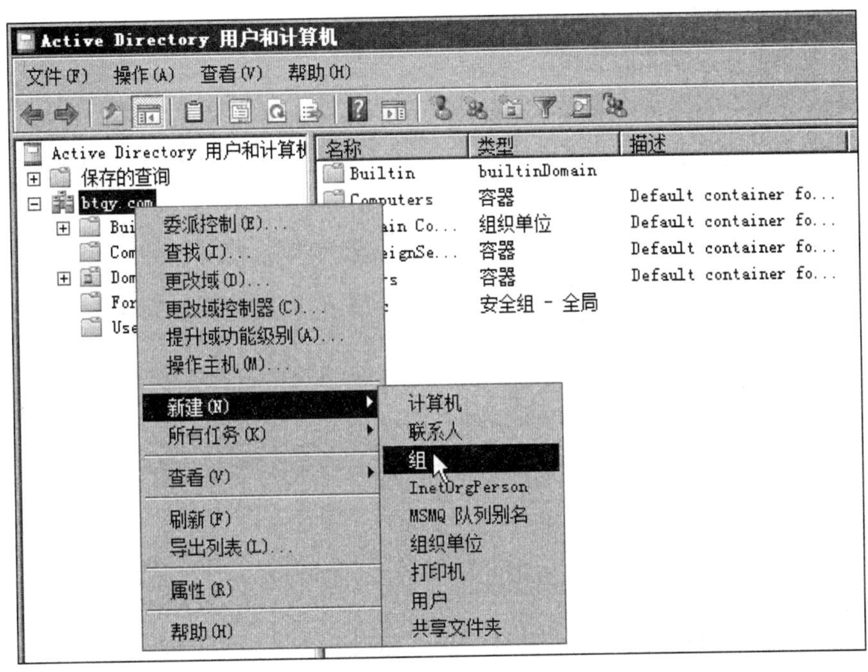

图 4-32 在域中创建新组

（2）在“新建对象 - 组”对话框的“组名”文本框中输入新组的名称，如图 4-33 所示。

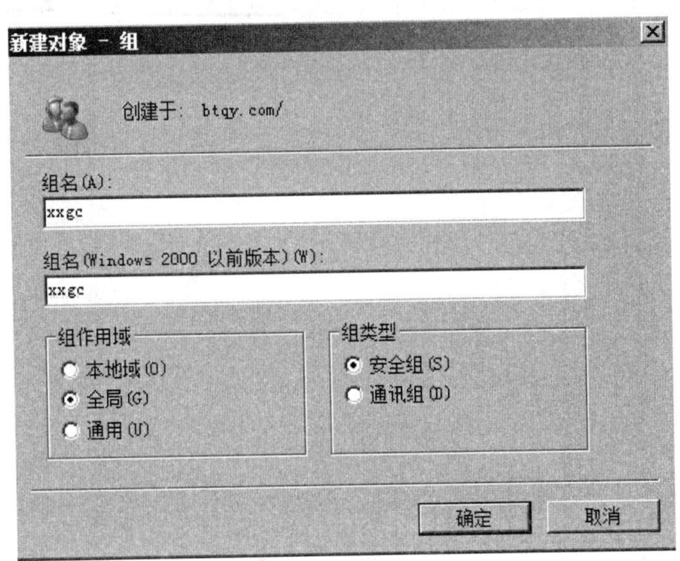

图 4-33 设置新建组的信息

（3）在“组作用域”下选择所需的作用域类型，然后在“组类型”下选择所需的组类型。

（4）单击“确定”按钮，完成域组的建立，如图 4-34 所示。

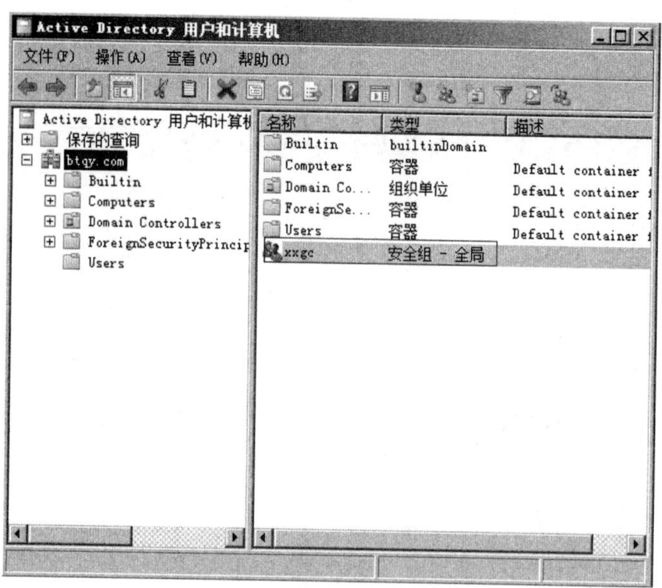

图 4-34　在域中创建的新组

4.4.2　添加组成员

（1）打开“Active Directory 用户和计算机”窗口。

（2）在控制台目录树中双击域节点，然后单击包含要添加成员的组的文件夹。

（3）在详细信息窗格中右击组，然后在快捷菜单中选择“属性”命令。

（4）在组属性对话框中选择“成员”选项卡，然后单击“添加”按钮，如图 4-35 所示。

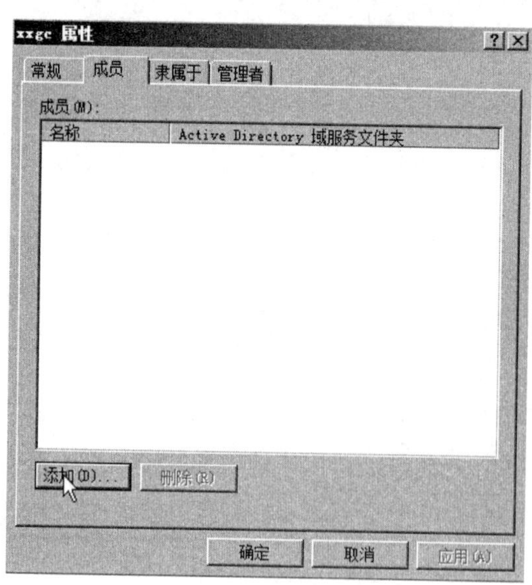

图 4-35　“成员”选项卡

（5）在“选择用户、联系人、计算机或组”对话框中，选择要添加到组中的用户和计算机，然后单击“确定”按钮，如图 4-36 所示。

第4章

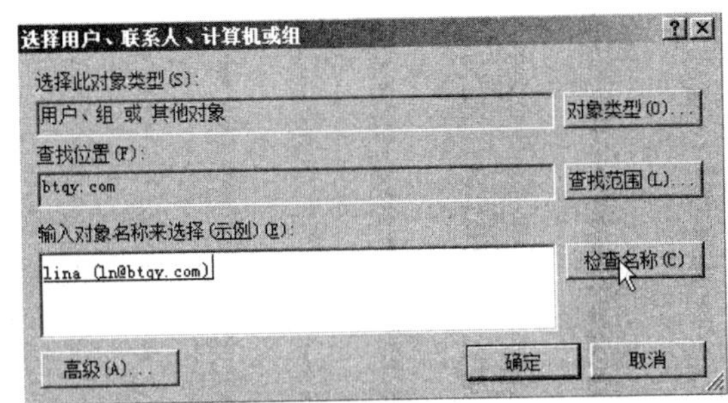

图 4-36 选择要添加的用户和计算机

（6）单击“确定”按钮，选定的用户和计算机就被添加到组中了。

4.4.3 删除组

（1）打开“Active Directory 用户和计算机”窗口。

（2）在控制台目录树中双击域节点，然后单击包含要删除成员的组的文件夹。

（3）在详细信息窗格中，右击组，然后在快捷菜单中选择“删除”命令。

（4）当出现提示信息时，单击“是”按钮。

4.5 管理计算机账户

连接到网络上的每一台计算机都应有自己的唯一计算机账户。也可以使用“Active Directory 用户和计算机”工具创建和管理计算机账户。

4.5.1 添加计算机账户

（1）选择“开始”→“所有程序”→“管理工具”→“Active Directory 用户和计算机”命令。

（2）在控制台目录树中，右击 Computers 或要向其中添加计算机账户的容器，然后在快捷菜单中选择“新建”→“计算机”命令，如图 4-37 所示。

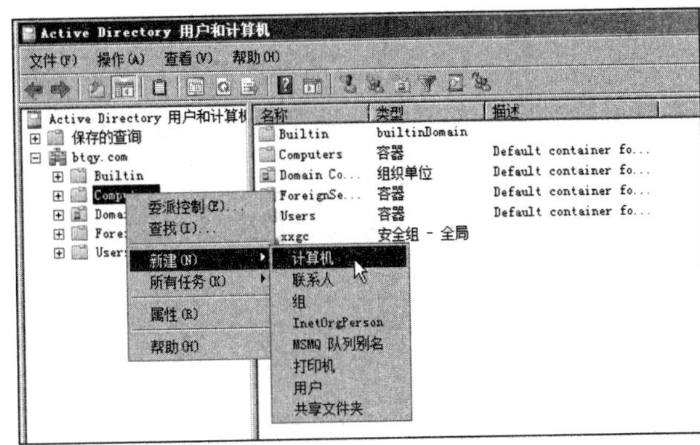

图 4-37 新建计算机账户

（3）在“新建对象 - 计算机”对话框中，输入计算机的名称，如图 4-38 所示。

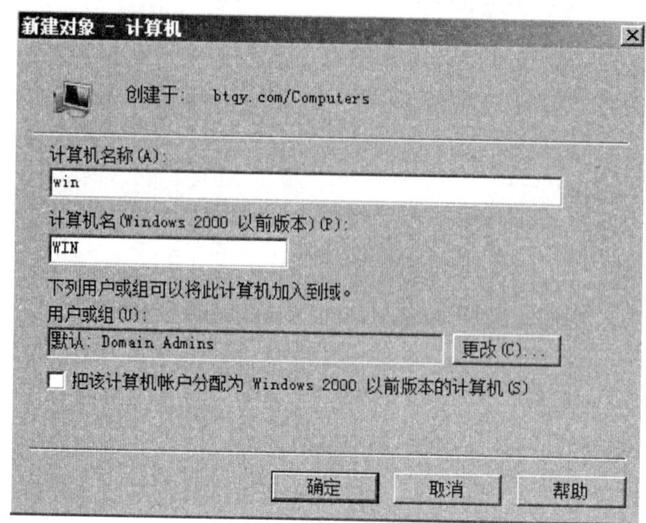

图 4-38　设置计算机账户属性

（4）若要指定可以将此计算机添加到域中的其他用户或组，请单击“更改”按钮（“默认域策略”设置是域管理员组的成员才能向域中添加计算机账户），然后单击“确定”按钮，结果如图 4-39 所示。

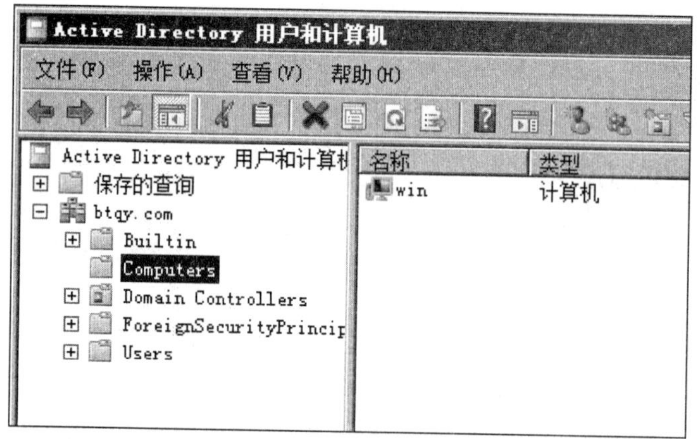

图 4-39　在域中添加的计算机账户

4.5.2　向组中添加计算机账户

（1）选择“开始”→“所有程序”→“管理工具”→“Active Directory 用户和计算机”命令。

（2）在控制台目录树中，单击计算机所在的文件夹，在详细信息窗格中，右击计算机，然后在快捷菜单中选择“属性”命令，在弹出的对话框的“隶属于”选项卡上，单击“添加”按钮，如图 4-40 所示。单击要向其中添加计算机账户的组，然后单击“确定”按钮，如图 4-41 所示。

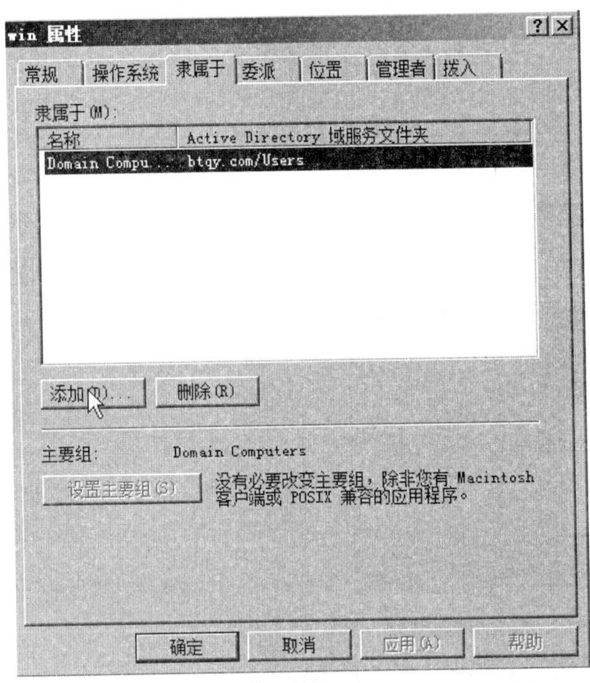

图 4-40　“隶属于”选项卡

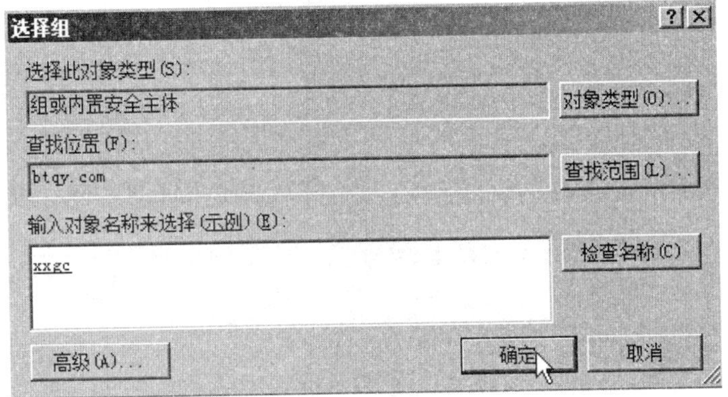

图 4-41　“选择组”对话框

4.5.3　管理计算机账户

（1）打开“Active Directory 用户和计算机”窗口。

（2）在控制台目录树中，单击包含想管理的计算机账户的容器。

（3）在详细信息窗格中，右击计算机，然后选择“管理”命令。

4.5.4　删除计算机账户

（1）打开“Active Directory 用户和计算机”窗口。

（2）在控制台目录树中，单击计算机所在的文件夹。

（3）在详细信息窗格中，右击该计算机，然后选择“删除”命令。

4.5.5 创建组织单位

（1）打开“Active Directory用户和计算机”窗口。

（2）在控制台目录树中，双击域节点。

（3）右击域节点或者要添加组织单位的文件夹，然后在快捷菜单中选择“新建”→“组织单位”命令，如图4-42所示。

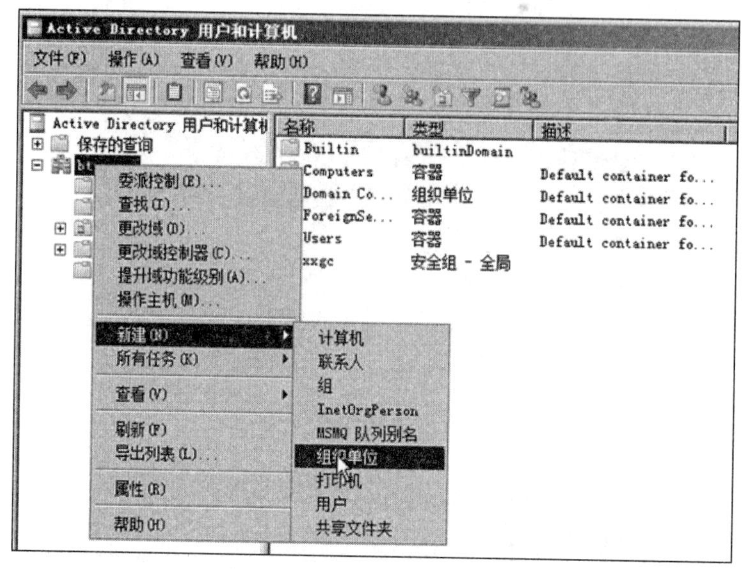

图4-42　新建组织单位

（4）在“新建对象-组织单位”对话框中，输入组织单位的名称，如图4-43所示。

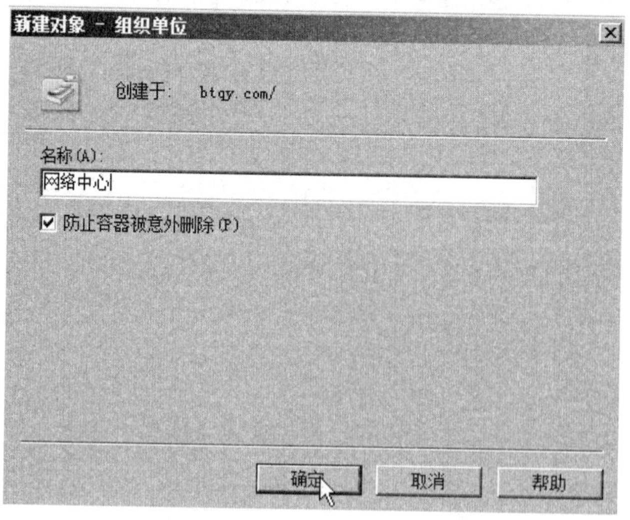

图4-43　指定组织单位名称

（5）单击“确定”按钮，新建的组织单位如图4-44所示。

创建组织单位后，可以向其中添加组、用户、计算机等对象。方法是：右击该组织单位，然后选择“新建”命令，再选择其他相应的命令。也可以对该组织单位重新命名，方法是：右击要重命名的单位，然后选择其他“重命名”命令，再输入新名称。

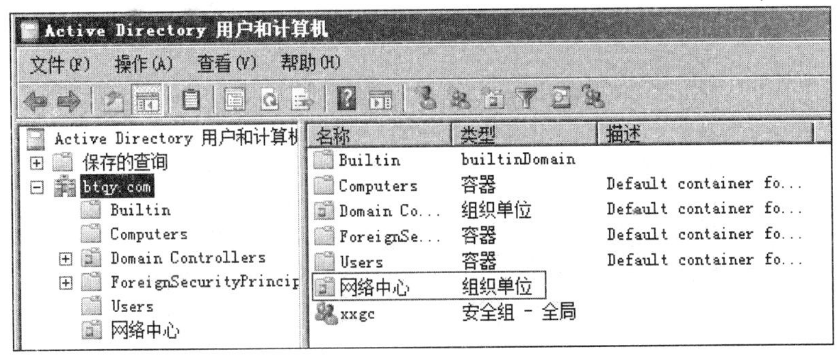

图4-44　新建的组织单位

4.6　设置账户和本地策略

4.6.1　设置账户策略

1. 将账户策略应用于本地计算机

若要针对本地计算机设置账户策略，选择“开始”→“所有程序”→“管理工具”，→“本地安全设置”，打开如图 4-45 所示的窗口，由此设置的账户策略仅应用于本地计算机。

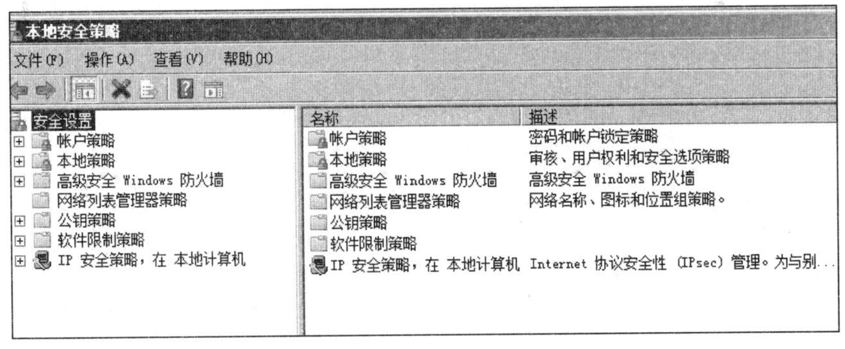

图 4-45　“本地安全策略”窗口

2. 将账户策略应用于域

（1）在“Active Directory 用户和计算机”目录树中，右击该域，然后在快捷菜单中选择“属性”→“组策略”命令，打开如图 4-46 所示的选项卡。

（2）若当前没有组策略对象，请单击“新建”按钮，以创建新的组策略对象。单击要编辑的组策略对象，然后单击“编辑”按钮，以打开组策略管理单元，如图 4-46 所示。

（3）选择“计算机配置”→“Windows 设置”→“安全设置”→“账户策略”，如图 4-47 所示。在这里设置的组策略会被应用于域内的所有计算机。

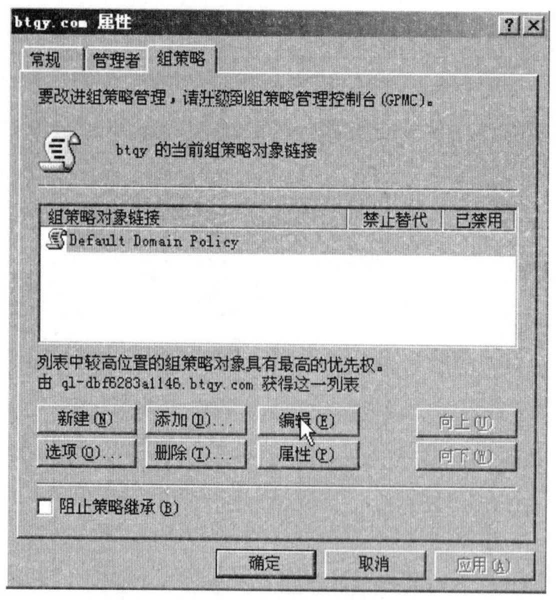

图 4-46　域属性“组策略”选项卡

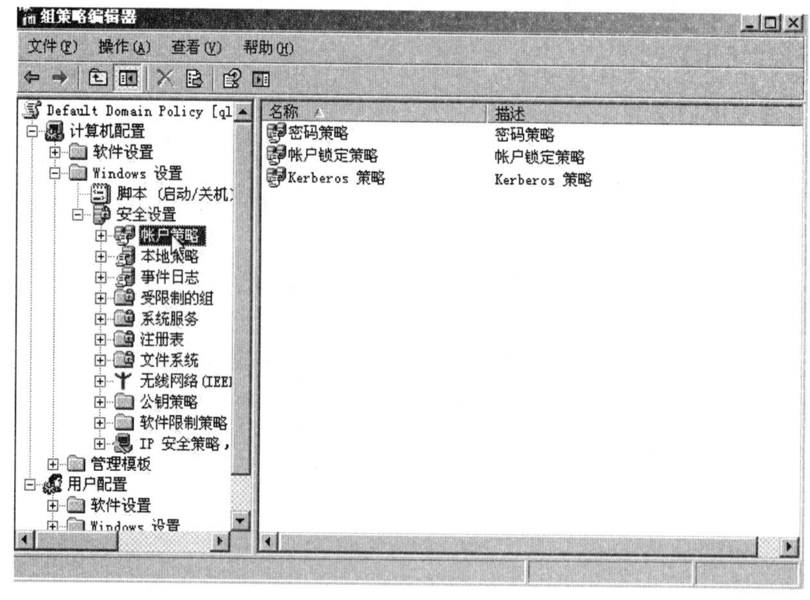

图 4-47　为域打开的组策略管理单元

4.6.2　设置密码策略

密码是用于限制登录用户账户名称和访问计算机系统及资源的安全措施。密码是在授权登录名称或访问之前必须提供的唯一字符串。用户账户的密码最多可以有 14 个字符，并且区分大小写。

密码策略是账户策略的一部分，用于控制密码的复杂性和使用期限。通过设置密码策略可以指定密码长度、密码最长使用期限以及是否强制密码历史等。对于本地用户或域用户，设置登录密码时必须符合所设置的密码策略才能操作成功。

下面以域用户账户为例来说明如何设置密码策略。

（1）在“Active Directory 用户和计算机”目录树中，右击该域，然后在快捷菜单中选择“属性”→“组策略”命令，弹出域属性“组策略”选项卡，然后选定组策略对象 Default Domain Policy，再单击“编辑”按钮。

（2）在组策略管理单元的目录树中，选择“计算机配置”→“Windows 设置”→“安全设置”→“账户策略”→“密码策略”，在详细内容窗格中，设置下列密码策略选项，如图 4-48 所示。

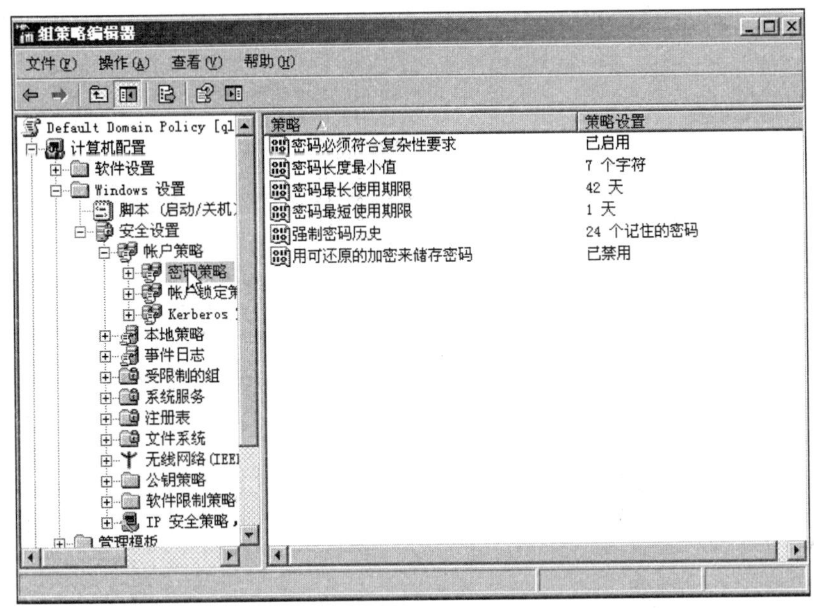

图 4-48 设置域账户的密码策略

（3）在详细内容窗格中，设置下列密码策略选项：

- 密码必须符合复杂性要求。双击此项，勾选“定义这个策略设置”复选框，再选择“已启用”单选按钮，如图 4-49 所示。如果启用了这个策略，则在设置和更改一个密码时，系统将会按照下面的规则检查密码是否有效：密码不能包含全部或者部分的用户名；最少包含 6 个字符；密码必须包含大小写英文字母（A～Z、a～z）、数字（0～9）和特殊字符（“#”“$”“%”等）四个类别中的三个类别。

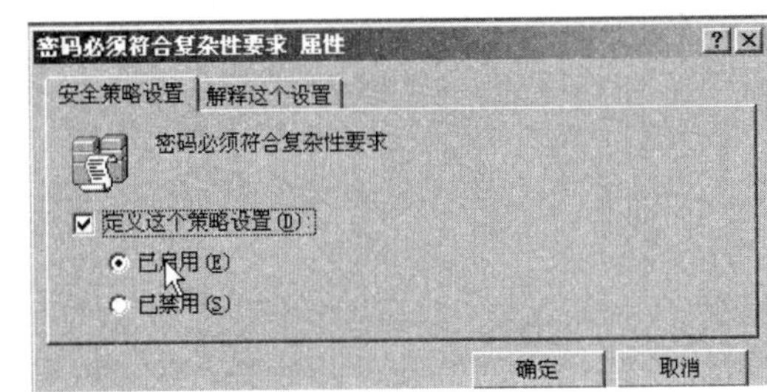

图 4-49 设置“密码必须符合复杂性要求”选项

- 密码长度最小值。双击此项，然后勾选“定义这个策略设置”复选框，并输入密码的最小长度，单击“确定”按钮，如图 4-50 所示。如果是 0，则表示不需要密码，这是系统的默认值，而从安全角度来考虑，允许不需要密码的用户存在是非常危险的。建议密码长度不小于 6 位。

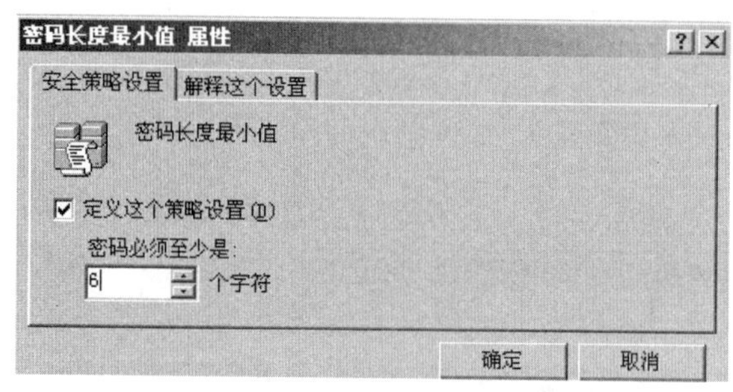

图 4-50　设置“密码长度最小值”选项

- 密码最长使用期限。双击此项，勾选“定义这个策略设置”复选框，并在“密码过期时间”文本框中输入天数，单击“确定”按钮，如图 4-51 所示。这个策略决定了一个密码可以使用多久，之后就会过期，密码过期时系统会要求用户更换密码。如果设置为 0，则密码永不过期。一般情况下可设置为 30～60 天，具体的过期时间要看系统对安全的要求有多严格，最长可以设置为 101010 天，默认值为 42 天。定期更改密码可以防止密码泄露。

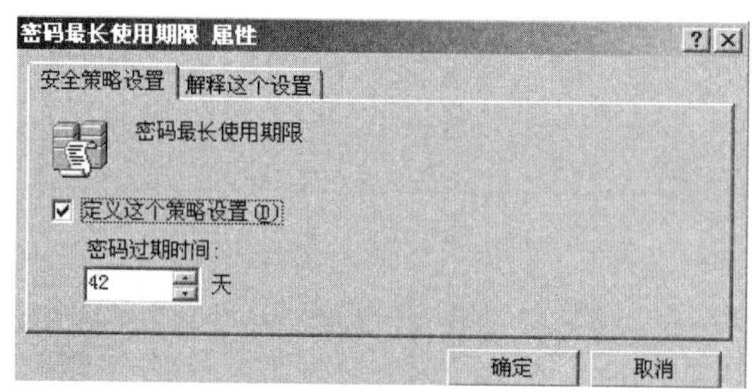

图 4-51　设置“密码最长使用期限”选项

- 密码最短使用期限。双击此项，勾选“定义这个策略设置”复选框，并在“可以立即更改密码”文本框中输入天数，单击“确定”按钮，如图 4-52 所示。这个策略决定了一个密码要在使用多久之后才能被修改。如果设置为 0，表示一个密码可以被无限制地重复使用，最大值为 101010。这个策略与“强制密码历史”结合起来就可以得知新的密码是否是以前使用过的，如果是，则不能继续使用这个密码。如果“密码最短使用期限”为 0 天，即密码永不过期，这时设置“强制密码历史”是没有用的，因为没有密码会过期，系统就不会记住任何一个密码。因此，如果要使“强制密码历史”有效，应该将“密码最短使用期限”的值设为大于 0 的值。
- 强制密码历史。双击此项，勾选“定义这个策略设置”复选框，并在“保留密码历史”文本框中输入要保存的密码个数，如图 4-53 所示。这个策略决定了保存用户曾经用过的密码个数，可以让系统记住用户曾经使用过的密码，如果更换的新密码与系统“记忆”中的重复，系统就会给出提示。在默认情况下，这个策略不保存用户的密码，建议保存5个以上。

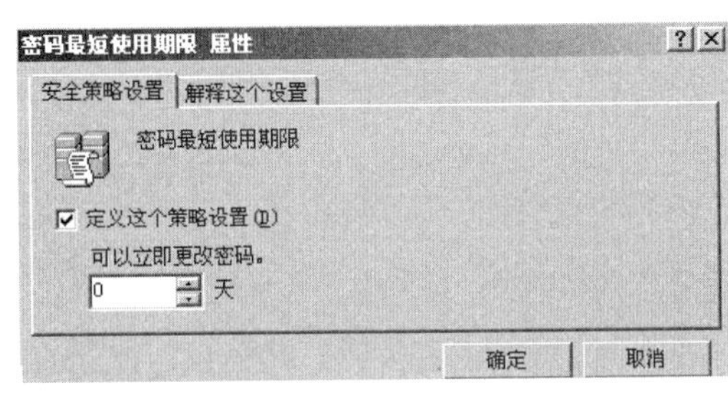

图4-52　设置“密码最短使用期限”选项

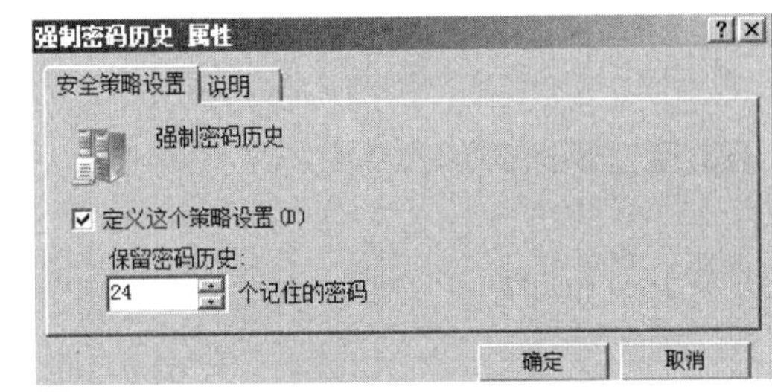

图4-53　设置“强制密码历史”选项

从以上这些策略设置项中，可以得到一个最简单有效的密码安全方案，即首先启用“密码必须符合复杂性要求”策略，然后设置“密码最短使用期限”，最后开启“强制密码历史”。设置好后，在“控制面板”中重新设置管理员密码，这时的密码不仅本身是安全的，而且以后修改密码时也不易出现与以前重复的情况了。这样的系统密码安全性非常高。

4.6.3　设置本地策略

1. 设置用户权限分配策略

（1）在“Active Directory用户和计算机”目录树中，右击该域（如test.com），然后在快捷菜单中选择“属性”命令。

（2）在域属性对话框中单击“组策略”标签，然后选定组策略对象Default Domain Policy，再单击“编辑”按钮。

（3）在组策略管理单元的目录树中，选择“计算机配置”→“Windows设置”→“安全设置”→“本地策略”→“用户权限分配”，如图4-54所示。

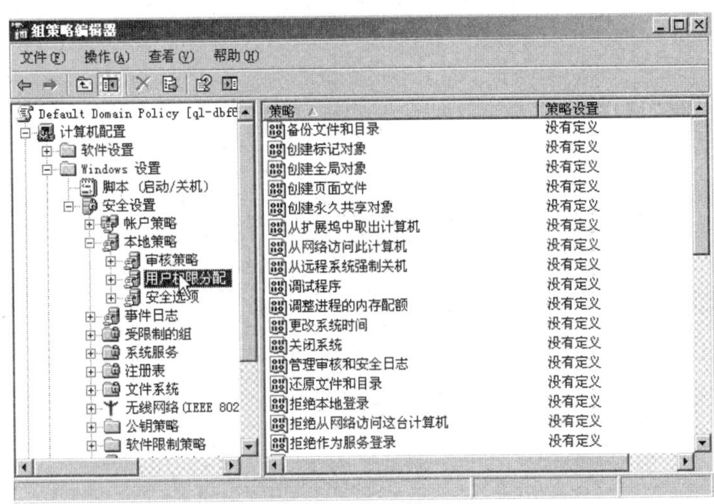

图4-54　在组策略管理单元中选择“用户权限分配”

（4）通过以下操作来设置某项用户权利：

在详细信息窗格中双击相应的选项，例如双击“关闭系统”。

在“安全策略设置”选项卡中，勾选“定义这些策略设置”复选框，然后单击“添加用户或组”按钮，如图 4-55 所示。

在弹出的“添加用户或组”对话框中，单击“浏览”按钮，如图 4-56 所示。

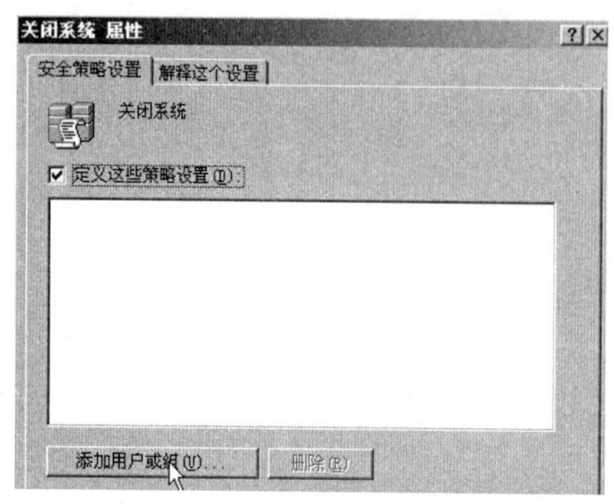

图 4-55 “安全策略设置”选项卡

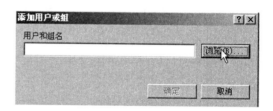

图 4-56 “添加用户或组”对话框

在“添加用户或组”对话框中，选择为其赋予权利的用户或组，然后单击“确定”按钮。

2. 设置安全选项策略

（1）在“Active Directory 用户和计算机”目录树中，右击该域（如 test.com），然后在快捷菜单中选择“属性”→“组策略”命令，然后选定组策略对象 Default Domain Policy，再单击“编辑”按钮。

（2）在组策略管理单元的目录树中，选择“计算机配置”→“Windows 设置”→“安全设置”→“本地策略”→“安全选项”，如图 4-57 所示。

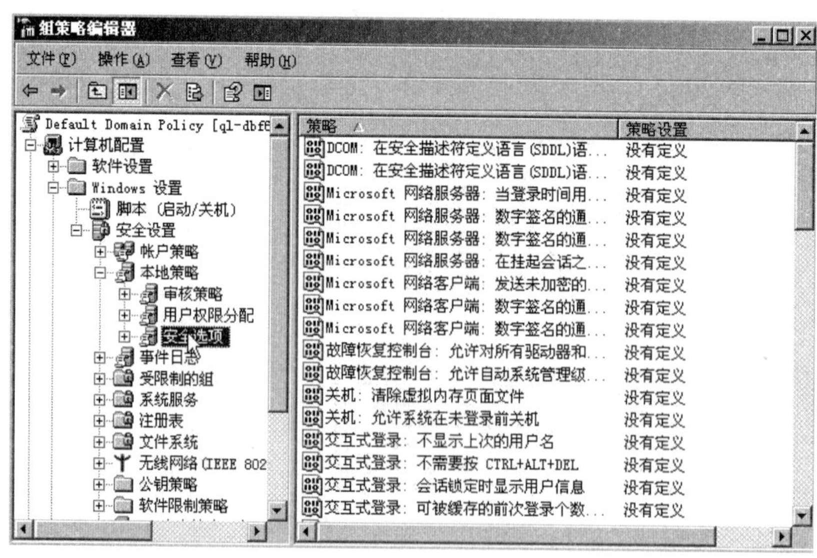

图 4-57 在组策略管理单元中选择“安全选项”

（3）若要设置某个安全选项，请在详细信息窗格中双击此选项（例如“不显示上次的用户名”），然后在弹出的“安全策略设置”选项卡中勾选“定义这个策略设置”复选框，然后选择“已启用”单选按钮，再单击“确定”按钮，如图 4-58 所示。

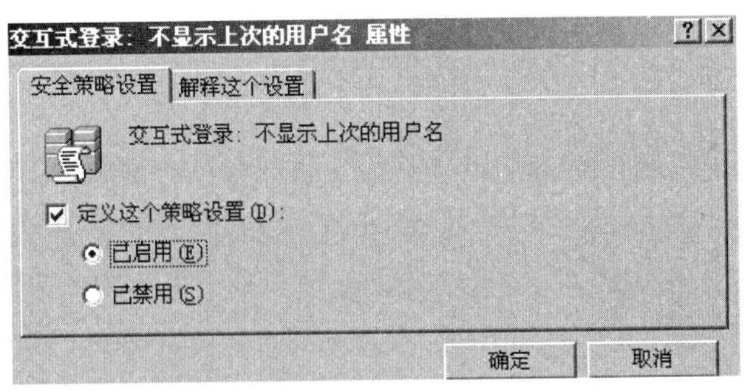

图 4-58　“安全策略设置”选项卡

4.7　实验：使用活动目录管理用户和组

4.7.1　实验目的

- 理解域控制器和活动目录的关系。
- 掌握域控制器和活动目录的安装方法。
- 掌握使用活动目录管理用户和组的方法。
- 掌握策略的设置方法及作用。

4.7.2　实验内容

本实验的目的是学习安装域控制器、活动目录；分别在域中建立普通用户账户张三、管理员账户李四、财务处组和计算机账户 aaa；添加用户张三和计算机账户到财务处组、李四到管理员组；配置域名为 btqy.com。设置域和林的功能级别为 Windows Server 2003。配置的 IP 地址是 172.16.50.88，子网掩码是 255.255.0.0，默认网关是 172.16.50.1；设置密码策略、安全选项策略并将这些安全策略应用于域内的所有计算机。

4.7.3　实验步骤

一、安装域控制器

参考本章 4.2.1 小节的内容。

二、在 Windows Server 2008 中安装活动目录

参考本章 4.2.2 小节的内容。

三、建立用户账户、组和计算机账户

（1）选择“开始”→“所有程序”→“管理工具”→“Active Directory 用户和计算机”命令。双击域名，然后右击 Users 文件夹并在弹出的快捷菜单中选择“新建”→“用户”命令，弹出对话框，在该对话框中进行设置，在“新建对象－用户”对话框中，分别输入用户“张三”“李四”的姓、名和英文缩写，然后在“用户登录名”文本框中输入用户用于登录的名称，并在下拉列表中单击必须附加到用户登录名称的 UPN 后缀（后面跟@号）。单击“下一步”按钮，在弹出对话框的“密码”和“确认密码”文本框中输入用户的密码，然后选择相应的密码选项。若勾选“用户下次登录时须更改密码”复选框，则用户可以在首次登录时修改管理员为其设置的密码，这样除该用户外的其他所有用户（包含管理员）都不能修改其密码。

（2）若要创建组，打开“Active Directory 用户和计算机”窗口。在控制台目录树中，双击域节点。右击域名或某个组织单位，在弹出的快捷菜单中选择“新建”→“组”命令，在弹出的“新建对象－组”对话框的“组名”文本框中输入新组的名称“财务处”，单击“确定”按钮，完成域组的建立。

（3）若要创建计算机账户，选择“开始”→“所有程序”→“管理工具”→“Active Directory 用户和计算机”命令。在控制台目录树中，右击 Computers 或要向其中添加计算机账户的容器，然后在快捷菜单中选择“新建”→“计算机”命令，在“新建对象－计算机”对话框中，输入计算机的名称 aaa。

四、向组中添加用户、计算机账户

（1）打开“Active Directory 用户和计算机”窗口，在控制台目录树中双击域节点，然后单击包含要添加成员的组的文件夹。在详细信息窗格中右击组，然后在快捷菜单中选择“属性”→“成员”→“添加”命令。

（2）在“选择用户、联系人、计算机或组”对话框中，分别选择要添加到组中的用户张三、李四和计算机账户 aaa，然后单击“确定”按钮。

（3）单击“确定”按钮，选定的用户和计算机就被添加到相应的组中了。

注：若要将计算机添加到多个组中，请按 Ctrl 键并单击要将计算机添加到其中的组，再单击“确定”按钮。

五、设置密码策略

参考本章 3.6.2 小节的内容。

六、设置安全选项策略

针对域用户账户设置以下安全选项策略：

（1）先创建一个登录脚本，选择“开始”→“所有程序”→“附件”→“记事本”命令，在记事本中输入命令：

```
Wscript.echo"早上好"
```

该命令用于显示引号内的内容，保存为 loggon.vbs。

（2）选择“开始”→“所有程序”→“管理工具”→“Active Directory 用户和计算机”命令。右击该域，并在弹出的快捷菜单中选择“属性”命令。

（3）在“组策略编辑器”窗口中选择“用户配置”→“Windows 设置”→“脚本”→“登录”，弹出如图 4-59 所示的对话框，双击“登录”按钮，弹出如图 4-60 所示的对话框。

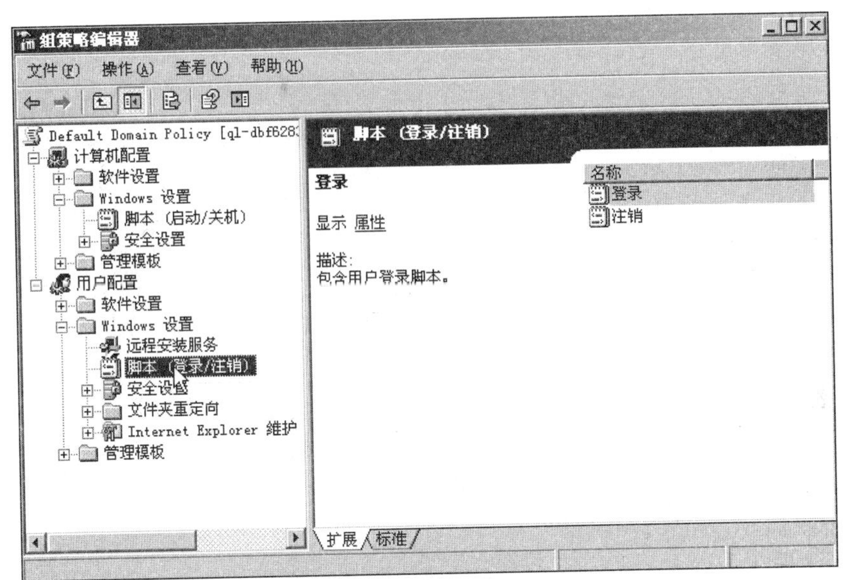

图 4-59 “组策略编辑器”窗口

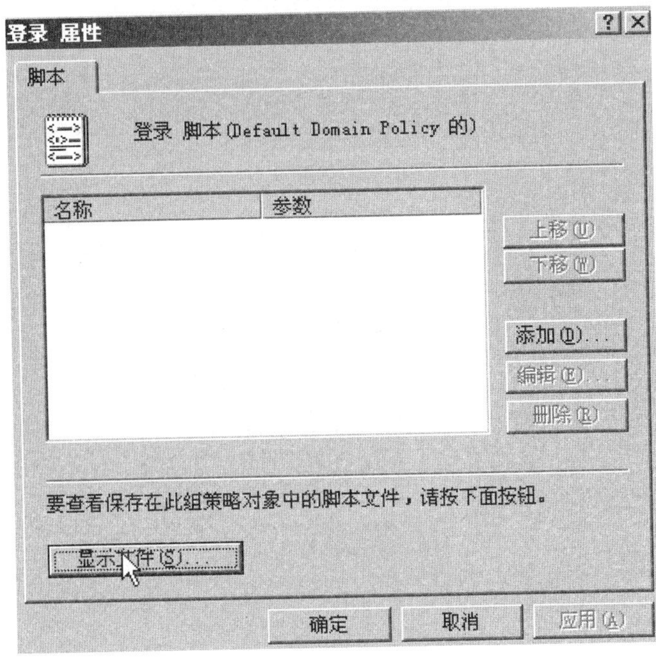

图 4-60 “登录 属性”对话框

（4）单击“显示文件”按钮，弹出如图 4-61 所示的窗口。将事先编辑好的登录脚本文件复制到此对话框，关闭该对话框，回到 4-60 所示的对话框，单击“添加”按钮，弹出如图 4-62 所示的对话框。

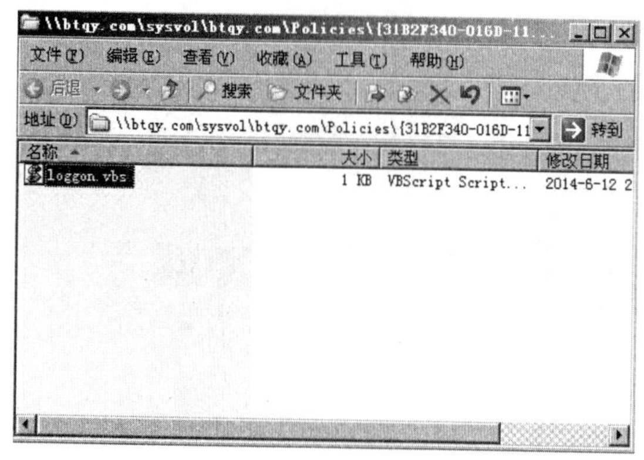

图 4-61　选择脚本文件

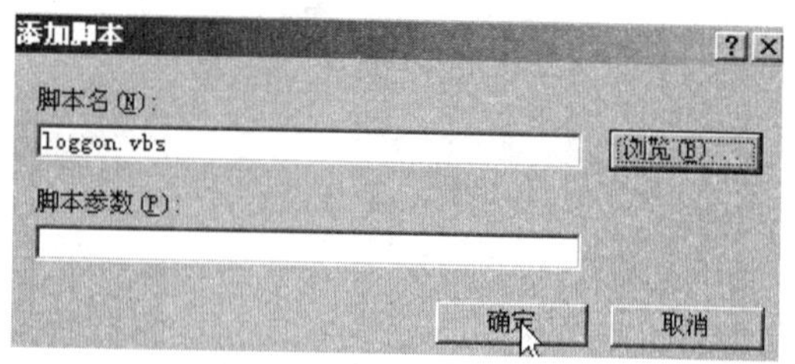

图 4-62　“添加脚本”对话框

（5）单击“浏览”按钮，选择 loggon 文件夹中的 loggon.vbs 脚本文件后，单击“确定”按钮，在“登录 属性”对话框中出现了脚本文件，如图 4-63 所示。

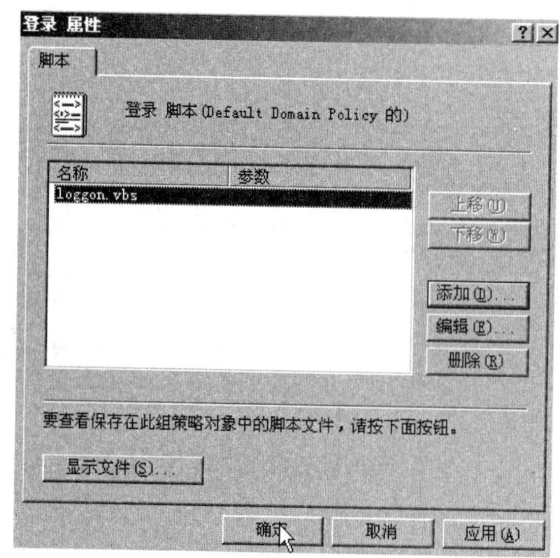

图 4-63　显示添加的脚本文件

（6）单击“确定”按钮后，注销当前用户，重新登录，弹出如图 4-64 所示的登录脚本提示框。

图 4-64　登录脚本提示框

4.8 习题

1．安装上域控制器后，从什么地方可以看到活动目录？

2．若要将账户策略应用于域，应如何打开组策略管理单元？若要将账户策略应用于本地计算机，应如何打开组策略管理单元？

3．在 Windows Server 2008 系统中安装活动目录的命令是什么？

4．在 Windows Server 2008 系统中安装了什么之后，计算机即成为一台域控制器？

5．Windows Server 2008 服务器的三种角色分别是什么？

第5章 管理DHCP服务器

TCP/IP 网络的每台计算机都必须拥有唯一的计算机名称和 IP 地址，以便与网络中的其他计算机或设备进行连接通信。对于较大规模的网络，如果用手动方式来设置网络中每台客户机的 IP 地址，就可能需要花费大量的时间和精力。在基于 TCP/IP 的网络中，可以安装一台或多台 DHCP 服务器，利用动态主机配置协议为网络中的计算机自动分配 IP 地址和其他 TCP/IP 参数，从而减轻网络管理员配置计算机所涉及的工作量和复杂性。

教学目标

- 掌握 DHCP 服务的基本概念、工作原理
- 能够在 Windows Server 2008 操作系统中安装 DHCP 服务器
- 能够配置与管理 DHCP 服务器

5.1 DHCP概述

5.1.1 DHCP与TCP/IP配置

动态主机配置协议（DHCP）是一个简化主机IP地址分配管理的TCP/IP标准协议。它基于C/S工作模式，提供了一种动态指定IP地址和配置参数的机制。利用DHCP服务器来管理动态的IP地址分配及其他相关的环境配置工作。

配置计算机的TCP/IP参数有下述两种方式。

1. 手动配置

用手动方式配置计算机的TCP/IP参数时，应分别为每台客户端计算机指定一个唯一的IP地址、子网掩码、默认网关等TCP/IP参数。

2. 自动配置

利用DHCP服务器可以为本地网络中的计算机或设备自动分配IP地址及其他TCP/IP参数，此时网络管理员不再需要为每台计算机手动输入IP地址。

5.1.2 DHCP常用术语

（1）作用域。作用域是用于网络的可能IP地址的完整连续范围。

（2）排除范围。排除范围是作用域内从DHCP服务器中排除的有限IP地址序列。

（3）地址池。在定义DHCP作用域并应用排除范围之后，剩余的地址在作用域内形成可用地址池。

（4）租约。租约是客户机可使用指派的IP地址期间DHCP服务器指定的时间长度。

（5）保留。使用保留来创建通过DHCP服务器的永久地址租约指派。

5.1.3 DHCP工作原理

DHCP服务器使用C/S模式进行工作。当一台DHCP客户机启动时，它将向网络中的DHCP服务器发送一个请求，以便获取一个IP地址。当DHCP服务器接收到该请求时，它将从IP地址池中顺序地为客户机分配一个IP地址，同时也为客户机提供子网掩码、默认网关、DNS服务器的IP地址以及WINS服务器的IP地址等TCP/IP配置信息。若DHCP客户机接受了DHCP服务器提供的IP地址，DHCP服务器会在一个指定的时间范围内将此IP地址租用给该客户机使用。当DHCP客户机从DHCP服务器那里获得IP地址后，该客户机可以利用这个IP地址访问网络中的资源。

一台DHCP客户机从DHCP服务器获得IP地址的过程包括四个阶段：IP租约请求——DHCP客户机发出一个DHCP Discover广播数据包；IP租约提供——DHCP服务器用DHCP Offer数据包作为响应；IP租约选择——DHCP客户机接受一个IP地址以后用DHCP Request广播数据包作为响应；IP租约确认——提供IP地址的DHCP服务器发出一个DHCP ACK确认广播数据包，如图5-1所示。

DHCP 客户机　　DHCP 服务器

IP 租约请求

IP 租约提供

IP 租约选择

IP 租约确认

图 5-1　DHCP 客户机获取 IP 地址的过程

5.2　实现 DHCP 服务

5.2.1　安装 DHCP 服务器

安装 DHCP 服务器之前应先进行以下规划：

- 服务器使用静态 IP 地址。
- 确定哪些 IP 地址用于自动分配给客户端。

安装 DHCP 服务器的步骤如下：

（1）以域管理员账户登录，选择“开始”→“管理工具”→“服务器管理器”→“角色”命令，然后在控制台右侧单击“添加角色”按钮，启动“添加角色向导”，单击“下一步”按钮，弹出如图 5-2 所示的对话框，在“角色”列表中，勾选“DHCP 服务器”复选框。

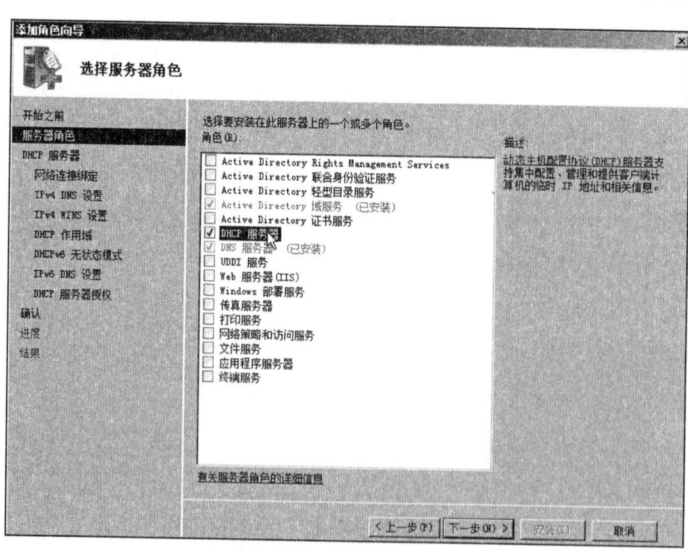

图 5-2　“选择服务器角色”对话框

（2）单击“下一步”按钮，弹出如图5-3所示的对话框，简要介绍其功能和注意事项。

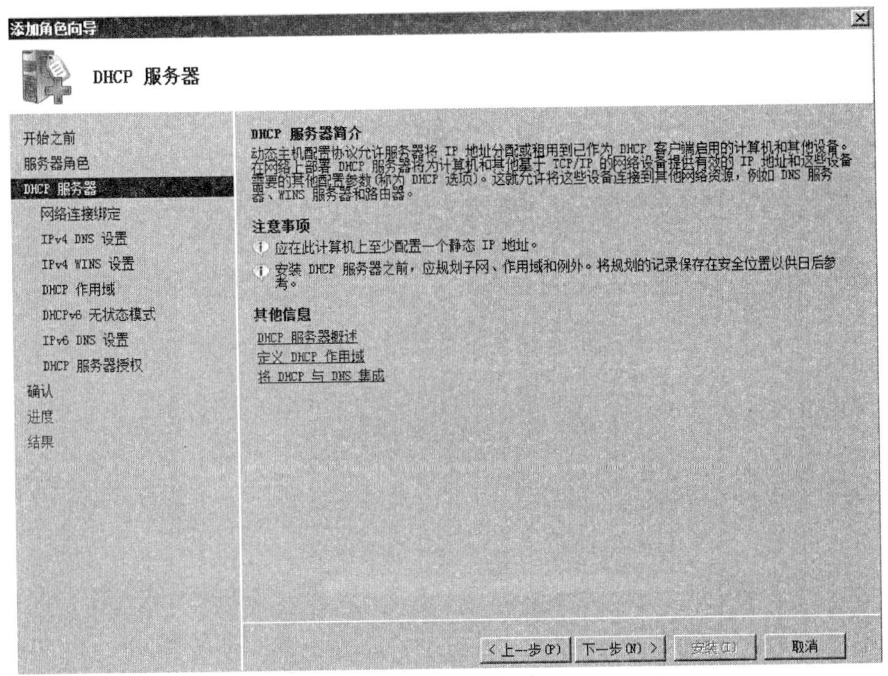

图5-3　“DHCP服务器”对话框

（3）单击“下一步”按钮，弹出如图5-4所示的对话框，选择向客户端提供服务的网络连接。

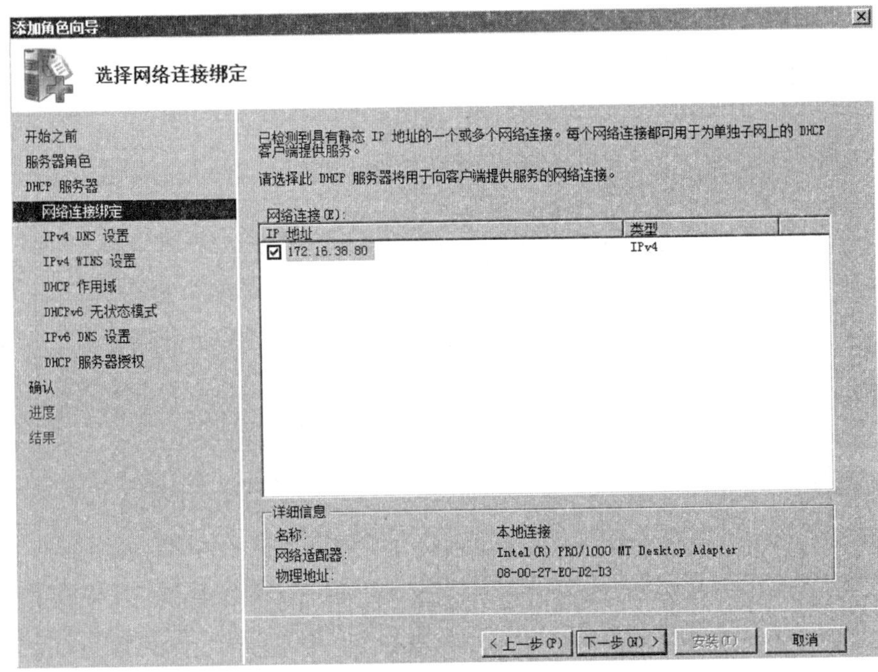

图5-4　“选择网络连接绑定”对话框

（4）单击“下一步”按钮，弹出如图 5-5 所示的对话框，输入父域名以及本地网络中所使用的 DNS 的 IPv4 地址。

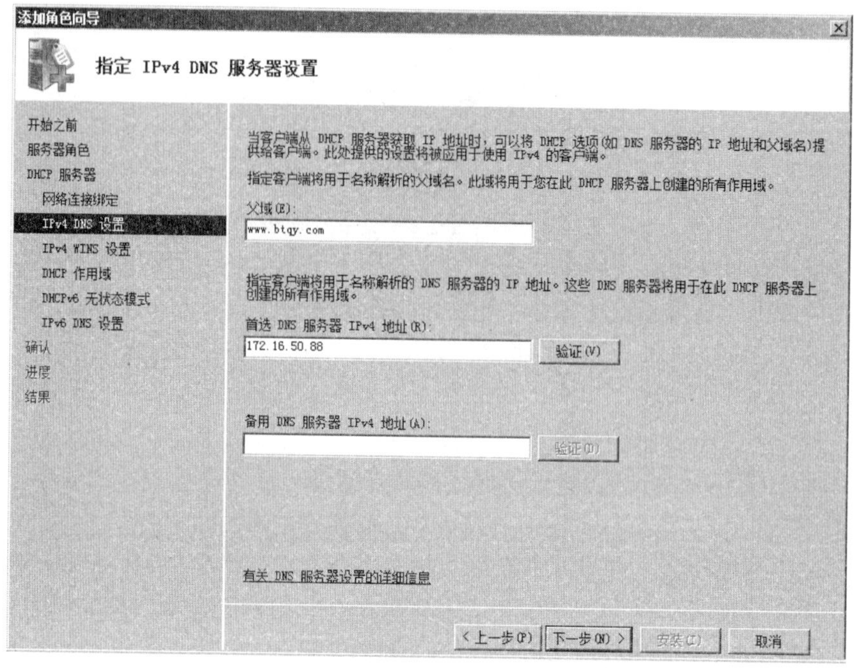

图 5-5　“指定 IPv4 DNS 服务器设置”对话框

（5）单击“下一步”按钮，弹出如图 5-6 所示的对话框，选择是否要使用 WINS 服务器，如果使用，则输入 WINS 服务器 IP 地址。

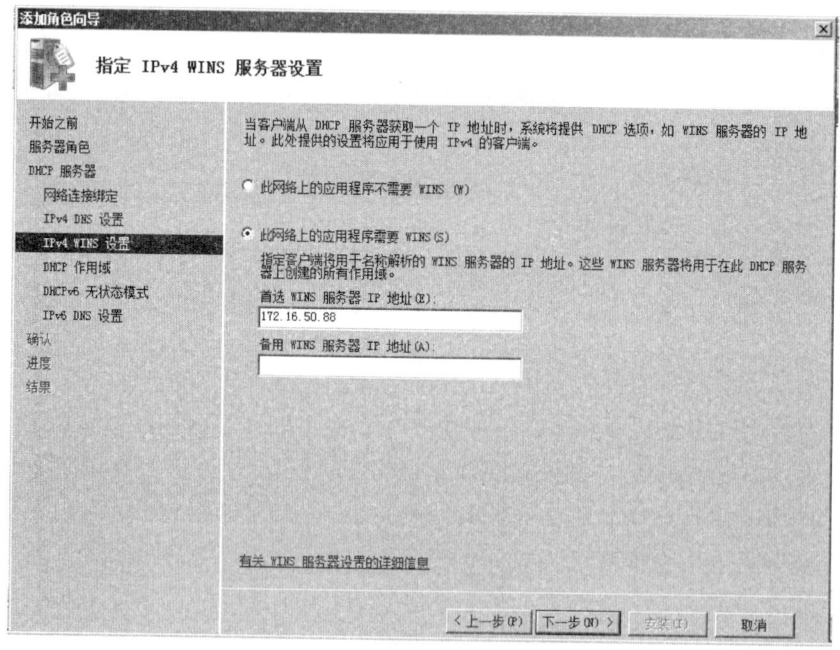

图 5-6　“指定 IPv4 WINS 服务器设置”对话框

第 5 章

（6）单击“下一步”按钮，弹出“添加作用域”对话框，单击“确定”按钮，弹出如图 5-7 所示的对话框，设置作用域名称、起始 IP 地址、结束 IP 地址、子网掩码、默认网关、子网类型。

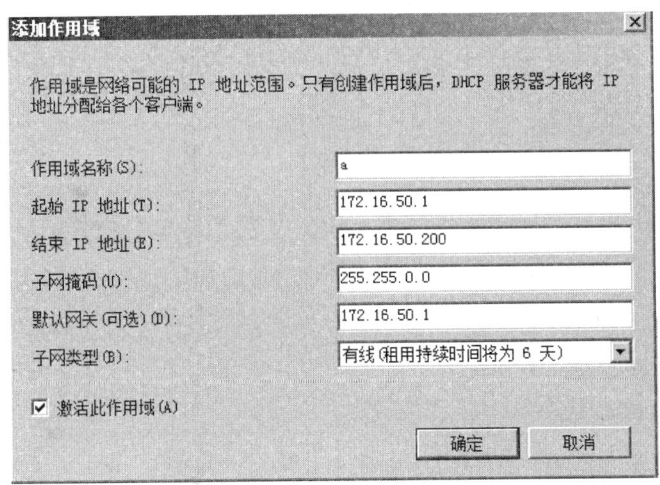

图 5-7 “添加作用域”对话框

（7）单击“确定”按钮，在“配置 DHCPv6 无状态模式”对话框中选择“对此服务器禁用 DHCPv6 无状态模式”选项，然后单击“下一步”按钮，如图 5-8 所示。

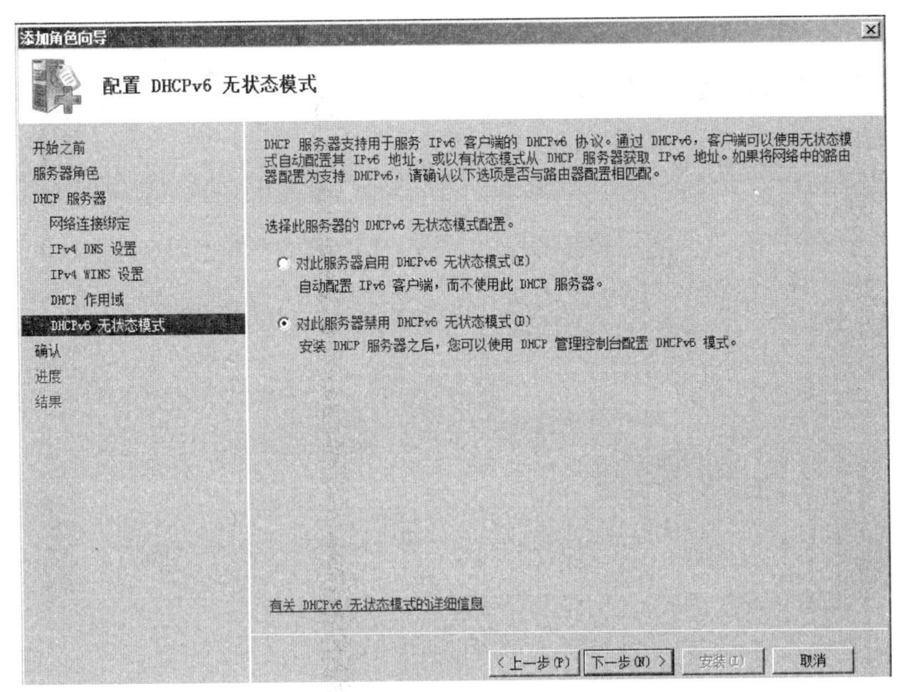

图 5-8 “配置 DHCPv6 无状态模式”对话框

（8）安装完毕，如图 5-9 所示。最后单击“关闭”按钮，返回到“服务器管理器”控制台，在“角色摘要”中显示“DHCP 服务器”，如图 5-10 所示。

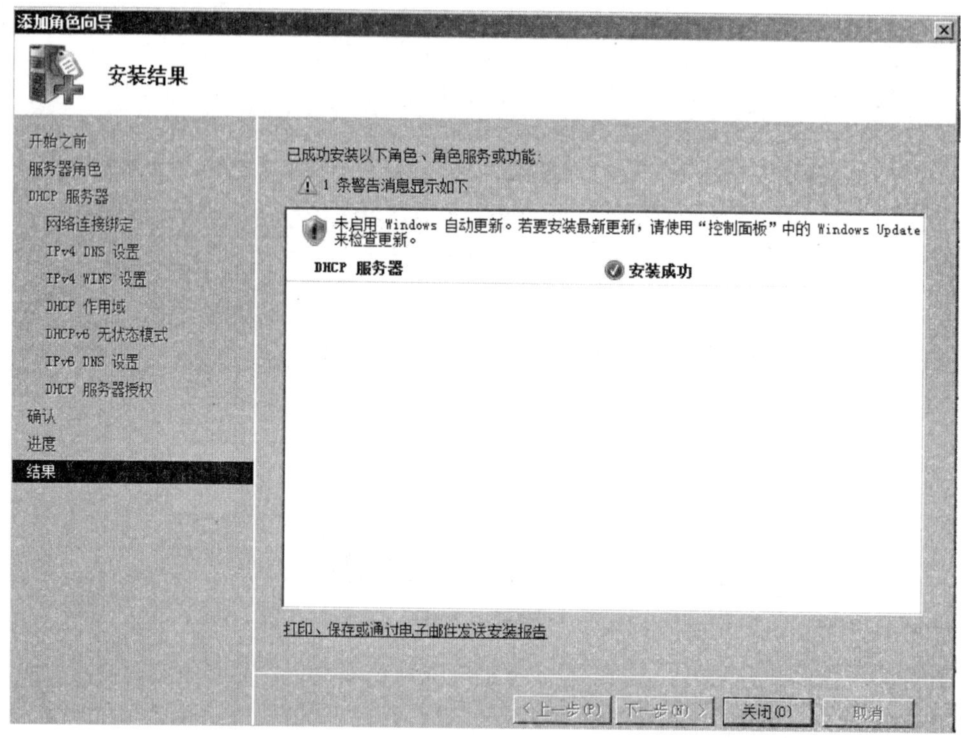

图 5-9　安装结果

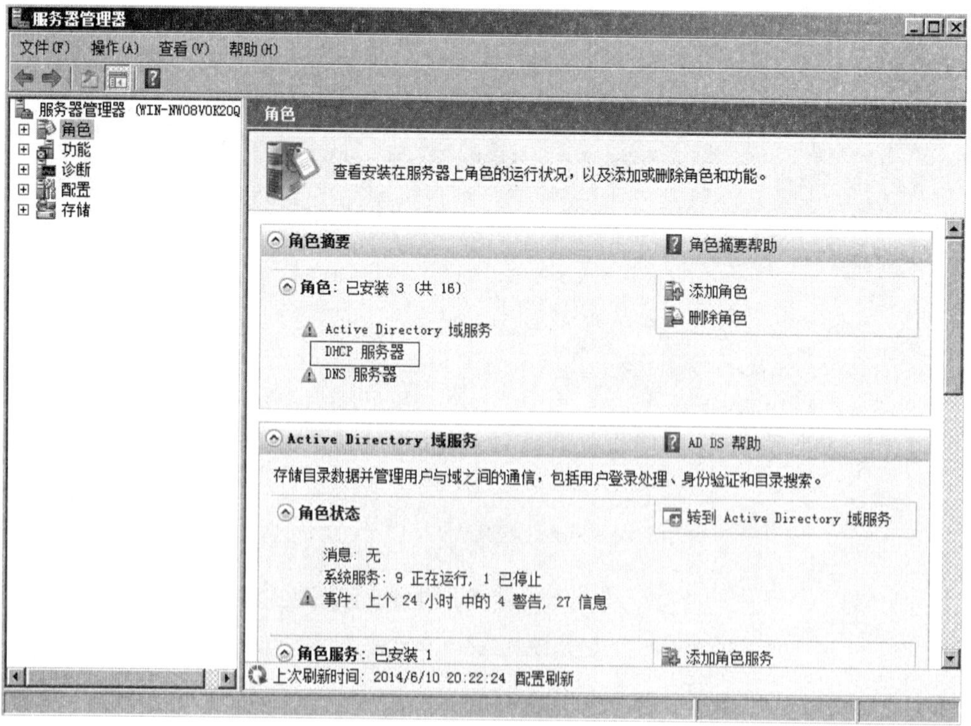

图 5-10　“角色摘要”信息

5.2.2　配置 DHCP 客户端

1. 配置 DHCP 客户端

安装并配置好 DHCP 服务器后，为了让网络中的计算机能从该服务器自动获取 IP 地址，还必须将这些计算机配置为 DHCP 客户端。要作为 DHCP 客户端使用，在客户端计算机上运行的操作系统可以是 Windows 2000 Professional、Windows 2000 Server、Windows XP、Windows Server 2003、Windows 95、Windows 98 等。

若要将运行 Windows XP 的计算机配置为 DHCP 客户端，必须对该计算机上的相关的 TCP/IP 属性进行设置。

（1）选择“开始”→“设置”→“网络和拨号连接”→“属性”命令，在弹出的对话框的“此连接使用下列选定的组件”列表中选择“Internet 协议（TCP/IP）”，然后单击“属性”按钮，弹出如图 5-11 所示的对话框，选择“自动获得 IP 地址”单选按钮；若要通过 DHCP 服务器来指定 DNS 服务器的 IP 地址，请选择“自动获得 DNS 服务器地址”单选按钮。

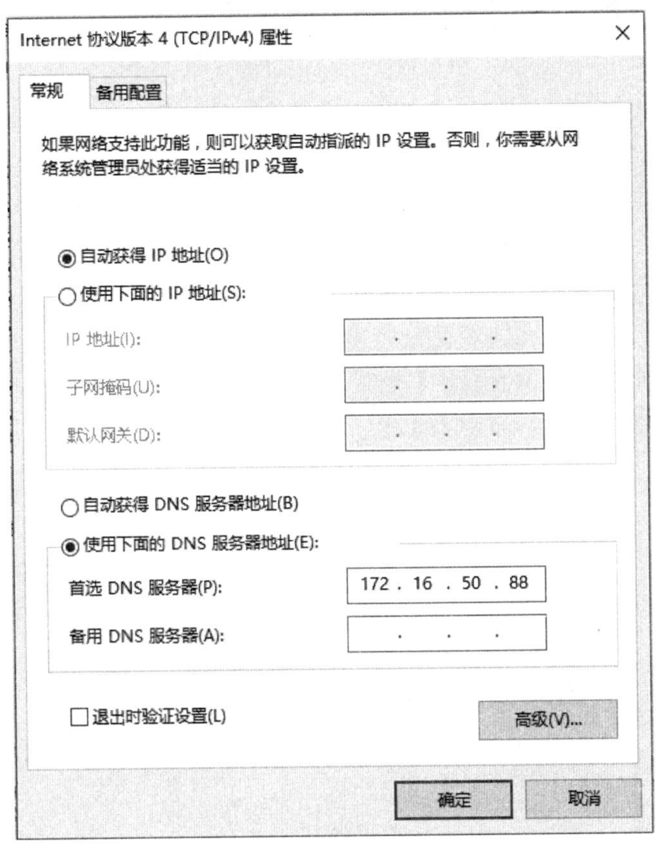

图 5-11　“Internet 协议版本 4（TCP/IP）属性”对话框

（2）单击“确定”按钮，完成 DHCP 客户端的配置。

2. DHCP 客户端验证

在 DHCP 客户端主机上打开“命令提示符”窗口，通过 Ipconfig/all 和 ping 命令对 DHCP

服务器进行验证，结果如图 5-12 所示。

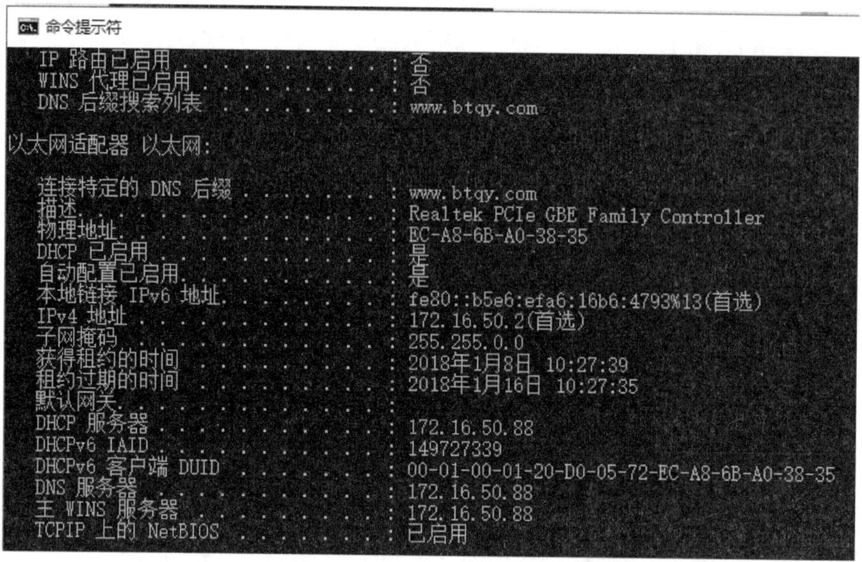

图 5-12 验证 DHCP 服务器

5.3 配置与管理 DHCP 服务器

5.3.1 授权 DHCP 服务器

（1）选择“开始”→“所有程序”→“管理工具”→DHCP 命令。

（2）在控制台目录树中，右击 DHCP，然后从快捷菜单中选择“管理授权的服务器”命令，如图 5-13 所示。

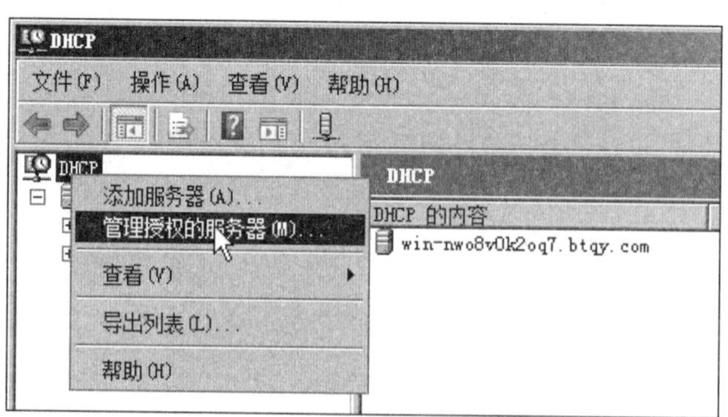

图 5-13 对 DHCP 服务器授权

（3）在“管理授权的服务器”对话框中，输入需要授权的 DHCP 服务器的名称或 IP 地址，然后单击“确定”按钮，如图 5-14 所示。

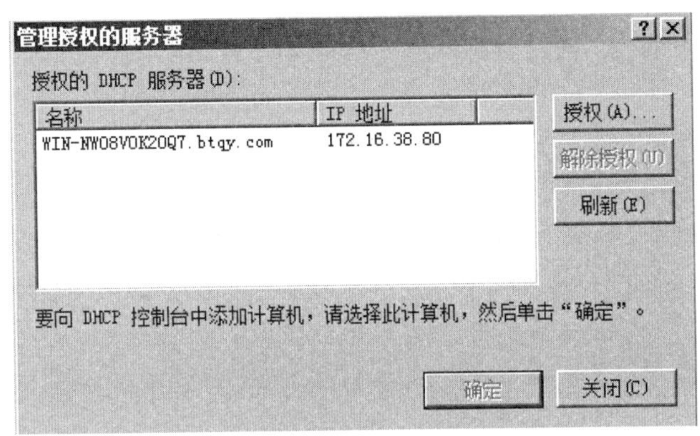

图 5-14　“管理授权的服务器”对话框

当一台 DHCP 服务器未经授权时，DHCP 服务器图标上有一个向下的红色箭头，如图 5-15 所示；一旦经过授权，该 DHCP 服务器图标上将出现一个向下的绿色箭头。

注：如果 DHCP 服务器图标上有一个向下的红色箭头，则按 F5 键刷新或者删除该服务器，以重新添加服务器，如图 5-16 所示。

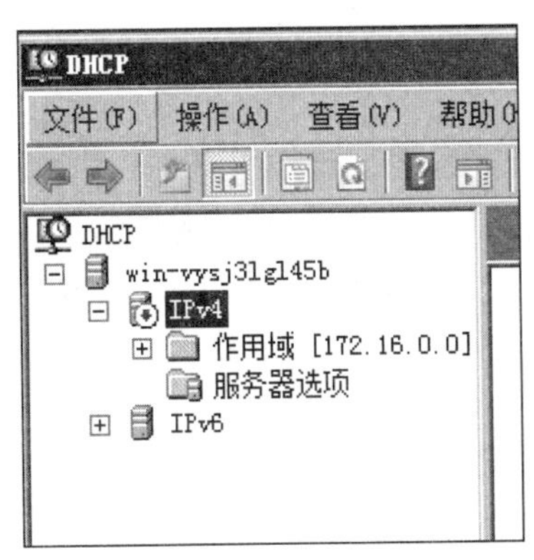

图 5-15　未授权的 DHCP 服务器

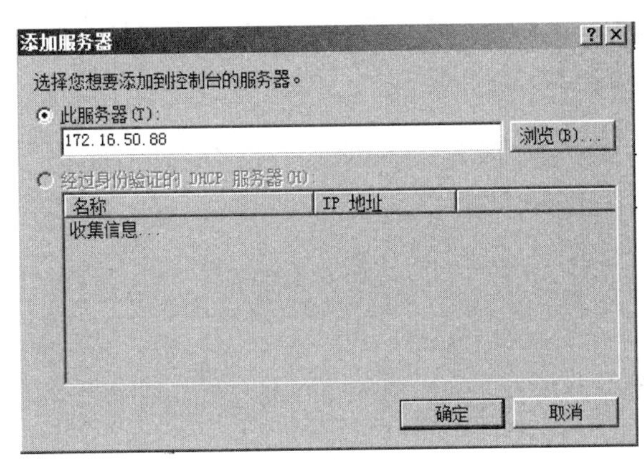

图 5-16　添加服务器

5.3.2　管理作用域

1. 从作用域中排除地址

在 DHCP 控制台目录树中右击“地址池”，然后从快捷菜单中选择“新建排除范围”命令；在“添加排除”对话框中，输入想从该作用域中排除的“起始 IP 地址”；要排除一个以上 IP 地址的范围，请输入“结束 IP 地址”，然后单击“添加”按钮；最后单击“关闭”按钮。

2. 删除作用域

在控制台目录树中单击“作用域”，然后从“操作”菜单中选择“删除”命令。

5.3.3　管理客户机和租约

1. 查看客户机租约信息

若要查看客户机租约信息，请在 DHCP 控制台目录树中单击“地址租约”，然后在详细信息窗格中找到想查看的客户机租约信息。

若要在 DHCP 客户机上检查租约状态信息，请在命令提示符下输入并执行 ipconfig/all 命令。

2. 释放或续订客户机地址租约

若要释放 DHCP 客户机租约，请输入 ipconfig/release。

若要续订 DHCP 客户机租约，请输入 ipconfig/renew。

5.4 实验：实现 DHCP 服务器自动分配 IP 地址服务

5.4.1 实验目的

- 掌握安装 DHCP 服务器的方法。
- 掌握配置 DHCP 服务器的方法。
- 掌握 DHCP 服务器自动分配 IP 地址的方法。
- 学会在客户端验证 DHCP 服务器的方法。

5.4.2 实验内容

本实验中的所有操作都应在网络环境中进行，为此需要由若干台计算机组成一个局域网，且其中至少有一台安装有 Windows Server 2008 操作系统的计算机作为 DHCP 服务器，并配置有静态的 IP 地址 172.16.50.88，IP 地址范围设置为 172.16.50.50～172.16.50.200，将默认网关设置为 172.16.50.1，子网掩码设置为 255.255.0.0。实验目的是为网络中的客户机（在此为本地机）自动分配 IP 地址。

5.4.3 实验步骤

一、安装 DHCP 服务器

参考 5.2.1 小节内容。

二、配置 DHCP 服务器

对 DHCP 服务器进行授权，然后在 DHCP 服务器上创建一个作用域，将该作用域名称指定为 DHCP 作用域，将其 IP 地址范围设置为 172.16.50.50～172.16.50.200，将默认网关设置为 172.16.50.1，将 DNS 服务器的 IP 地址设置为 172.16.50.88（即 DHCP 服务器 IP 地址），将 WINS 服务器的 IP 地址设置为 172.16.50.88。

1. 对 DHCP 服务器授权

在部署了 Active Directory 的情况下，安装 DHCP 服务器后，还必须对 DHCP 服务器授权，它才能为 DHCP 客户机提供服务。部署 Active Directory 的方法是执行“开始”→“运行”命令，输入 dcpromo 命令，如图 5-17 所示，单击“确定”按钮，弹出如图 5-18 所示的对话框。

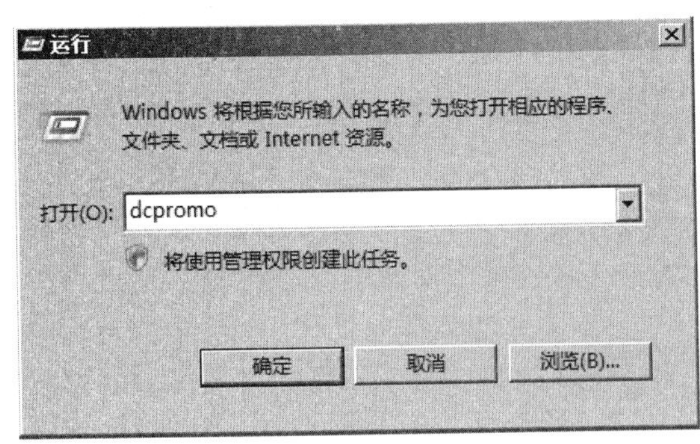

图 5-17 “运行”对话框

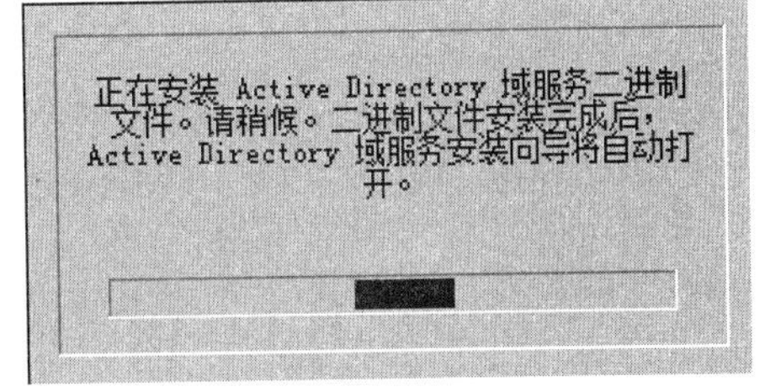

图 5-18 安装 Active Directory 进度

（1）选择“开始”→“所有程序”→“管理工具”→DHCP 命令。

（2）在控制台目录树中，右击 DHCP，然后从快捷菜单中选择“管理授权的服务器”命令，单击“授权”按钮。

（3）在“管理授权的服务器”对话框中，输入需要授权的 DHCP 服务器的名称或 IP 地址（172.16.50.88），然后单击“确定”按钮。

2. 创建作用域

在经过授权的 DHCP 服务器上创建一个作用域并激活该作用域。

（1）在 DHCP 控制台目录树中，右击 DHCP 服务器，然后选择“新建作用域”命令。

（2）在“作用域”页的“名称”文本框中输入新作用域的名称“DHCP 作用域”，在“说明”文本框中输入此作用域的描述信息，然后单击“下一步”按钮。

（3）在“IP 地址范围”页中，设置新作用域的起始 IP 地址 172.16.50.1、终止 IP 地址 172.16.50.200 以及子网掩码 255.255.0.0，单击“下一步”按钮，如图 5-19 所示。

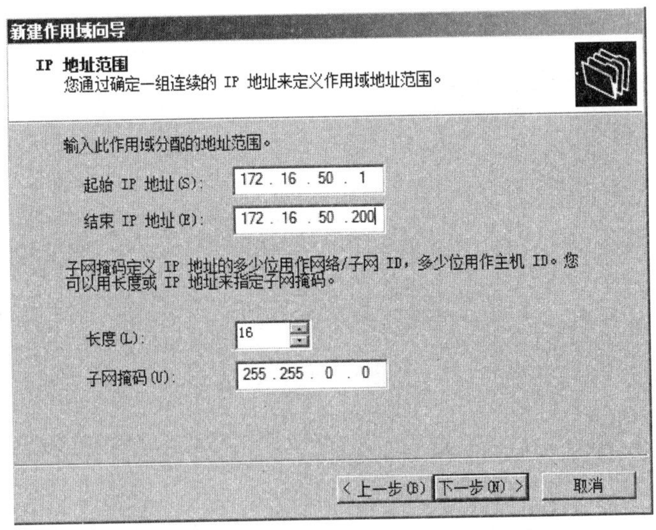

图 5-19 “IP 地址范围”设置

（4）在 DHCP 控制台目录树中右击“地址池”，然后从快捷菜单中选择“新建排除范围”命令，如图 5-20 所示。在“添加排除”页的“起始 IP 地址”文本框中输入 172.16.50.1，在

“结束 IP 地址”文本框中输入 172.16.50.49，然后单击“添加”按钮，以排除 IP 地址范围 172.16.50.1～172.16.50.49，如图 5-21 所示；用同样的方法，排除 IP 地址 172.16.50.88，如图 5-22 所示。

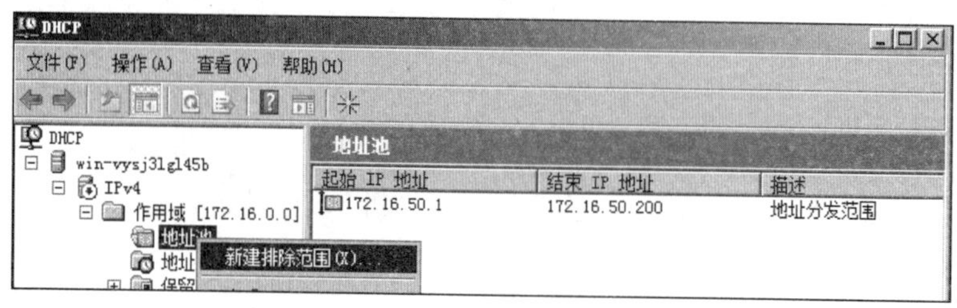

图 5-20 “新建排除范围”命令

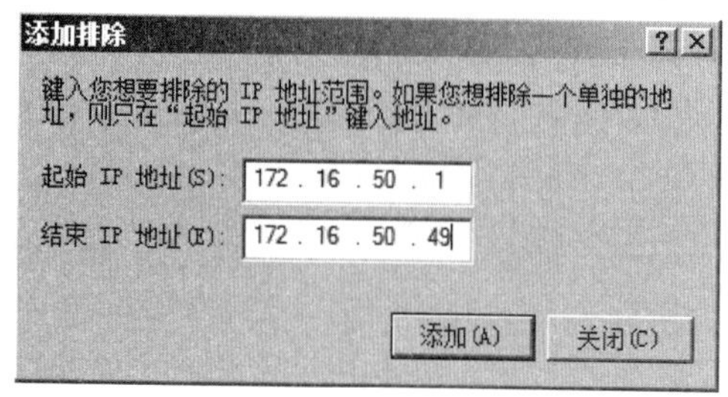

图 5-21 排除 IP 地址范围

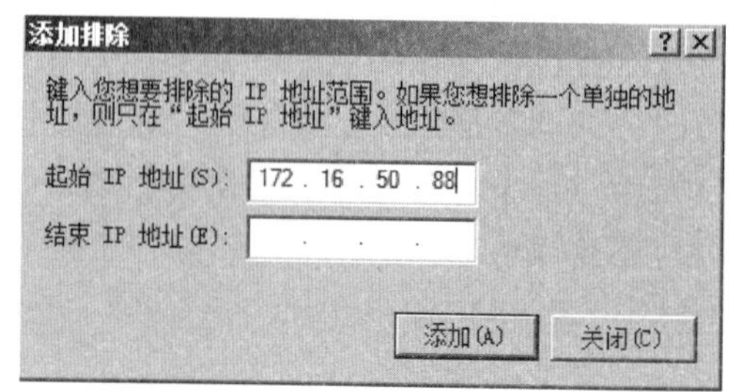

图 5-22 排除单个 IP 地址

（5）在“DHCP 客户端的租用期限”区域中设置 DHCP 客户机在此作用域使用 IP 地址的时间长短，默认设置是 8 天，在这里改为 1 分钟，然后单击“下一步”按钮，如图 5-23 所示。

（6）在“路由器（默认网关）”页的“IP 地址”文本框中输入此作用域要分配的路由器或默认网关的 IP 地址 172.16.50.1，如图 5-24 所示。

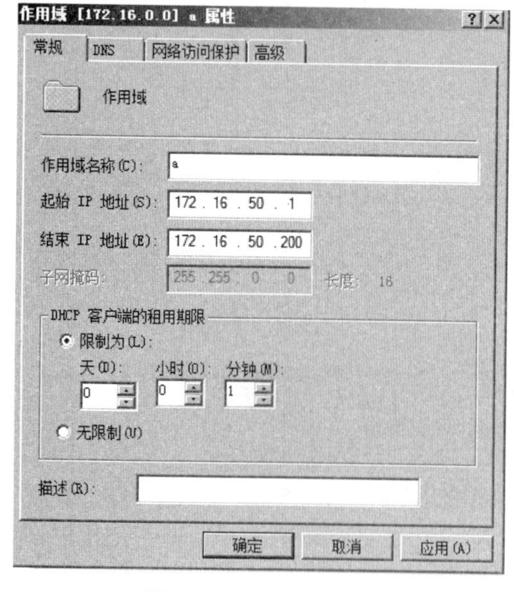

图 5-23 租用期限设置

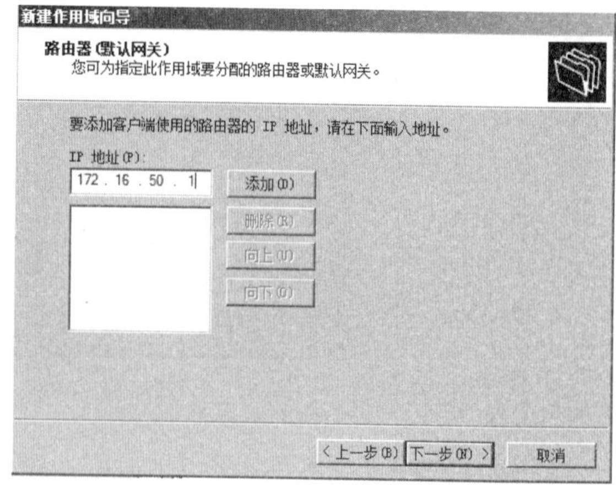

图 5-24 “路由器（默认网关）”设置

（7）在“域名称和 DNS 服务器”页上，指定 DHCP 客户机使用的 DNS 服务器的 IP 地址为 172.16.50.88，如图 5-25 所示。

（8）在“WINS 服务器”页上，输入 WINS 服务器的 IP 地址 172.16.50.88，然后单击“添加”按钮，如图 5-26 所示。

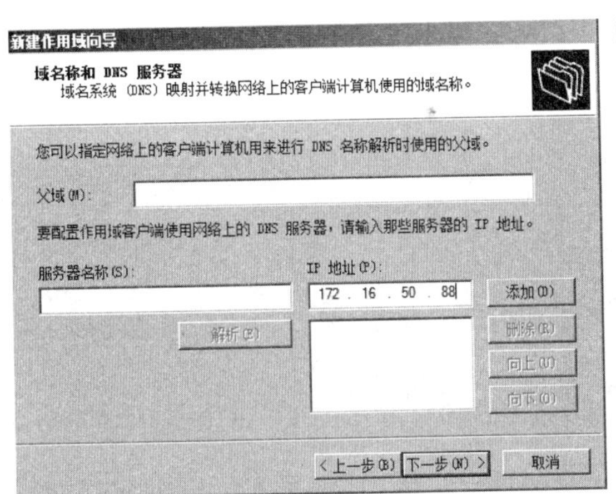

图 5-25　“域名称和 DNS 服务器”设置

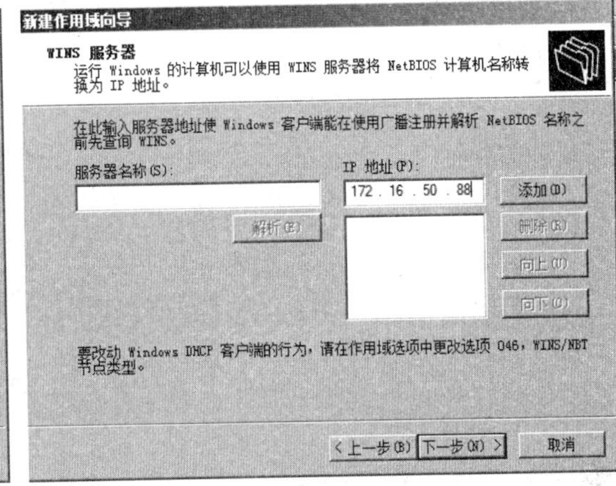

图 5-26　“WINS 服务器”设置

（9）在“激活作用域”页上，单击“是，我想现在激活此作用域”，然后单击“下一步”按钮。

（10）完成新作用域配置后，单击“完成”按钮，完成作用域的创建。

三、配置 DHCP 客户端和验证 DHCP 服务器

配置 DHCP 客户端的方法参考 5.2.2 小节内容，完成配置后在客户端上对 DHCP 服务器的验证结果如图 5-12 所示，图中显示客户端主机通过 DHCP 服务器 172.16.50.88 自动获取到的 IP 地址为 172.16.50.2 则成功。

5.5 习题

1．要将网络中的一台计算机配置为 DHCP 服务器，要求它必须满足哪些条件？

2．在 DHCP 服务器上创建作用域时，需要设置作用域的哪些属性？可以配置作用域的选项主要有哪些？

第 6 章
管理 Web 服务器

Web服务器也称为WWW（World Wide Web）服务器，主要功能是提供网上信息浏览服务。WWW 是Internet的多媒体信息查询工具，是 Internet 上近年才发展起来的服务，也是发展最快和目前用得最广泛的服务。正是因为有了 WWW 工具，才使得近年来 Internet 迅速发展，且用户数量飞速增长。

企业需要自己的网站，不仅仅是为了宣传，而且企业内部的办公、财务系统等都是基于 Web 的，因此必须要构建自己的 Web 服务器。企业内部有多个系统，需要采用虚拟主机以方便管理。为了财务、销售系统的安全，需要实施 Web 服务器安全访问控制。

教学目标

- 了解 WWW 服务的概念
- 理解虚拟目录的概念
- 掌握 WWW 服务的工作原理
- 掌握安装、配置 Web 服务器的方法步骤
- 掌握配置、测试 Web 客户端的方法步骤

6.1 WWW概述

WWW是World Wide Web（环球信息网）的缩写，经常表述为Web、3W或W3，中文名字为“万维网”。其三个技术支撑为URL、HTTP、HTML。

WWW通过超文本传输协议（HTTP，HyperText Transfer Protocol）向用户提供多媒体信息，这些信息的基本单位是网页，每一个网页可包含文字、图像、动画、声音、视频等多种信息。WWW客户机和服务器之间通过超文本传输协议（HTTP，HyperText Transfer Protocol）进行对话。HTTP协议建立在TCP连接之上，协议端口号通常为80。

万维网所有的文档都采用超文本标记语言HTML（HyperText Markup Language）来描述。

万维网采用“统一资源定位符”（URL，Uniform Resource Locator）来唯一标识和定位网页信息，通用的URL描述格式为：

信息服务类型://信息资源地址[：端口号]/路径名/文件名

例如：http://www.aspxfans.com:8080/news/index.asp?boardID=5&ID=24618&page=1#name

WWW服务系统由Web服务器、客户端浏览器和通信协议三个部分组成，如图6-1所示。

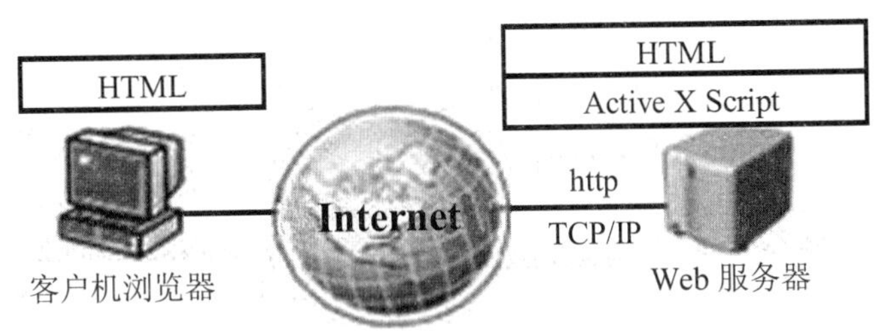

图6-1 WWW服务系统组成

客户端与服务器的通信过程：

（1）客户端（浏览器）和Web服务器建立TCP连接，连接建立以后向Web服务器发出访问请求（该请求中包含了客户端的IP地址、浏览器的类型和请求的URL等一系列信息）。

（2）Web服务器收到请求后，寻找所请求的Web页面（若是动态网页，则执行程序代码生成静态网页），然后将静态网页内容返回到客户端。如果出现错误，那么返回错误代码。

（3）客户端的浏览器接收到所请求的Web页面，并将其显示出来。

6.2 IIS概述

使用IIS7可以很方便地架设Web网站。虽然在安装IIS系统时，已经建立了一个默认Web网站，直接将网站内容放到其主目录或虚拟目录中即可直接使用，但最好还是重新设置，以保证网站的安全。如果需要还可以在一台服务器上建立多个虚拟主机，来实现多个Web网站的架设，这样可以节约硬件资源、节省空间、降低能源成本。

虚拟主机的概念对于 ISP 来讲非常有用，因为虽然一个组织可以将自己的网页挂在具备其他域名的服务器上的下级网址上，但使用独立的域名和根网址更为正式，易为众人接受。传统上，必须自己设立一台服务器才能达到使用单独域名的目的，然而这需要维护一个单独的服务器，很多小单位缺乏足够的维护能力，所以更为合适的方式是租用别人维护的服务器。服务器为多个域名提供 Web 服务，而且不同的服务互不干扰，对外就表现为多个不同的服务器。

使用 IIS7 的虚拟主机技术，通过分配 TCP 端口、IP 地址和主机头名，可以在一台服务器上建立多个虚拟 Web 网站，每个网站都具有唯一的由 TCP 端口号、IP 地址和主机头名三部分组成的网站标识，用来接收来自客户端的请求，不同的 Web 网站可以提供不同的 Web 服务，而且每一个虚拟主机和一台独立的主机完全一样。

虚拟技术将一个物理主机分割成多个逻辑上的虚拟主机使用，显然能够节省经费，对于访问量较小的网站来说比较经济实用，但由于这些虚拟主机共享这台服务器的硬件资源和带宽，在访问量较大时就容易出现资源不够用的情况。

使用哪种虚拟主机技术，要根据现有的条件及要求来选择，如是否有多个 IP 地址等。一般来说，架设多个 Web 网站可以通过以下几种方式：

如果要在一台 Web 服务器上创建多个网站，为了使每个网站域名都能对应于独立的 IP 地址，一般都使用多 IP 地址来实现，这种方案称为 IP 虚拟主机技术，是比较传统的解决方案。

当然，为了使用户在浏览器中可使用不同的域名来访问不同的 Web 网站，必须将主机名及其对应的 IP 地址添加到域名解析系统（DNS）中。如果使用此方法在 Internet 上维护多个网站，也需要通过 InterNIC 注册域名。

Windows Server 2008 系统支持在一台服务器上安装多块网卡，并且一块网卡还可以绑定多个 IP 地址。将这些 IP 地址分配给不同的虚拟网站，就可以达到在一台服务器上通过多个 IP 地址来架设多个 Web 网站的目的。

IP 地址资源越来越紧张，有时需要在 Web 服务器上架设多个网站，但计算机却只有一个 IP 地址，那么使用不同的端口号也可以达到架设多个网站的目的。

其实用户访问所有的网站都需要使用相应的 TCP 端口，Web 服务器默认的 TCP 端口为 80，在用户访问时不需要输入。但如果网站的 TCP 端口不为 80，在输入网址时就必须添加上端口号，而且用户在上网时也会经常遇到必须使用端口号才能访问的网站。利用 Web 服务器的这个特点，可以架设多个网站，每个网站均使用不同的端口号，这种方式创建的网站，其域名或 IP 地址部分完全相同，仅端口号不同。

使用主机头创建的域名也称二级域名。使用主机头来搭建多个具有不同域名的 Web 网站，这种方案更为经济实用，可以充分利用有限的 IP 地址资源，来为更多的客户提供虚拟主机服务。

例如在 Web 服务器上利用主机头创建 hb.cninfo.com 和 gd.cninfo.com 两个网站，其 IP 地址均为 1102.168.1.7。

6.3 Web 服务器配置

6.3.1 安装 Web 服务器

1. 安装 Web 服务器

在安装 Web 服务器之前，需要满足以下要求：

- 设置 Web 服务器的 TCP/IP 属性，包括静态 IP 地址、子网掩码、默认网关和 DNS 的 IP 地址等。
- 部署域环境、域名。

安装步骤如下：

（1）在“服务器管理器”窗口中单击“添加角色”按钮，启动“添加角色向导”。

（2）单击“下一步”按钮，弹出如图 6-2 所示的对话框，在该对话框中显示了当前系统所有可以安装的网络服务。在角色列表框中勾选“Web 服务器（IIS）”复选框。

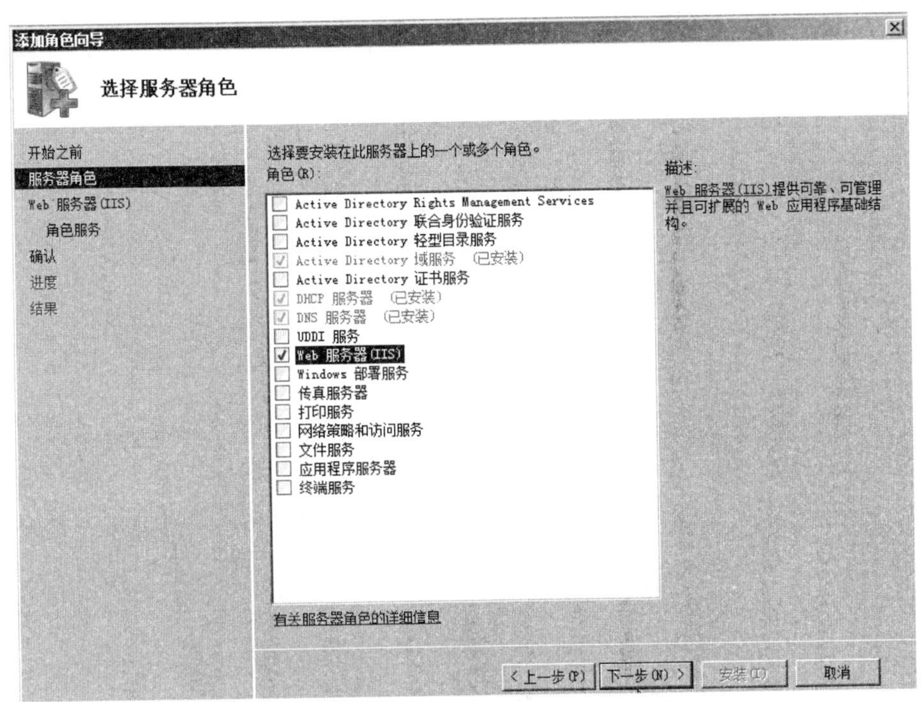

图 6-2 “选择服务器角色”对话框

（3）单击“下一步”按钮，弹出“Web 服务器（IIS）”对话框，该对话框显示了 Web 服务器的简介、注意事项和其他信息。

（4）单击“下一步”按钮，弹出如图 6-3 所示的对话框，默认只选择安装 Web 服务器所必需的组件，用户可以根据实际需要选择欲安装的组件，在此勾选“应用程序开发”复选框，以访问 ASP 网页文件。

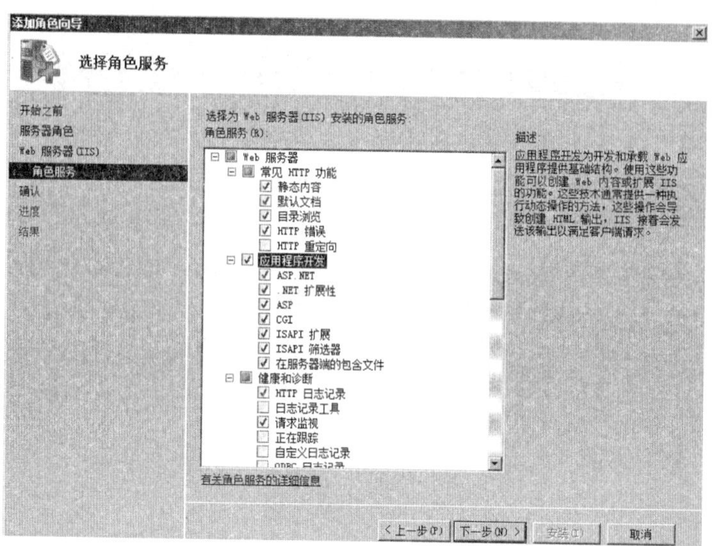

图 6-3 “选择角色服务”对话框

（5）选择好要安装的组件后，单击“下一步”按钮，弹出“确认安装选择”对话框，显示前面所进行的设置，检查是否正确。

（6）单击“安装”按钮开始安装 Web 服务器。完成后，显示“安装结果”对话框，单击“关闭”按钮完成安装。

2. 客户端验证 Web 服务器

在本机上，打开浏览器，以下面 3 种地址格式进行验证：

DNS 域名地址：http://域名

IP 地址：http://服务器 IP 地址

计算机名：http://localhost

如果 Web 服务器（IIS）安装成功，则会在 IE 浏览器中显示如图 6-4 所示的网页。如果没有显示出该网页，请检查 Web 服务器（IIS）是否出现了问题或重新启动 Web 服务器（IIS），也可以删除 Web 服务器（IIS）并重新安装。

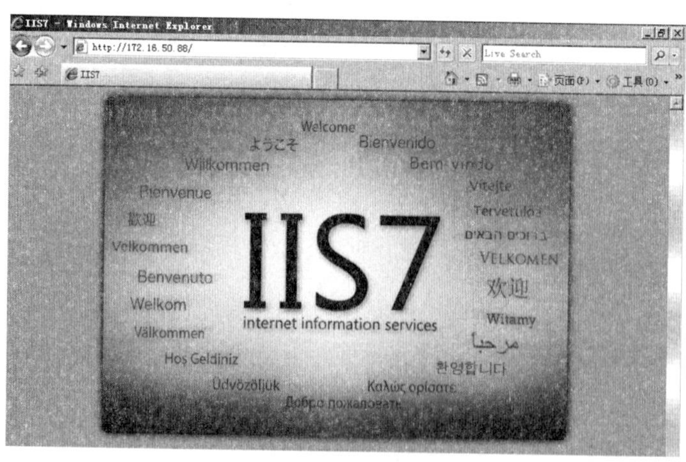

图 6-4 Web 服务器（IIS）安装成功

6.3.2　创建 Web 网站

1. 创建使用 IP 地址访问的 Web 网站

创建网站的主目录，默认 Web 发布目录是 c:\inetpub\wwwroot，并在此文件夹内存放网页文件 Default.htm 或 Default.asp。

（1）单击“开始”按钮，依次指向“所有程序”和“管理工具”，然后单击“Internet 信息服务（IIS）管理器”。

（2）在“Internet 信息服务（IIS）管理器””窗口中，如图 6-5 所示，展开服务器节点，右击“网站”，在弹出的菜单中选择“添加网站”命令，弹出如图 6-6 所示的对话框。在该对话框中可以指定网站名称、应用程序池、网站内容目录、传递身份验证、网站类型、IP 地址、端口号、主机名以及是否启动网站。设置完成后，单击“确定”按钮。

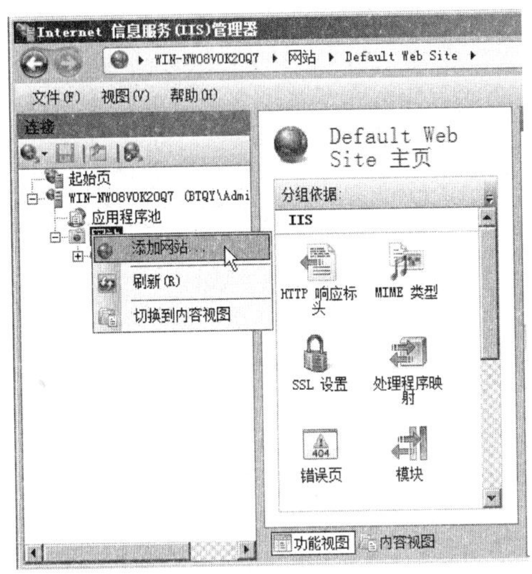

图 6-5　“添加网站”命令

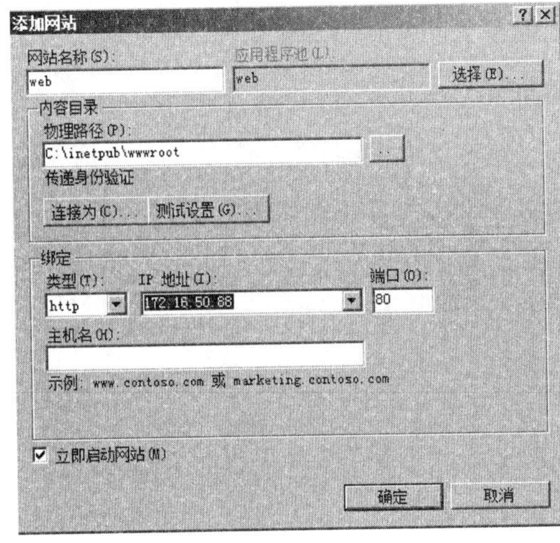

图 6-6　“添加网站”对话框

（3）返回“Internet 信息服务（IIS）管理器”窗口，可以看到刚才创建的网站已经启动，如图 6-7 所示。

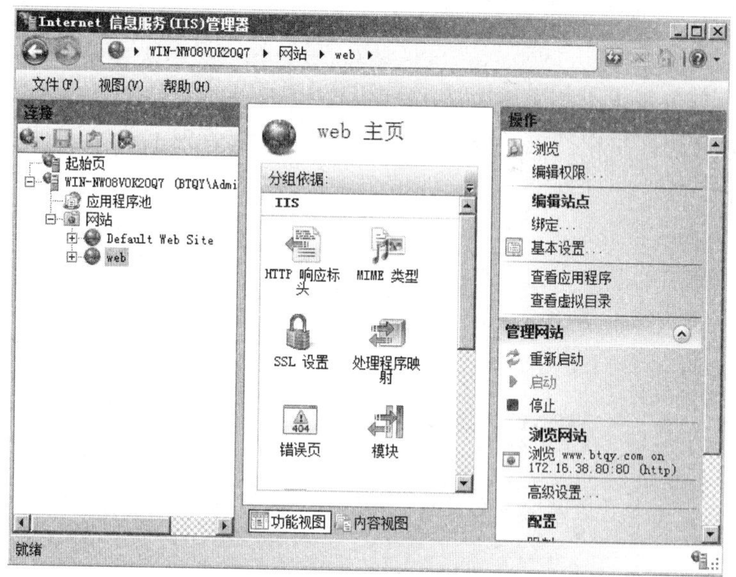

图 6-7　“Internet 信息服务（IIS）管理器”控制台

（4）用户在客户端计算机上，打开浏览器，输入“http://服务器 IP 地址”就可以访问刚才建立的网站了，如图 6-4 所示。

2. 创建使用域名访问的 Web 网站

（1）打开 DNS 控制台，依次展开服务器和“正向查找区域”节点。

（2）右击区域名，在弹出的菜单中选择“新建主机”命令，出现“新建资源记录”对话框，在“别名”文本框中输入主机名，如图 6-8 所示。

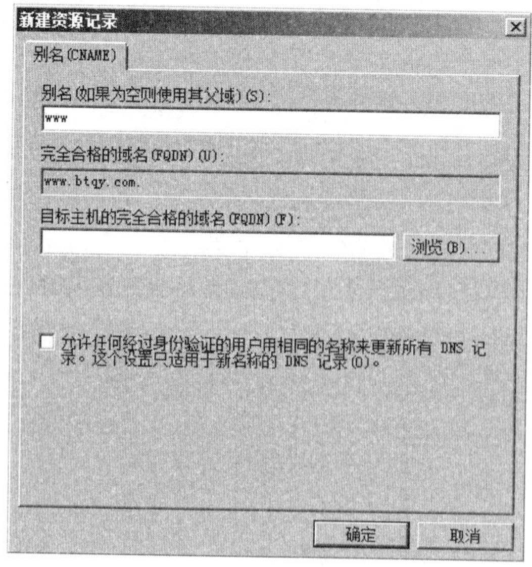

图 6-8　输入“别名”

（3）单击“确定”按钮，主机记录创建完成。

（4）用户在客户端计算机上打开浏览器，输入“http://域名”，就可以访问刚才建立的网站了，如图 6-9 所示。

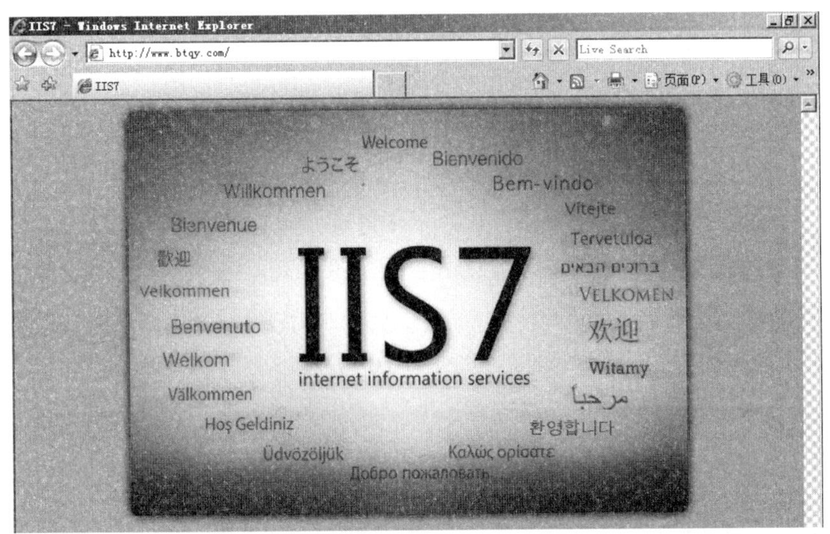

图 6-9　使用域名访问 Web 网站

6.3.3　管理 Web 网站

1. 启动和停止网站

（1）单击“开始”按钮，依次指向“所有程序”和“管理工具”，然后单击“Internet 信息服务（IIS）管理器”。

（2）在 Internet 信息服务管理单元中，单击相应的的 Web 网站。

（3）在“操作”菜单上，选择下列选项之一：若要停止 Web 网站，请选择“停止”命令；若要启动 Web 网站，请选择“启动”命令；若要暂停 Web 网站，请选择“暂停”命令。

2. 打开 Web 网站

在 Internet 信息服务管理单元中单击相应的 Web 网站，然后在“操作”菜单上选择“资源管理器”或“打开”命令。

3. 删除 Web 网站

在 Internet 信息服务管理单元中选择要删除的网站，然后在“操作”菜单上选择“删除”命令。

6.3.4　配置虚拟主机

Web 网站用来接收和响应 Web 客户端的请求。每个 Web 网站都具有唯一的标识，该标识由以下三个部分组成：TCP 端口号、IP 地址和主机头名。通过更改其中的一个标识，可以在一台计算机上维护多个网站。

（1）使用端口号维护多个网站。

（2）使用 IP 地址维护多个网站。

（3）使用主机头名维护多个网站。

6.3.5 创建虚拟目录

1. 什么是虚拟目录

虚拟目录是指在物理上未包含在网站主目录下的特定文件夹，但客户浏览器却将其视为包含在主目录下的目录。虚拟目录与一个实际物理目录相对应，这个实际物理目录既可以是本地计算机的某个目录，也可以是远程计算机上的某个共享目录。虚拟目录具有别名，这个别名映射到 Web 内容所在的实际物理目录，Web 浏览器通过别名来访问此目录。

2. 用向导创建虚拟目录

（1）在 Internet 信息服务管理单元中，右击要添加虚拟目录的 Web 网站，然后在快捷菜单上选择“新建”→“虚拟目录”命令，如图 6-10 所示。

（2）弹出“添加虚拟目录”对话框，然后输入虚拟目录别名，并选择物理路径，如图 6-11 所示。

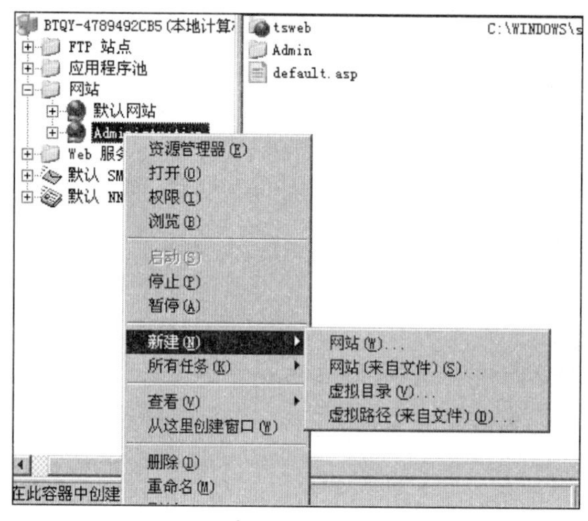

图 6-10 创建虚拟目录

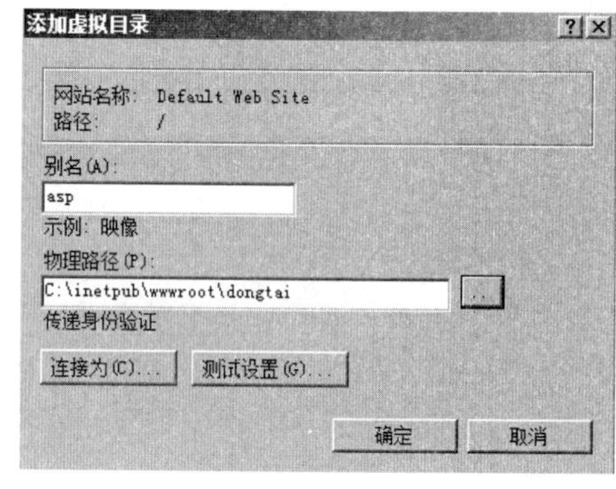

图 6-11 “添加虚拟目录”对话框

3. 用 Web 共享属性创建虚拟目录

在 Windows Server 2008 中，除了利用向导创建虚拟目录，也可以利用文件夹的 Web 共享属性来创建虚拟目录。

4. 删除虚拟目录

在 Internet 信息服务管理单元中，展开虚拟目录所在的 Web 网站，然后单击要删除的虚拟目录并在“操作”菜单上选择“删除”命令。

6.3.6 Web 属性级别

在 IIS 中，Web 服务的属性分为服务器级属性（称为主属性）、网站属性、目录属性和文件属性四个级别，这些级别的属性都可以在 Internet 信息管理单元中进行设置。在上述四个属性级别中，服务器级属性级别最高，网站属性次之，目录属性更次之，文件属性级别最低。一般而言，低级别的属性（如目录属性）将自动继承高级别的属性（如网站属性），但也可以通过单独配置低级别的属性覆盖高级别的属性。

1. 设置不同级别的 Web 属性

（1）如图 6-12 所示，在 Internet 信息管理单元中，选定某个节点（如计算机、网站、目录或文件）。

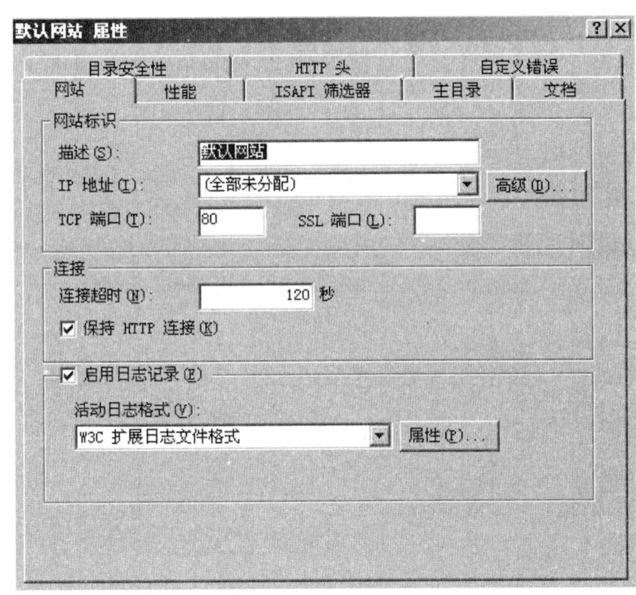

图 6-12　Web 属性

（2）在“操作”菜单上，选择“属性”命令。

（3）在该节点的属性对话框中，选择适当的选项卡，并对相关属性进行设置。

2. 设置 Web 网站标识参数

（1）在 IIS 管理单元中单击相应的 Web 网站，然后在“操作”菜单上选择“属性”命令。

（2）在“默认网站 属性”对话框中，单击“网站”标签。

（3）在“网站标识”下，对 Web 网站的“描述”“IP 地址”“TCP 端口”“SSL 端口”属性进行设置。

（4）在“连接”下，对 Web 网站的“连接超时”“保持 HTTP 连接”属性进行设置。

（5）勾选“启用日志记录”复选框，启用 Web 网站的日志记录功能。

（6）若要配置日志文件创建选项（如每周，或按文件大小），或者配置 W3C 扩充日志记录或 ODBC 日志记录的属性，请单击“属性”按钮。

6.3.7　设置 Web 网站主目录

主目录是默认 Web 的发布目录。每个 Web 网站都必须有一个主目录。如果要在服务器上创建一个 Web 网站，就必须为它设置一个主目录。创建 Web 网站之后，还可以根据需要来对主目录进行更改。

若要配置 Web 网站主目录，请在 Internet 信息服务管理单元中单击相应的 Web 网站，然后在“操作”菜单中选择“属性”命令，当出现“默认网站 属性”对话框时，单击“主目录”标签。

- 将 Web 网站主目录设置为此计算机上的目录或另一计算机上的共享位置。
- 重定向到 URL。

6.3.8 设置 Web 网站安全性

在 Internet 信息服务管理单元中，可以对 Web 网站的安全特性进行设置。方法是：单击相应的 Web 网站，然后在“操作”菜单选择“属性”命令，当出现“默认网站 属性”对话框时，选择“目录安全性”属性页，如图 6-13 所示。该属性页用于设置 Web 服务器的安全功能，包括身份验证和访问控制、IP 地址和域名限制以及安全通信三个方面。

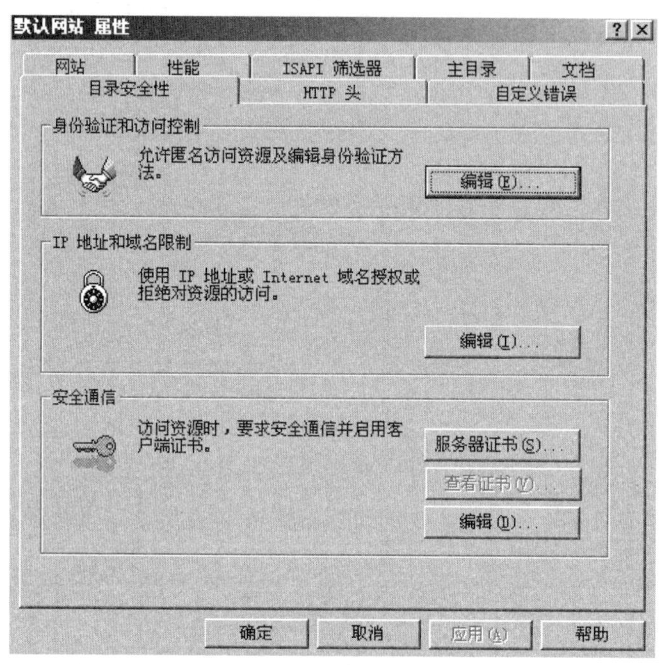

图 6-13 网站安全性

6.3.9 设置 Web 网站文档

（1）在 Internet 信息服务管理单元中，单击相应的 Web 网站。

（2）在“操作”菜单上，选择“属性”命令。

（3）在“默认网站 属性”对话框中，选择“文档”属性页，如图 6-14 所示。

（4）若要在浏览器请求指定文档名的任何时候提供一个默认文档，请勾选“启用默认文档”复选框。默认文档可以是目录的主页或包含网站文档目录列表的索引页。

（5）若要添加一个新的默认文档，请单击“添加”按钮，然后在“添加默认文档”对话框中输入默认文档的文件名并单击“确定”按钮。

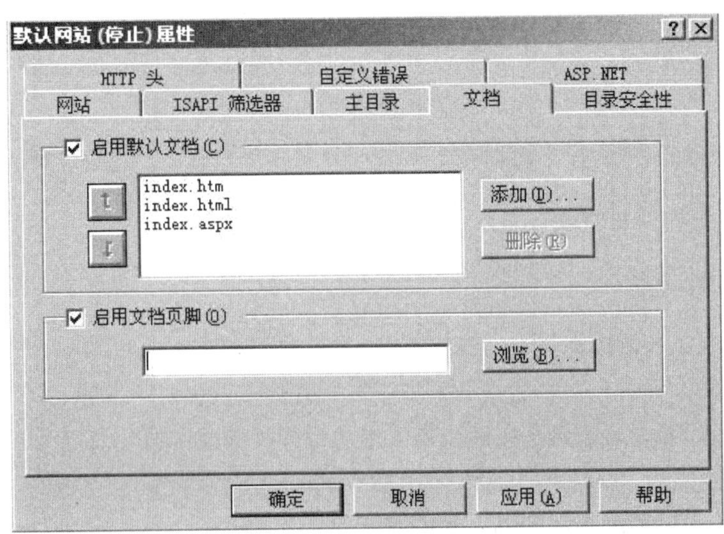

图 6-14　网站文档

（6）若要更改搜索顺序，请选择一个文档并单击上下箭头按钮。

（7）若要从列表中删除默认文档，请选择该文档，然后单击“删除”按钮。

（8）若要自动将一个 HTML 格式的页脚附加到 Web 服务器所发送的每个文档中，请勾选“启用文档页脚”复选框，然后单击“浏览”按钮，以指定页脚文件的完整路径和文件名。

6.4　实验：利用 Web 网站发布网页

6.4.1　实验目的

- 理解 IIS 和 Web 服务的关系。
- 掌握安装 Web 服务器的方法。
- 掌握创建 Web 网站的方法。
- 学会在 Web 网站上发布网页的方法。
- 掌握在客户端验证 Web 服务器的方法。
- 掌握创建虚拟目录的方法。

6.4.2　实验内容

本实验的目的是在 Windows 网络操作系统中安装 IIS；创建 Web 网站和虚拟目录 asp。其中 IP 地址为 172.16.50.88，域名为 www.btqy.com，可以使用 IP 地址或域名访问的 Web 网站的主页（即 index.htm、test.asp），并要求主页 index.htm 存放在 c:\inetpub\wwwroot，主页 test.asp 存放在 c:\inetpub\dongtai。

6.4.3 实验步骤

一、安装 Web 服务器

安装步骤参考 6.3.1 小节内容。

二、创建 Web 网站

1. 利用 DNS 服务器创建主机记录

（1）打开 DNS 控制台，依次展开服务器和“正向查找区域”节点。

（2）右击区域名 btqy.com，在弹出的菜单中选择“新建主机”命令，出现“新建资源记录”对话框，在“别名”文本框中输入主机名 www。

（3）单击“确定”按钮，主机记录创建完成。

2. 创建主页

（1）打开 Windows 记事本，然后输入以下内容：

```
<html>
<head>
<title>站点首页</title>
</head>
<body>
<p>欢迎您访问本站点！</p>
</body>
</html>
```

（2）选择记事本“文件”菜单上的“保存”命令，将文件存放在 c:\inetpub\wwwroot，在文件名文本框中输入 index.htm，然后单击“保存”按钮。

3. 创建网站步骤

（1）单击“开始”按钮，依次指向“所有程序”和“管理工具”，然后单击“Internet 信息服务（IIS）管理器”。

（2）在“Internet 信息服务（IIS）管理器”窗口中，展开服务器节点，右击“网站”，在弹出的菜单中选择“添加网站”命令，弹出“添加网站”对话框。在该对话框中可以设置网站名称（web）、应用程序池、网站内容目录（默认是 c:\inetpub\wwwroot）、网站类型（http）、IP 地址（172.16.50.88）、端口号（80）、主机名（www.btqy.com）并启动网站，设置完成后，单击“确定”按钮，如图 6-6 所示。

（3）返回“Internet 信息服务（IIS）管理器”窗口，可以看到刚才创建的网站已经启动。在如图 6-15 所示的“功能视图”窗口中单击“默认文档”项，弹出如图 6-16 所示的窗口，选择右边窗口中的“添加”命令，弹出如图 6-17 所示的对话框，输入 index.htm，单击“确定”按钮，结果如图 6-18 所示。

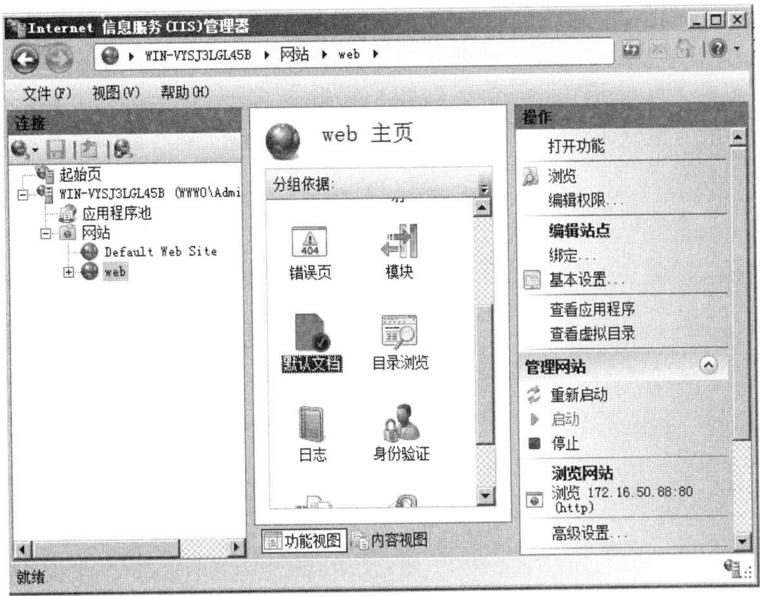

图 6-15 “默认文档”窗口

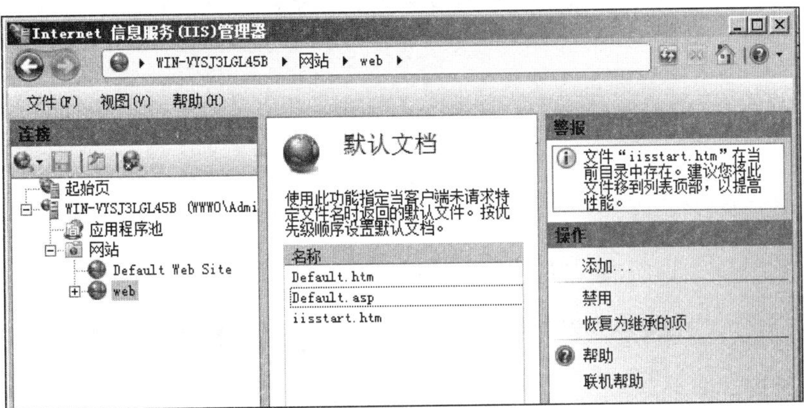

图 6-16 选择“添加”命令

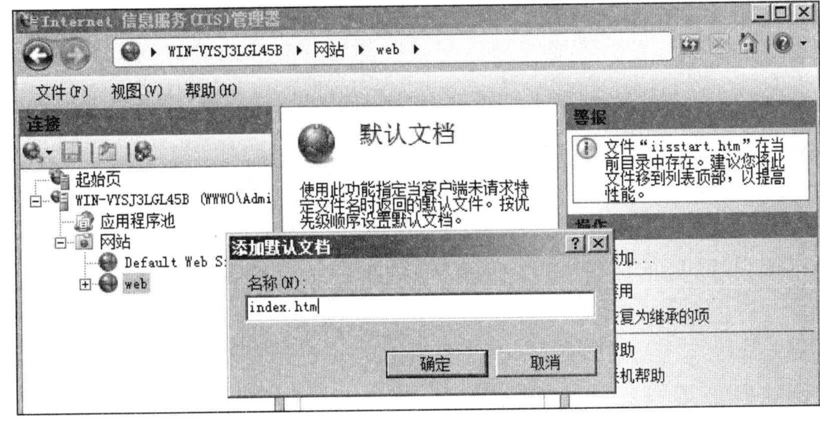

图 6-17 “添加默认文档”对话框

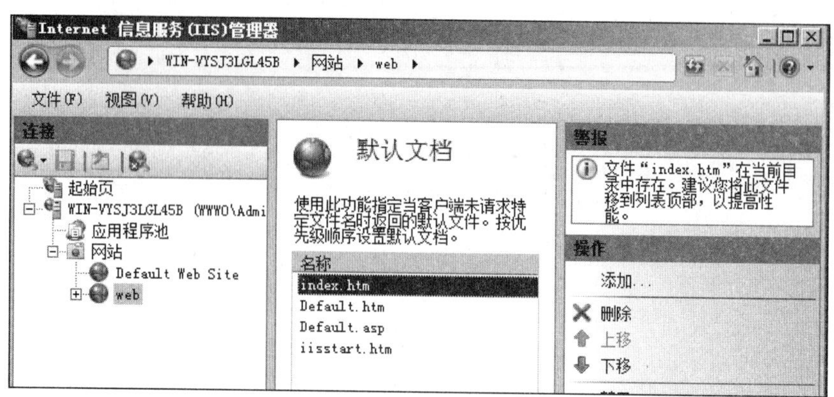

图 6-18 index.htm 文档

三、验证 Web 服务器

在本机上，打开浏览器，以下面两种地址格式进行验证：

IP 地址：http://172.16.50.88，结果如图 6-19 所示。

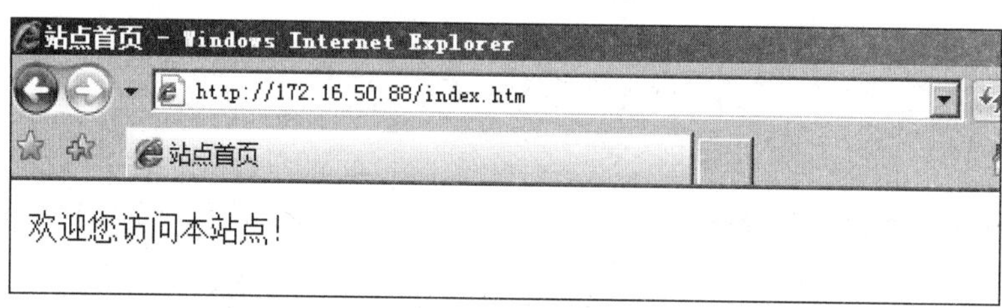

图 6-19 以 IP 地址验证

DNS 域名地址：http://www.btqy.com，结果如图 6-20 所示。

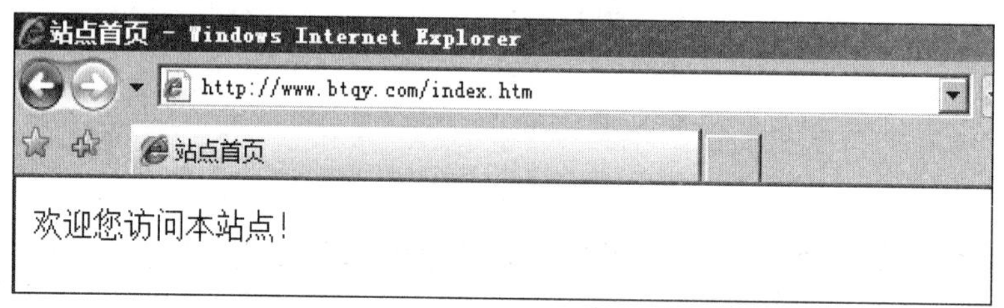

图 6-20 以 DNS 域名地址验证

四、创建虚拟目录

在 Internet 信息服务管理单元中，创建一个虚拟目录，其别名为 asp。创建虚拟目录之前，要求在本地计算机硬盘上创建一个名为 dongtai 的文件夹，新建的虚拟目录将映射到该文件夹。

（1）单击“开始”，依次指向“所有程序”和“管理工具”，然后单击“Internet 信息服务（IIS）管理器”。在左边列表窗口中右击网站 Web，并在弹出的快捷菜单中选择“添加虚拟目录”命令，如图 6-21 所示。

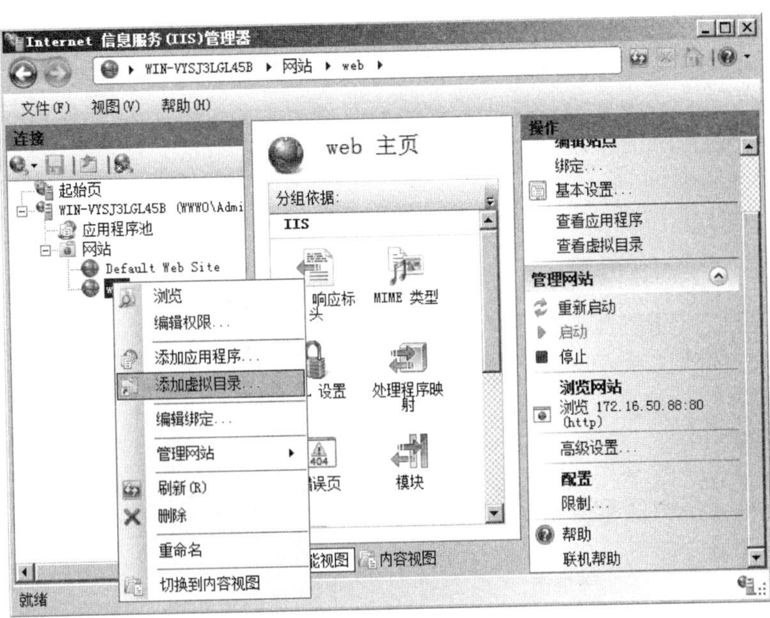

图 6-21 “添加虚拟目录”命令

（2）在虚拟目录“别名”文本框内输入虚拟目录的别名 asp，设置物理路径为 c:\inetpub\dongtai，如图 6-22 所示，然后单击“确定”按钮。

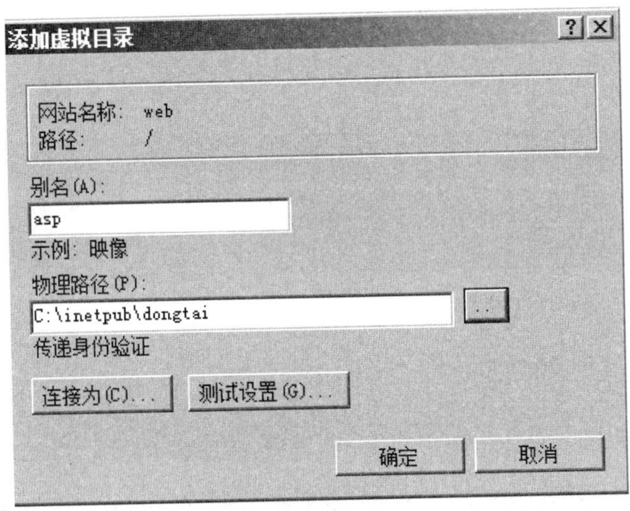

图 6-22 “添加虚拟目录”对话框

（3）在此虚拟目录中创建一个 ASP 动态网页，文件名为 test.asp，存放在 c:\inetpub\dongtai 下，其源代码如下：

```
<%@LANGUAGE="VBSCRIPT"CODEPAGE="1036"%>
<html>
<head>
<title>欢迎</title>
</head>
<body>
```

```
<p>这是一个 ASP 动态网页。</p>
<p>此页创建于,<% =Now %>。</p>
</body>
</html>
```

（4）返回“Internet 信息服务（IIS）管理器”窗口，可以看到刚才创建的虚拟目录已经启动，如图 6-23 所示。在“功能视图”窗口中的单击“默认文档”项，选择右边窗口中的“添加”命令，弹出如图 6-24 所示的对话框，输入 test.asp，单击“确定”按钮。

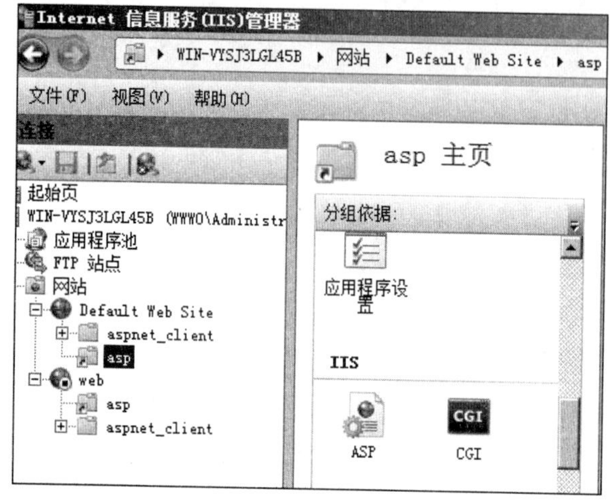

图 6-23 asp 虚拟目录

图 6-24 “添加默认文档”对话框

（5）在 IE 浏览器的地址栏中分别输入以下 URL，如图 6-25、图 6-26 所示。

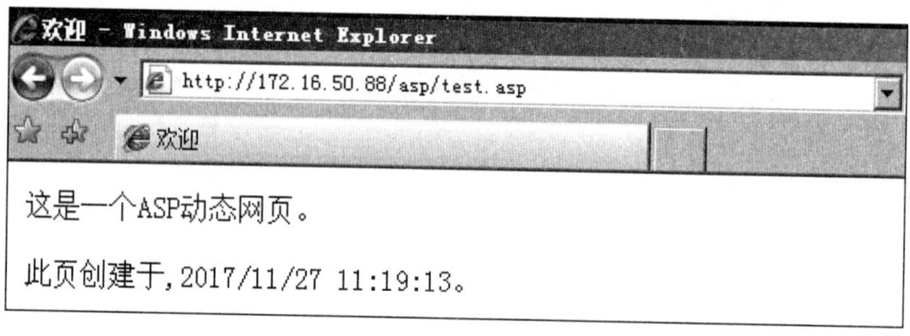

图 6-25 以 IP 地址验证

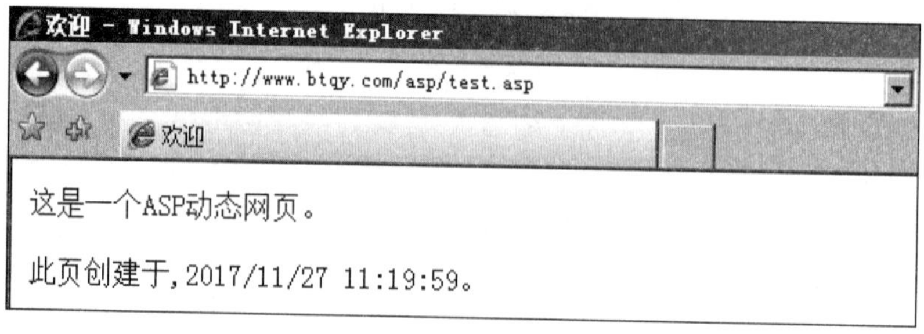

图 6-26 以 DNS 域名地址验证

每当按 F5 键刷新页面时，显示的时间都会发生变化。

6.5 习题

创建网站，要求如下：

（1）网站域名：xxxy.btqy.com.cn。

（2）IP 地址：本机使用的 IP 地址。

（3）在 c:\xxxy 目录下创建 www 文件夹，在文件夹中创建名称为 abc.html 的主页，主页显示内容 “信息工程学院网站”。

（4）只有信息工程学院内部网络可以访问这个网站。

第 7 章
管理 FTP 服务器

FTP 的全称是 File Transfer Protocol，即文件传输协议，用于实现 TCP/IP 网络上的文件传输，可以将本地计算机系统上的文件传送到远程计算机系统中，也可以将远程计算机系统上的文件传送到本地计算机系统中。FTP 协议还允许用户使用 FTP 命令对文件进行操作，如在远程系统中列出文件和目录。

教学目标

- 了解 FTP 工作原理
- 了解文件传输协议
- 掌握在 Windows Server 2008 操作系统中创建和管理 FTP 服务器的方法
- 掌握创建虚拟目录的方法

7.1 FTP服务概述

FTP服务是Internet中最早的服务功能之一，目前仍在广泛使用。FTP服务为计算机之间双向文件传输提供了一种有效的手段，它允许用户将本地计算机系统中的文件上传到远程计算机系统中，或将远程计算机系统中的文件下载到本地计算机系统中。如图7-1所示，FTP服务是一种实时的联机服务，用户在访问FTP服务器之前必须进行登录，登录时要求用户给出其在FTP服务器上的合法账号和密码。只有成功登录的用户才能访问该FTP服务器，并对授权的文件进行查阅和传输。使用FTP服务时，经常用到两个操作：下载（Download）和上传（UpLoad）。

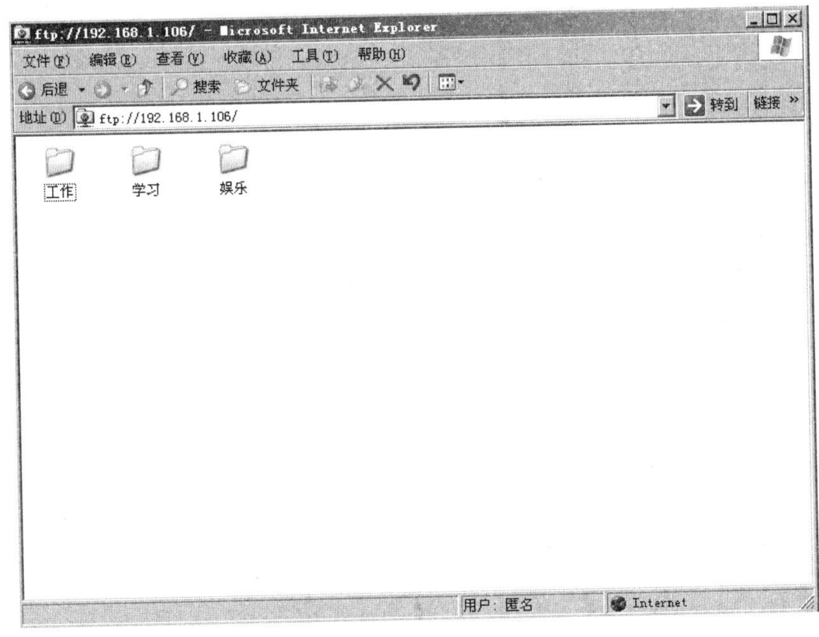

图7-1 FTP服务器

7.1.1 FTP工作流程

（1）FTP客户机向FTP服务器请求登录。

（2）FTP客户机向FTP服务器请求获取目录信息、下载文件或上传文件。

（3）客户机终止与FTP服务器的连接。

7.1.2 FTP工作原理

FTP传输模式有下述两种。

1. ASCII传输模式

假定正在传输的文件包含简单的ASCII码文本，当文件传输时FTP通常会自动地调整文件的内容，以便将文件解释并存储为另外一台计算机上的ASCII码文本文件。

第7章

2. 二进制传输模式

在二进制传输中，保存的是文件的二进制位序，以便源文件与目标文件逐位一一对应，从而保证二进制文件的正确传输。如果在 ASCII 方式下传输二进制文件，则系统会自动将二进制数据转译为 ASCII 信息。这样不仅会使传输速度变慢，还会损坏数据，从而使文件变得无法使用。在大多数计算机上，ASCII 方式一般假设每一字符的第一有效位无意义，因为 ASCII 字符组合不使用它。但在传输二进制文件时，所有的位都是重要的。

在使用 FTP 传输文件时，通常建议使用二进制传输模式。

7.1.3 FTP 工作模式

1. 主动模式

在主动模式下，FTP 客户端首先与 FTP 服务器的 TCP 21 端口建立连接，通过这个通道发送命令，客户端需要接收数据的时候在这个通道上发送 Port 命令。Port 命令包含了客户端用什么端口接收数据。在传送数据的时候，服务器通过其 TCP 20 端口连接到客户端的指定端口发送数据。FTP 服务器必须与客户端建立一个新的连接来传送数据。

2. 被动模式

在被动模式下，建立控制通道时与主动模式类似，但建立连接后发送的不是 Port 命令，而是 Pasv 命令。FTP 服务器收到 Pasv 命令后，随机打开一个高端端口（端口号大于 1024）并且通知客户端在这个端口上传送数据的请求，客户端连接 FTP 服务器上的这个端口，然后 FTP 服务器将通过这个端口传送数据。在这种情况下，FTP 服务器不再需要与客户端建立一个新的连接。

7.1.4 常用 FTP 命令

FTP 命令是 Internet 用户使用最频繁的操作命令。熟悉并灵活应用 FTP 命令，可以事半功倍。

FTP 的命令行格式如下：

ftp -v -d -i -n -g [主机名]

其中-v 参数显示远程服务器的所有响应信息；-n 参数限制 ftp 的自动登录，即不使用.netrc 文件；-d 参数使用调试方式；-g 参数取消全局文件名。

7.2 创建 FTP 站点

7.2.1 FTP 站点简介

创建一个 FTP 站点需要设置它所使用的 IP 地址和 TCP 端口号。FTP 服务器的默认端口号是 21，Web 服务器的默认端口号是 80，所以一个 FTP 站点可以与一个 Web 网站共用同一个 IP 地址。

通过 IIS 的 FTP 服务器，可以在一台服务器计算机上维持多个 FTP 站点。每个 FTP 站点都有自己的标识参数，可以被独立配置，单独启动、停止和暂停。FTP 服务器不支持主机头名，FTP 站点的标识参数包括 IP 地址和 TCP 端口两项，只能使用 IP 地址或 TCP 端口来维持多个 FTP 站点。

在 FTP 站点中，也可以创建虚拟目录。FTP 虚拟目录分为本地虚拟目录和远程虚拟目录。通过创建虚拟目录，可以提高 FTP 服务器的扩展能力。

7.2.2 安装 FTP 服务器

在安装 FTP 服务器之前，需要满足以下要求：

- 设置 FTP 服务器的 TCP/IP 属性，包括静态 IP 地址、子网掩码、默认网关和 DNS 的 IP 地址等。
- 部署域环境、域名。

安装步骤如下：

（1）在“服务器管理器”窗口中单击“添加角色”按钮，启动“添加角色向导”。

（2）单击“下一步”按钮，弹出如图 6-2（第 6 章）所示的对话框，在该对话框中显示了当前系统所有可以安装的网络服务。在角色列表框中勾选“Web 服务器（IIS）”复选框。

（3）单击“下一步”按钮，弹出“Web 服务器（IIS）”对话框，该对话框显示了 Web 服务器的简介、注意事项和其他信息。

（4）单击“下一步”按钮，弹出如图 6-3（第 6 章）所示的对话框，默认只选择安装 Web 服务器所必需的组件，在此勾选“FTP 服务器”复选框，如图 7-2 所示，在安装 Web 服务器的同时，也安装了 FTP 服务器。

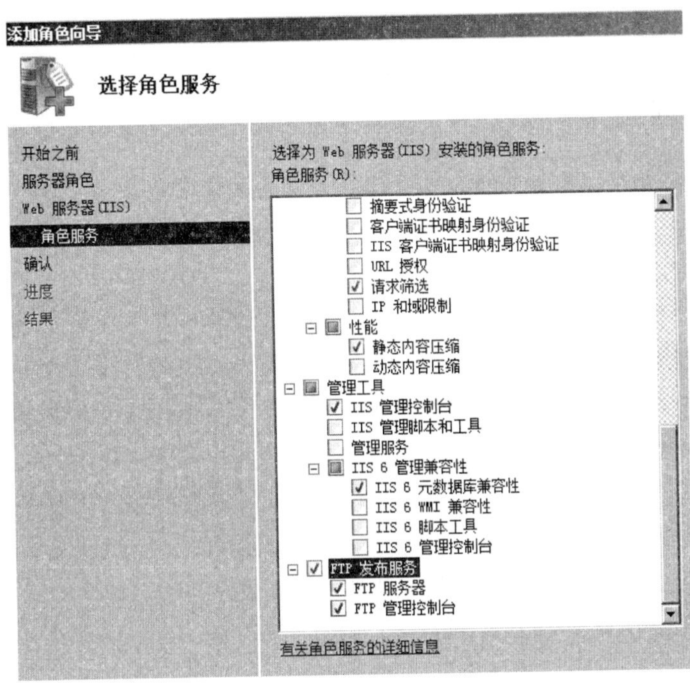

图 7-2 “FTP 服务器”复选框

注：如果安装 Web 服务器时没勾选“FTP 服务器”复选框，则可以打开“服务器管理器”控制台，在左侧窗口中选择“Web 服务器（IIS）”角色，右击，在弹出的快捷菜单中选择“添加角色服务”命令，如图 7-3 所示，打开“选择角色服务”对话框，从中勾选“FTP 发布服务”复选框，如图 7-4 所示。

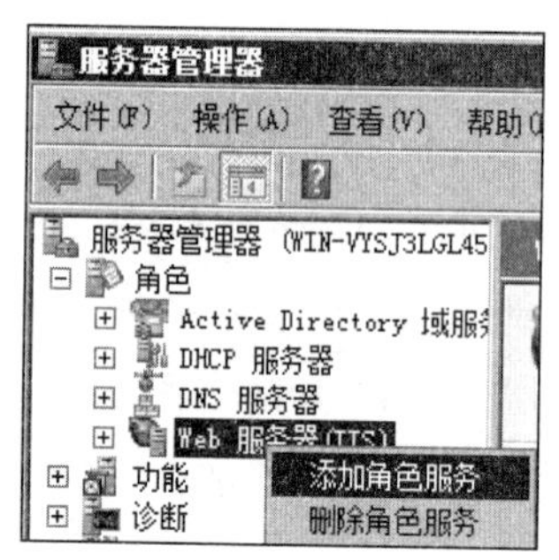

图 7-3　“添加角色服务”命令

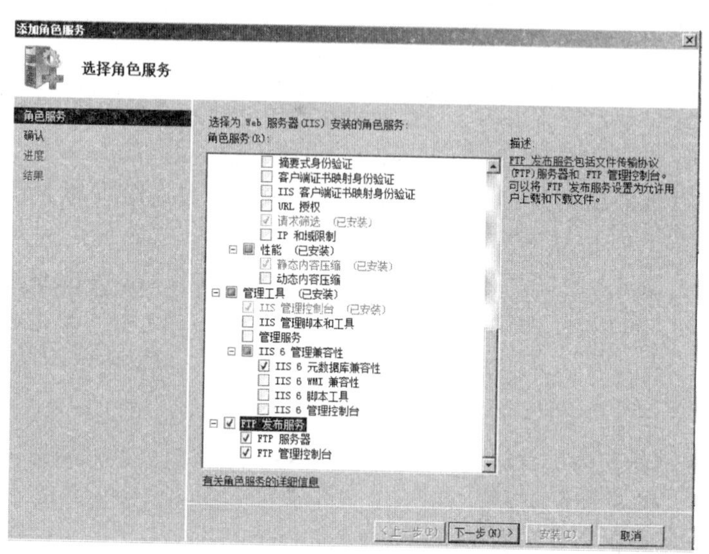

图 7-4　“FTP 发布服务”复选框

（5）选择好要安装的组件后，单击“下一步”按钮，弹出“确认安装选择”对话框，显示前面所进行的设置，检查是否正确。

（6）单击“安装”按钮开始安装 FTP 服务器。完成后，显示“安装结果”对话框，单击“关闭”按钮完成安装。

7.2.3　创建 FTP 站点

1．创建使用 IP 地址访问的 FTP 站点

（1）准备 FTP 主目录。

使用默认的 FTP 主目录 c:\inetpub\ftproot 或在磁盘上新建文件夹，并在该文件夹中存放一个文件，供用户在客户端计算机上下载或上传文件。

（2）创建 FTP 站点。

1）单击“开始”按钮，依次指向“所有程序”和“管理工具”，然后选择“Internet 信息服务（IIS）6.0 管理器”命令，如图 7-5 所示。

2）在目录树中，单击“FTP 站点”，弹出如图 7-6 所示的窗口，在弹出的菜单中选择“单击此处启动”，弹出如图 7-7 所示的对话框。

3）右击“FTP 站点”，在弹出的快捷菜单中选择“新建”→“FTP 站点”命令，弹出如图 7-8 所示的对话框，设置 IP 地址、端口等。

4）单击“下一步”按钮，弹出如图 7-9 所示的对话框，设置 FTP 主目录路径。

5）单击“下一步”按钮，弹出如图 7-10 所示的对话框，设置 FTP 站点访问权限。

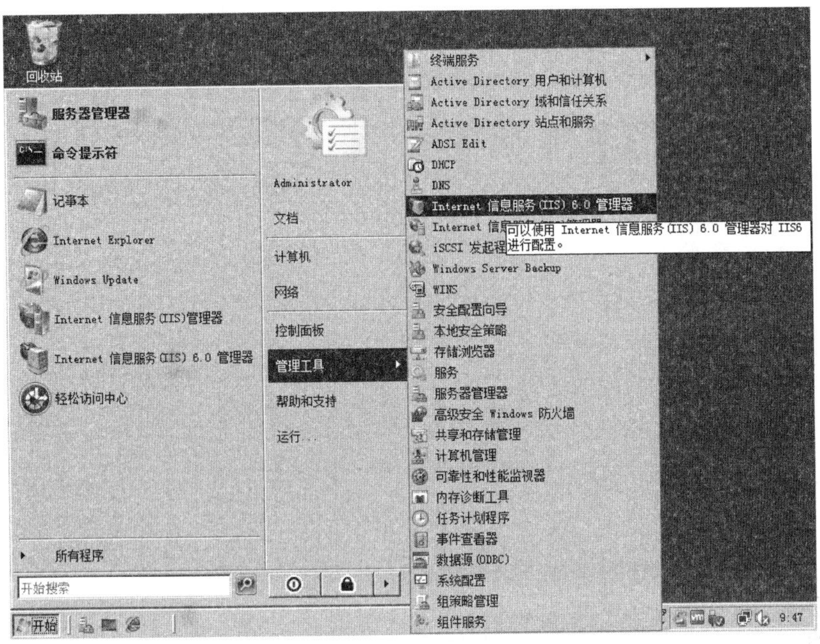

图 7-5 “Internet 信息服务（IIS）6.0 管理器”命令

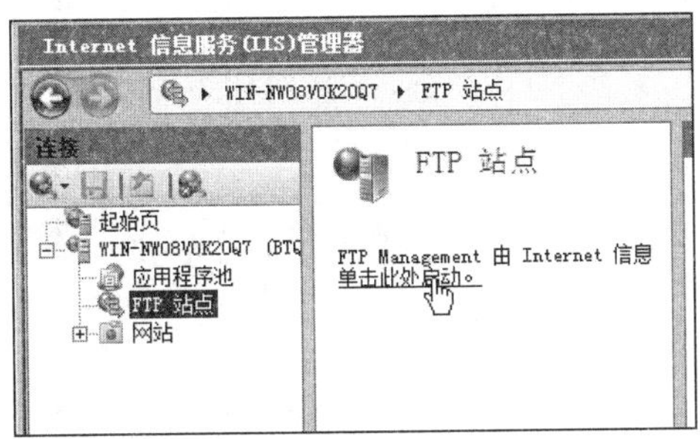

图 7-6 启动 FTP 站点

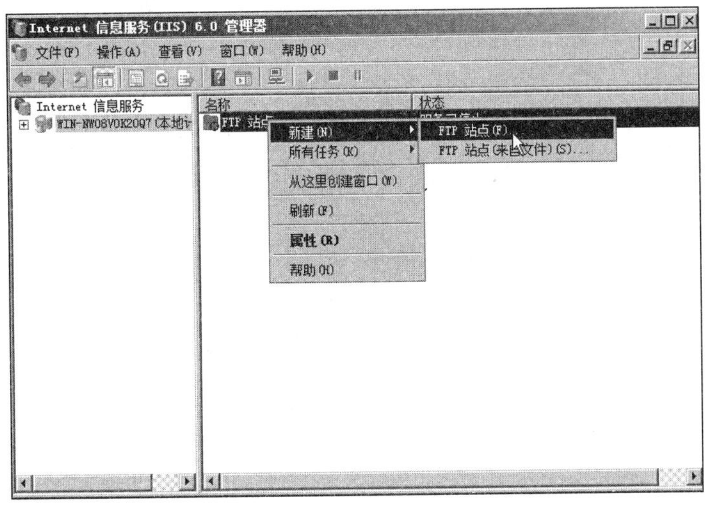

图 7-7 新建 FTP 站点

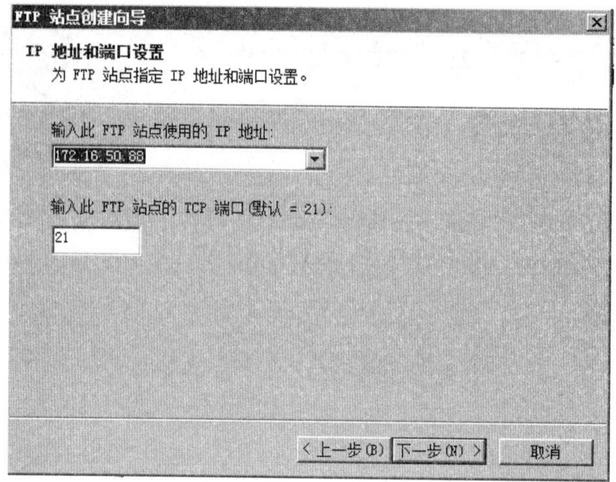

图 7-8 “IP 地址和端口设置”对话框

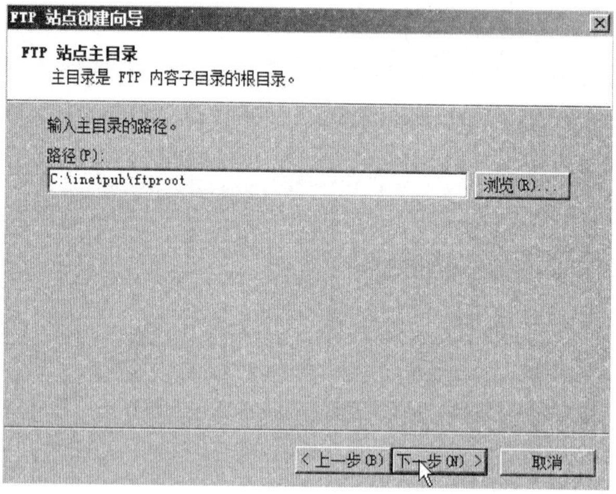

FTP 站点创建向导

FTP 站点主目录

主目录是 FTP 内容子目录的根目录。

输入主目录的路径。

路径(P):

C:\inetpub\ftproot

浏览(R)...

< 上一步(B) 下一步(N) > 取消

图 7-9 “FTP 站点主目录”对话框

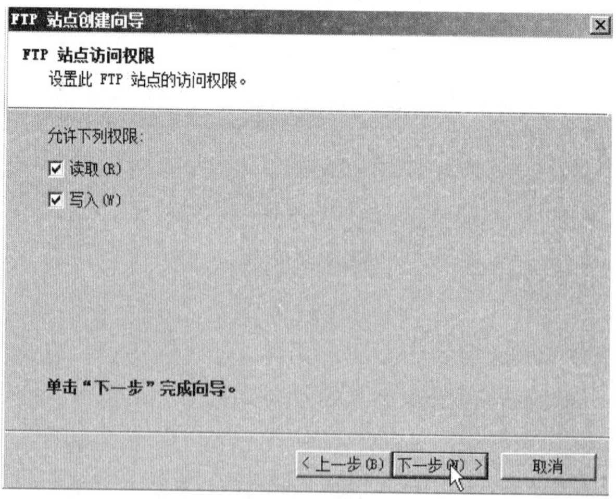

图 7-10 “FTP 站点访问权限”对话框

（3）测试 FTP 站点。

用户在客户端计算机上，打开浏览器，输入“ftp://IP 地址”就可以访问刚才创建的 FTP 站点，如图 7-11 所示。

2. 创建使用域名访问的 FTP 站点

（1）在 DNS 区域中创建主机记录。

1）打开 DNS 控制台，依次展开服务器和“正向查找区域”节点。

2）右击区域名 btqy.com，在弹出的菜单中选择“新建主机”，出现“新建资源记录”对话框，在文本框中输入主机名 ftp，如图 7-12 所示。

3）单击“确定”按钮，主机记录创建完成。

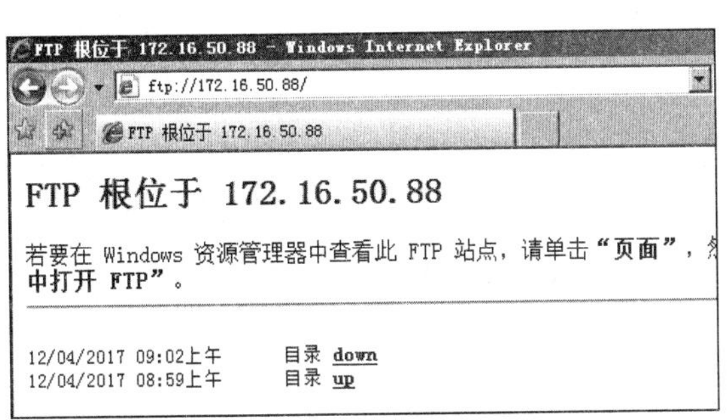

图 7-11 使用 IP 地址访问 FTP 站点

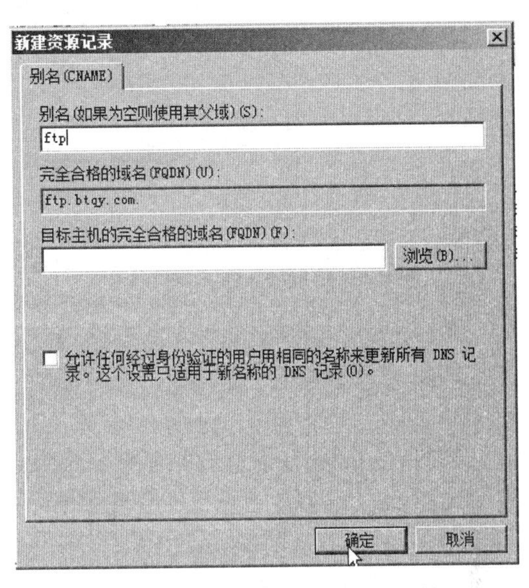

图 7-12 “新建资源记录”对话框

（2）测试 FTP 站点。

用户在客户端计算机上，打开浏览器，输入“ftp://域名”，就可以访问到刚才创建的 FTP 站点了，如图 7-13 所示。

图 7-13 使用域名访问 FTP 站点

7.2.4 管理 FTP 站点

1. 启动和停止站点

（1）在 Internet 信息服务管理单元中，单击相应的 FTP 站点。

（2）在“操作”菜单上，单击下列按钮之一，如图 7-14 所示：

若要停止 FTP 站点，请单击“停止”按钮■。

若要启动 FTP 站点，请单击“启动”按钮▶。

若要暂停 FTP 站点，请单击“暂停”按钮⏸。

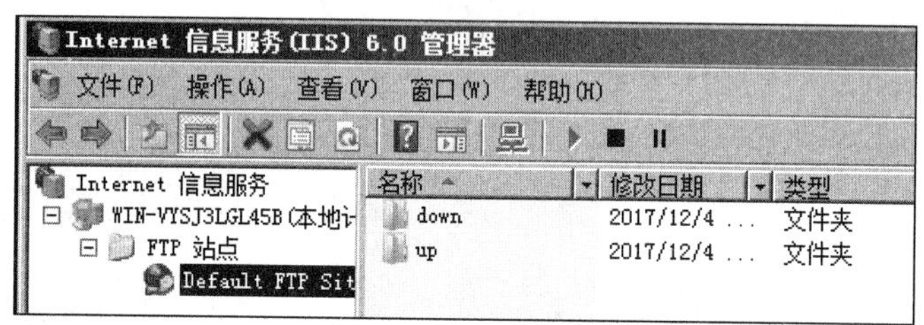

图 7-14 管理 FTP 站点

2. 打开 FTP 站点

（1）在 Internet 信息服务管理单元中，单击相应的的 FTP 站点。

（2）在“操作”菜单上，选择“资源管理器”或“打开”命令。

3. 浏览 FTP 站点

（1）在 Internet 信息服务管理单元中，单击相应的 FTP 站点。

（2）在“操作”菜单上，选择“浏览”命令。

4. 删除 FTP 站点

（1）在 Internet 信息服务管理单元中，选择要删除的站点。

（2）在“操作”菜单上，选择“删除”命令。

7.2.5 创建虚拟目录

（1）在 Internet 信息服务管理单元中右击 FTP 站点，然后指向“新建”，并单击“虚拟目录”。

（2）单击“下一步”按钮，然后输入该虚拟目录的别名，再单击“下一步”按钮。

（3）输入映射到此虚拟目录的物理目录的路径，然后单击“下一步”按钮。

（4）设置此虚拟目录的访问权限，然后单击“下一步”按钮。

（5）单击“完成”按钮。

7.2.6 设置 FTP 站点标识参数

FTP 站点的标识参数由 IP 地址和 TCP 端口组成。

设置 FTP 站点标识参数步骤如下：

（1）在 Internet 信息管理单元中，单击相应的 FTP 站点。

（2）在“操作”菜单上，选择“属性”命令。

（3）在“FTP站点 属性”对话框中，选择“FTP站点”选项卡，如图7-15所示。

（4）在“FTP站点标识”下，对FTP站点的下列属性进行设置：“描述”“IP地址”和“TCP端口”。

（5）在“FTP站点连接”下，设置FTP站点的连接数和“连接超时”。

（6）设置“启用日志记录”选项。

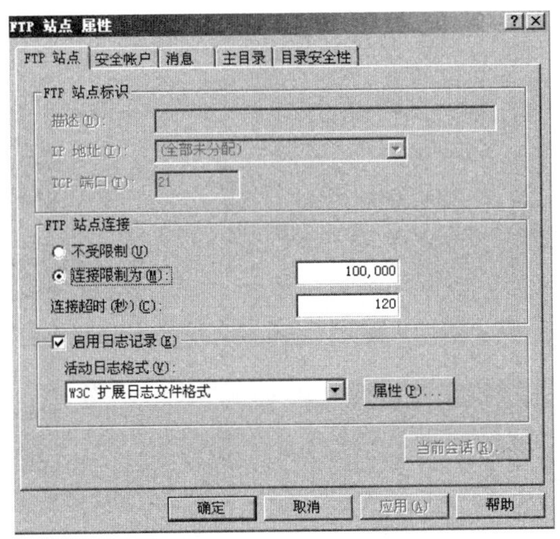

图7-15　FTP站点标识参数

7.2.7　设置FTP站点主目录

（1）在Internet信息管理单元中，单击相应的FTP站点。

（2）在“操作”菜单上，选择“属性”命令。

（3）在“Default FTP Site 属性”对话框中，选择“主目录”选项卡，如图7-16所示。使用此选项卡可以更改FTP站点的主目录并修改其属性。

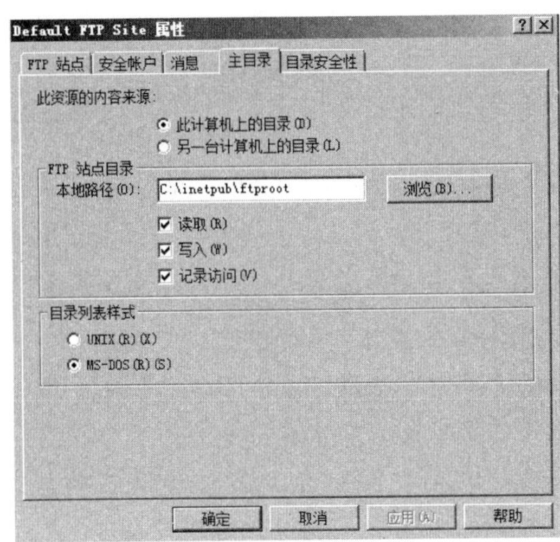

图7-16　FTP站点主目录

（4）在“此资源的内容来源”下选择下列选项之一：

- 若要将主目录设置为本地计算机硬盘上的某个文件夹，请选择“此计算机上的目录”单选按钮。
- 若要将主目录设置为网络上其他计算机的共享文件夹，请选择“另一计算机上的目录”单选按钮。

（5）在“FTP 站点目录”文本框中，输入目录路径或目标 URL。

（6）设置 FTP 站点主目录的访问权限。

（7）设置“目录列表样式”。

7.2.8 设置 FTP 站点安全账号

（1）在 Internet 信息管理单元中，单击相应的 FTP 站点。

（2）在“操作”菜单上，选择“属性”命令。

（3）在“Default FTP Site 属性”对话框中，选择“安全账户”选项卡，如图 7-17 所示。

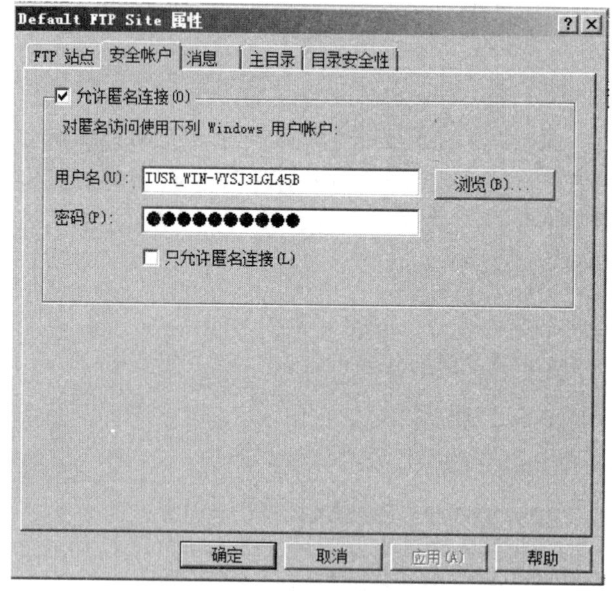

图 7-17 FTP 站点安全账号

（4）若要允许使用“匿名”用户名的用户登录到 FTP 服务器，请勾选“允许匿名连接”复选框。

（5）在“用户名”文本框中，输入在匿名连接时使用的用户名。若要查找特定的 Windows 用户账号，请单击“浏览”按钮。

（6）若勾选“只允许匿名连接”复选框，则用户就不能使用用户名和密码登录。

（7）在“FTP 站点操作员”下执行以下操作：

- 若要向操作员列表中添加用户账号，请单击“添加”按钮。
- 若要删除当前选定的用户账号，请单击“删除”按钮。

- 若想同时选定多个账号，请在选择每一个账号的同时按住 Ctrl 键，或者按住 Shift 键同时选择一个范围内的账号。

7.2.9 设置 FTP 站点目录安全性

（1）在 Internet 信息管理单元中，单击相应的 FTP 站点。

（2）在“操作”菜单上，选择“属性”命令。

（3）在 FTP 站点属性对话框中，选择“安全账户”选项卡。

（4）在“TCP/IP 地址访问限制”下执行下列操作：

- 若要列出被拒绝访问的计算机，请选择“授权访问”单选按钮。
- 若要列出允许访问的计算机，请选择“拒绝访问”单选按钮。
- 若要添加拒绝访问的计算机，请选择“授权访问”单选按钮，然后单击“添加”按钮。
- 若要添加允许访问的计算机，请选择“拒绝访问”单选按钮，然后单击“添加”按钮。如图 7-18 所示。

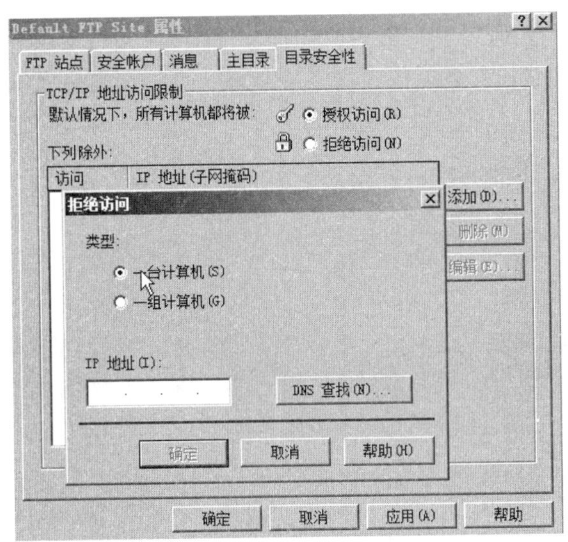

图 7-18 FTP 站点目录安全性

7.2.10 设置 FTP 站点消息

（1）在 Internet 信息管理单元中，单击相应的 FTP 站点。

（2）在“操作”菜单上，选择“属性”命令。

（3）在 FTP 站点属性对话框中，选择“消息”选项卡。

（4）在“欢迎”文本框中，输入首次连接到 FTP 服务器时显示的文本。

（5）在“退出”文本框中，输入客户从 FTP 服务器注销时显示的文本。

（6）在“最大连接数”文本框中，输入一段文本。当 FTP 服务器的连接数已达到所允许的最大值时，如果客户仍试图进行连接，则显示此文本，例如“由于当前用户太多，不能响应您的请求，请稍候再试”。在默认情况下，此消息为空。

7.3 备份及还原 IIS 配置

7.3.1 备份 IIS 配置

（1）在 IIS 管理单元中，单击计算机图标。

（2）在“操作”菜单上，选择“备份/恢复配置”命令。

（3）在“配置备份/还原”对话框中，单击“创建备份”按钮。

（4）在“配置备份”对话框中，指定备份文件的名称，然后单击“确定”按钮。

7.3.2 还原 IIS 配置

（1）在 IIS 管理单元中，单击计算机图标。

（2）在“操作”菜单上，选择“备份/恢复配置”命令。

（3）在“配置备份/还原”对话框中，选择要使用的备份文件，然后单击“还原”按钮。

（4）恢复配置要花费较长的时间，并且需要停止所有服务和重新启动。

（5）当出现“操作成功地完成”信息时，单击“确定”按钮。此时 IIS 配置将得到完全还原。

（6）若要删除选定的备份配置，请单击“删除”按钮。也可以同时选中多个备份配置进行删除。

7.4 实验：利用 FTP 站点上传和下载文件

7.4.1 实验目的

- 掌握安装 FTP 服务器的方法。
- 掌握配置 FTP 站点的方法。
- 掌握创建虚拟目录的方法。
- 掌握利用 FTP 站点上传和下载文件的方法。

7.4.2 实验内容

本实验的目的是创建可以使用户使用 IP 地址 172.16.50.88 或域名 www.btqy.com 访问的 FTP 站点，从而实现上传文件到 FTP 站点或从 FTP 站点下载文件；配置 FTP 站点的安全账号，只允许对该站点进行授权访问，而不允许匿名访问。分别创建虚拟目录 up、down，要求：在服务器（即虚拟机）的 c:\inetpub\ftproot 中分别创建文件夹 up、down，up 文件夹用于存放用户上传的文件，down 文件夹用于存放用户下载的文件；本地机或其他虚拟机为客户端。

7.4.3 实验步骤

一、创建 FTP 站点

1. 创建使用 IP 地址访问的 FTP 站点

（1）准备 FTP 主目录。

使用默认的 FTP 主目录 c:\inetpub\ftproot。

（2）创建 FTP 站点。

步骤参考 7.2.3 小节内容。

（3）测试 FTP 站点

用户在客户端计算机上，打开浏览器，输入 ftp://172.16.50.88 就可以访问刚才创建的 FTP 站点，如图 7-11 所示。

2. 创建使用域名访问的 FTP 站点

（1）在 DNS 区域中创建主机记录。

步骤参考 7.2.3 小结内容。

（2）测试 FTP 站点。

用户在客户端计算机上，打开浏览器，输入 ftp://ftp.btqy.com 就可以访问到刚才创建的 FTP 站点，如图 7-13 所示。

二、配置 FTP 站点

通过配置 FTP 站点的安全账号，只允许对该站点进行授权访问，而不允许匿名访问。

1. 创建 Windows 用户账号

配置 FTP 站点的安全账号之前，应该首先创建一个名为 btqy 的 Windows 用户账号，该账号隶属于 Guests 组。

（1）选择“开始”→“所有程序”→“管理工具”→“计算机管理”命令，如图 7-19 所示。

图 7-19　执行“计算机管理”命令

（2）在“计算机管理”窗口的目录树中，依次展开“系统工具”和“本地用户和组”，如图 7-20 所示。

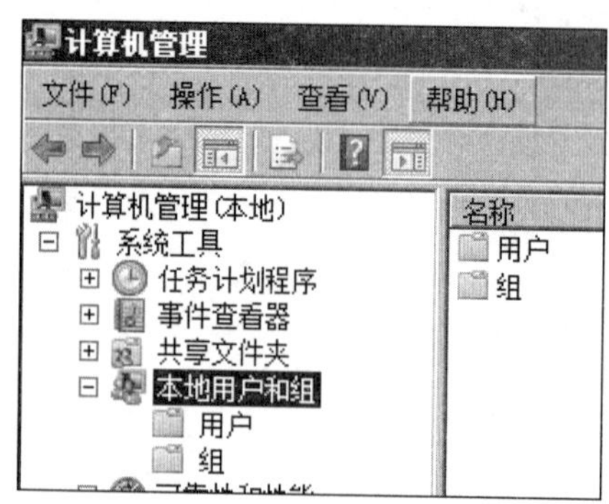

图 7-20 “本地用户和组”选项

（3）在目录树中右击“用户”，然后，在弹出的快捷菜单中选择“新用户”命令，如图 7-21 所示。

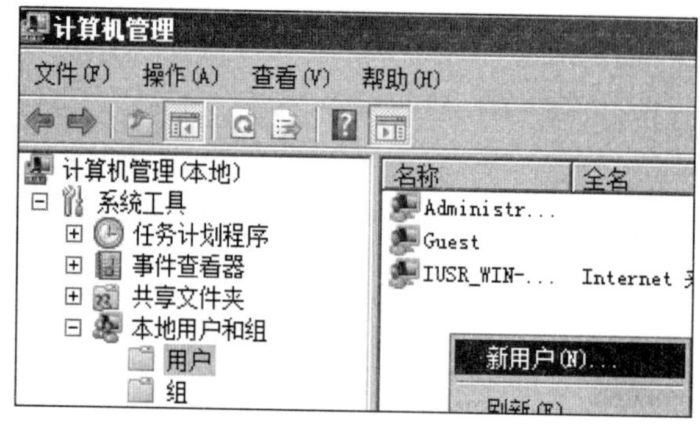

图 7-21 “新用户”命令

（4）在“新用户”对话框中设置新建用户的信息：用户名（btqy）和密码（abc123#），取消勾选“用户下次登录时须更改密码”复选框，勾选“用户不能更改密码”复选框，然后单击“关闭”按钮，如图 7-22 所示。

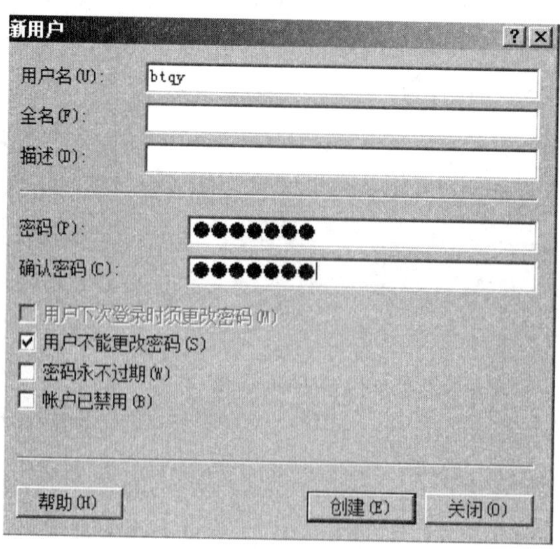

图 7-22 “新用户”对话框

（5）单击新建的用户btqy，然后右击并选择“属性”命令，如图7-23所示。

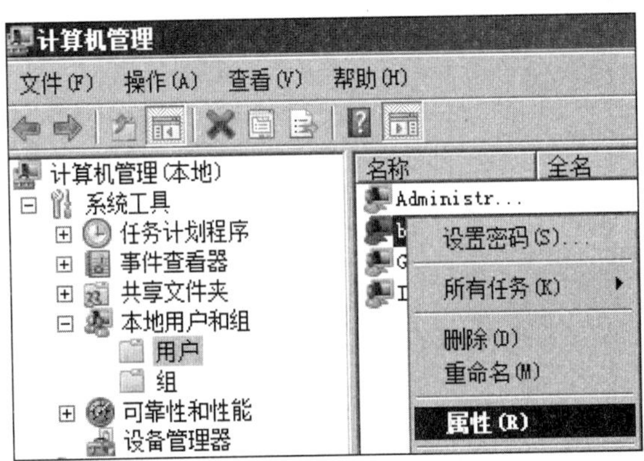

图7-23 “属性”命令

（6）在“btqy 属性”对话框中，选择“隶属于”选项卡，接着选择User组，然后单击“删除”按钮，如图7-24所示。

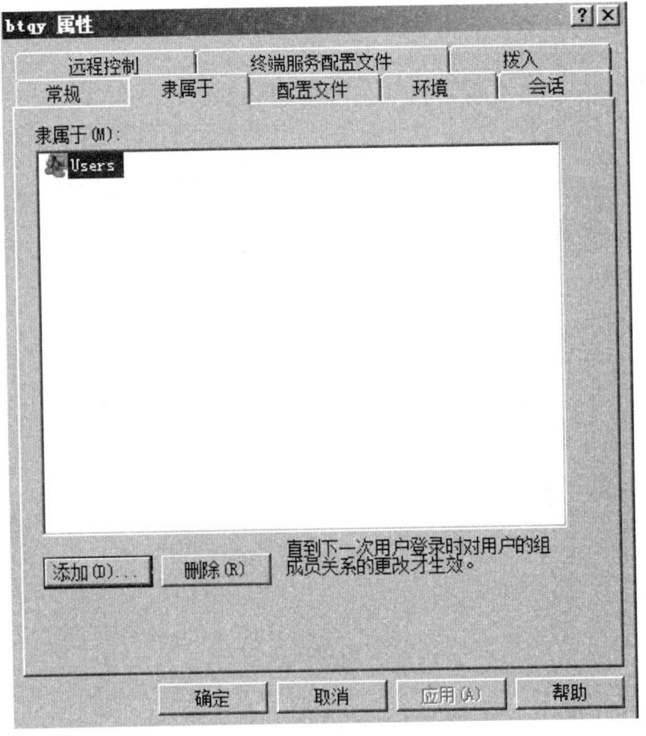

图7-24 “隶属于”选项卡

（7）单击“添加”按钮，然后在“选择组”对话框中输入guests，单击“确定”按钮，如图7-25所示，从搜索结果中选择Guests，如图7-26所示，单击“确定”按钮，结果如图7-27所示。

选择组

选择此对象类型(S):

组　　对象类型(O)...

查找位置(F):

WIN-VYSJ3LGL45B　　查找范围(L)...

输入对象名称来选择(示例)(E):

guests　　检查名称(C)

高级(A)...　　确定　　取消

图 7-25　“选择组”对话框

选择组

选择此对象类型(S):

组　　对象类型(O)...

查找范围(F):

WIN-VYSJ3LGL45B　　位置(L)...

一般性查询

名称(A): 起始为　　列(C)...

描述(D): 起始为　　立即查找(N)

禁用的帐户(B)　　停止(T)

不过期密码(X)

自上次登录后的天数(I):

确定　　取消

搜索结果(U):

名称 (RDN)	在文件夹中
Guests	WIN-VYSJ3LG...
IIS_IUSRS	WIN-VYSJ3LG...

图 7-26　选择 Guests 组

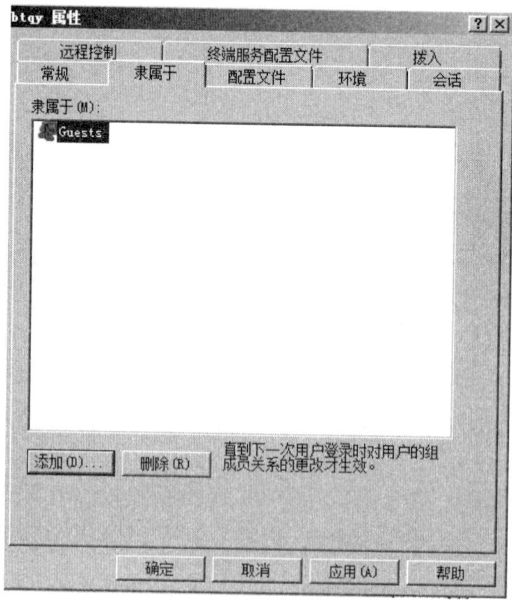

图 7-27　添加 Guests 组

第7章

2. 设置FTP站点安全账号

利用“ftp.btqy.com属性”对话框的“安全账户”选项卡禁用匿名连接。

（1）在“Internet信息服务（IIS）6.0管理器”窗口中右击FTP站点 ftp.btqy.com。

（2）在快捷菜单上选择“属性”命令，如图7-28所示。

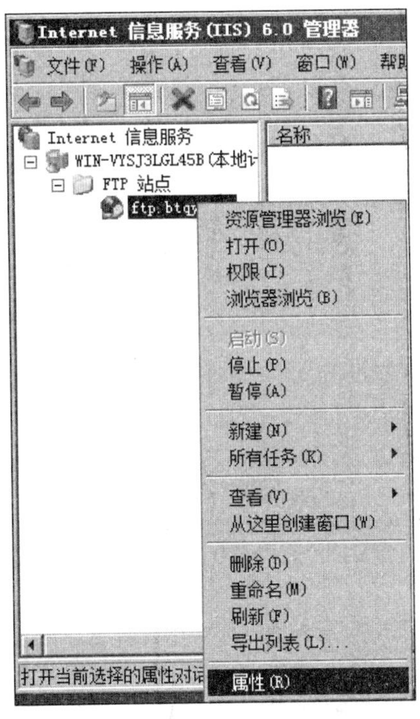

图7-28　站点“属性”命令

（3）在“ftp.btqy.com属性”对话框中，选择“安全账户”选项卡，取消勾选“允许匿名连接”复选框，弹出如图7-29所示的对话框，然后单击“是”按钮，结果如图7-30所示。

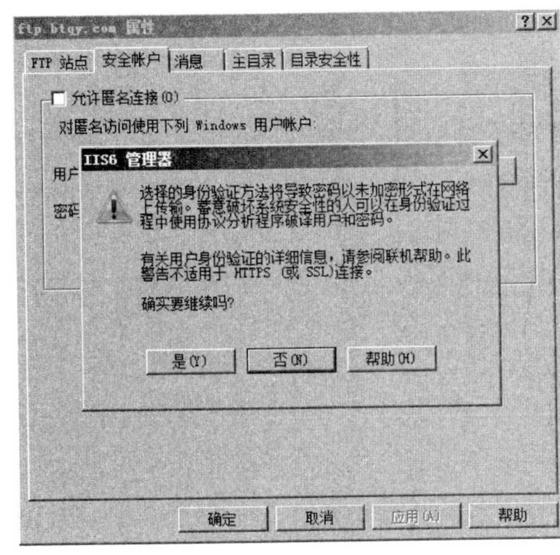

图7-29　“安全账户”选项卡

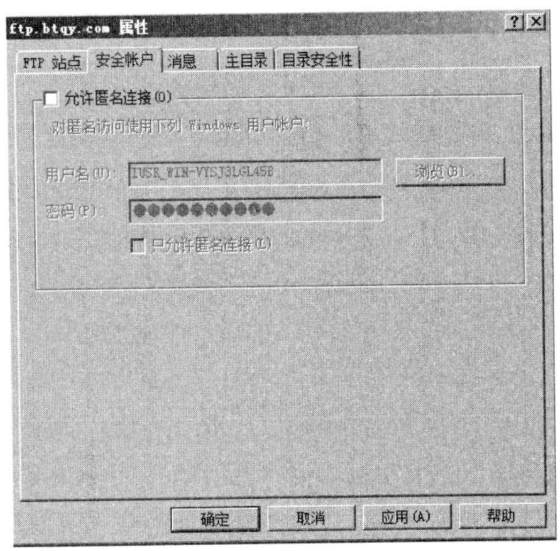

图7-30　取消勾选“允许匿名连接”复选框

（4）在 IE 浏览器的地址栏中输入 ftp://ftp.btqy.com，然后按 Enter 键。

（5）在登录对话框中，分别在“用户名”和“密码”文本框中输入 btqy、abc123#，然后单击“登录”按钮，如图 7-31 所示，此时，可成功登录到 FTP 站点，如图 7-32 所示。

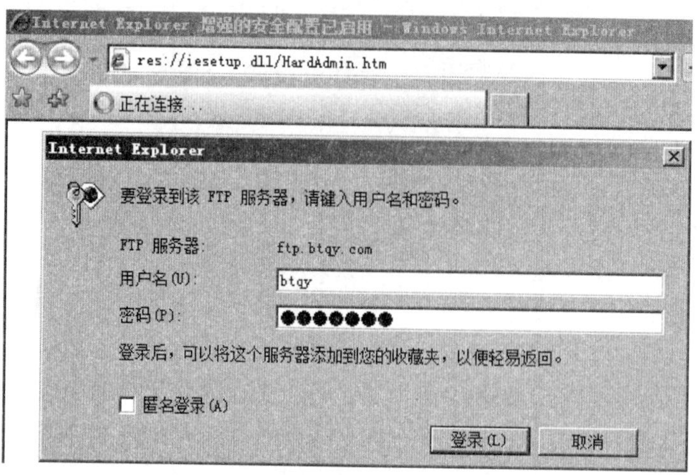

图 7-31　登录对话框

图 7-32　使用域名登录 FTP 站点

三、创建虚拟目录

分别创建虚拟目录：up、down。为了在 IE 浏览器中连接到 FTP 站点时能看到这两个虚拟目录，要求事先在主目录 c:\inetpub\ftproot 中分别创建两个假文件夹 up、down，且文件夹 down 中存放一个文件 index.htm。这两个虚拟目录分别用于上传和下载文件。

（1）在 Interent 信息管理单元中，单击 FTP 站点 Default FTP Site，右击，指向“新建”，然后选择“虚拟目录”命令，如图 7-33 所示。

（2）在“虚拟目录别名”对话框中，输入别名 up，如图 7-34 所示。

（3）单击“下一步”按钮，在“FTP 站点内容目录”对话框中，输入上传文件的路径，如图 7-35 所示。

（4）单击“下一步”按钮，在“虚拟目录访问权限”对话框中，勾选“读取”和“写入”复选框，如图 7-36 所示。

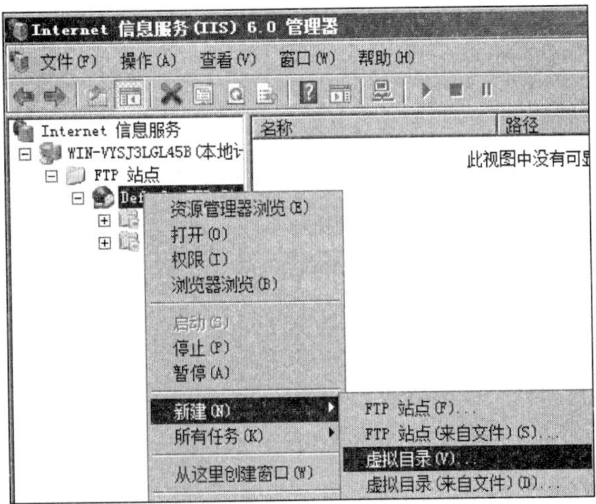

图 7-33　新建“虚拟目录”命令

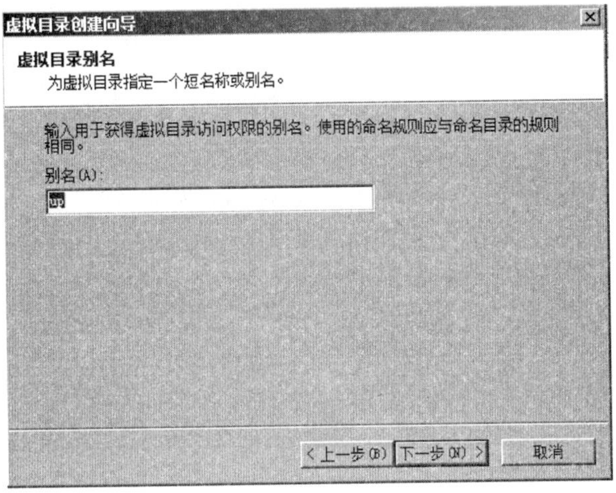

虚拟目录创建向导

虚拟目录别名

为虚拟目录指定一个短名称或别名。

输入用于获得虚拟目录访问权限的别名。使用的命名规则应与命名目录的规则相同。

别名(A):

up

< 上一步(B)　下一步(N) >　取消

图 7-34　“虚拟目录别名”对话框

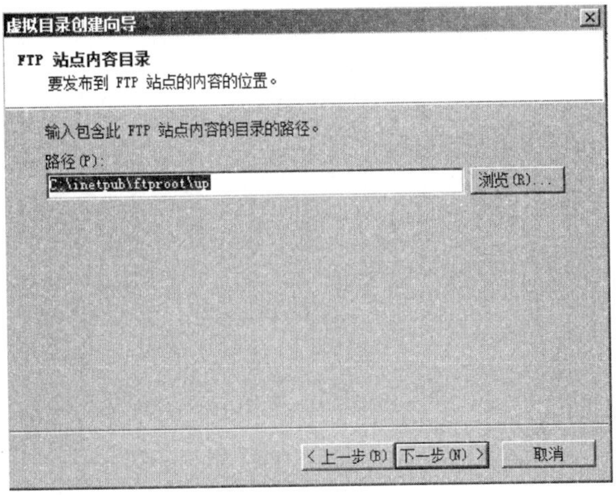

虚拟目录创建向导

FTP 站点内容目录

要发布到 FTP 站点的内容的位置。

输入包含此 FTP 站点内容的目录的路径。

路径(P):

C:\inetpub\ftproot\up　浏览(R)...

< 上一步(B)　下一步(N) >　取消

图 7-35　“FTP 站点内容目录”对话框

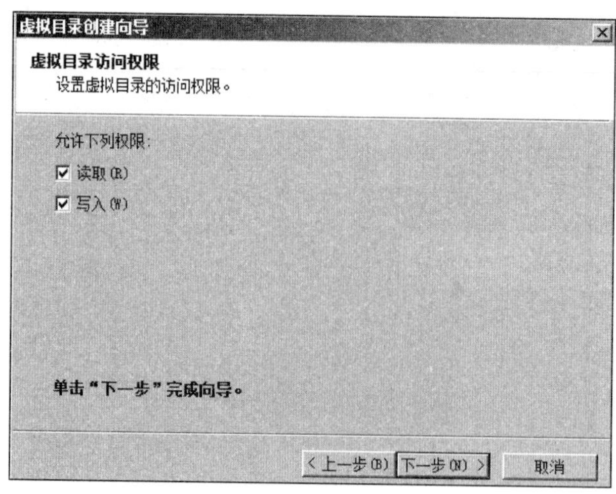

图 7-36 “虚拟目录访问权限”对话框

（5）单击“下一步”按钮，设置虚拟目录的各项参数后，单击“完成”按钮。在 IE 浏览器中连接到 FTP 站点，然后打开 up 目录，复制本地机的一个文件到该文件夹中，以完成上传操作，结果如图 7-37 所示。

图 7-37 访问 up 虚拟目录

（6）在“虚拟目录别名”对话框中，输入别名 down，如图 7-38 所示，在“FTP 站点内容目录”对话框中，输入下载文件的路径，如图 7-39 所示。

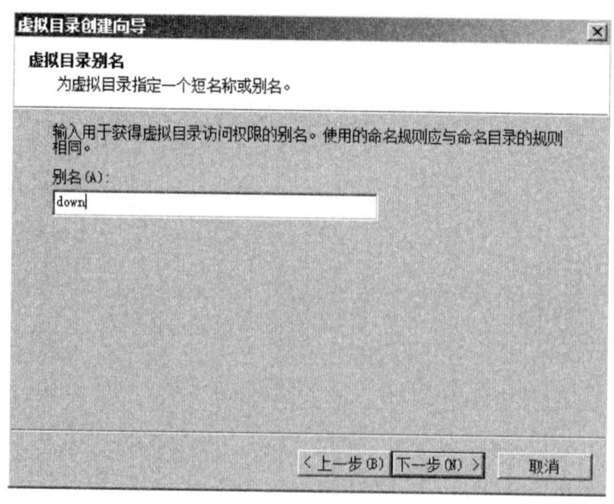

图 7-38 “虚拟目录别名”对话框

第7章

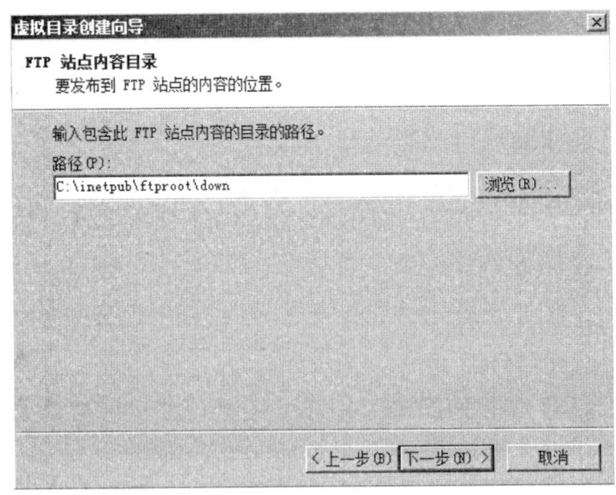

图 7-39　“FTP 站点内容目录”对话框

（7）在“虚拟目录访问权限”对话框中，勾选“读取”复选框，如图 7-40 所示。

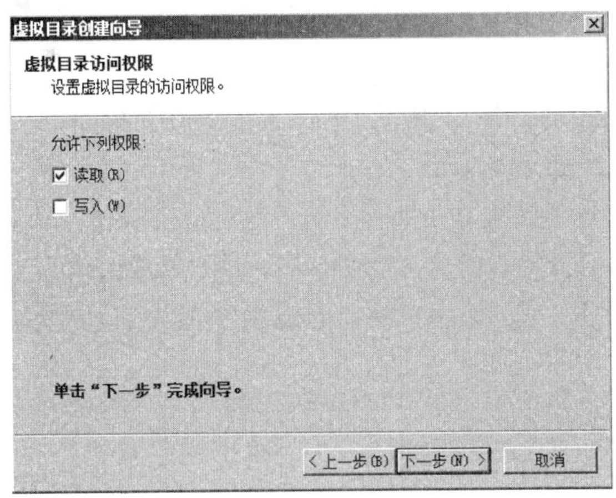

图 7-40　“虚拟目录访问权限”对话框

（8）单击“下一步”按钮，设置虚拟目录的各项参数后，单击“完成”按钮。在 IE 浏览器中连接到 FTP 站点，然后打开 down 目录，在其中的文件 index.htm 上右击，选择“目标另存为”命令，如图 7-41 所示，选择本地机位置保存该文件，以完成下载操作，结果如图 7-42 所示。

图 7-41　访问 down 虚拟目录

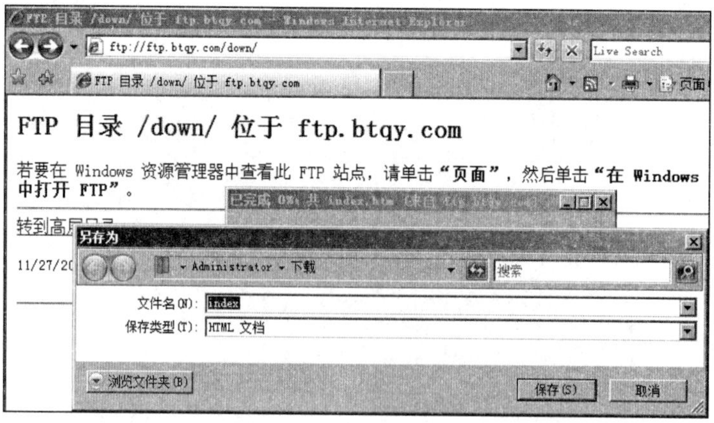

图 7-42 下载文件

7.5 习题

建立本学院 FTP 服务器，用来上传或下载文件，具体要求如下：

（1）FTP 站点地址：ftp.xxxy.com。

（2）IP 地址：本地机使用的 IP 地址。

（3）用户张三、李四只能访问自己的文件夹，用户初始密码为 123abc。

（4）只有网络实训室（或者某个机房）的机器可以访问该 FTP 服务器。

第 8 章 管理证书服务器

目前，我国几乎在各个省市都成立了 CA（Certification Authority，认证中心）。CA 的作用就是检查证书持有者身份的真实性，并用数学方法在数字证书上签字确认其合法性，以防止证书被伪造或篡改，起到一个通过权威的第三方身份认证的目的。而私钥是保存在自己服务器或个人计算机上的，任何 CA 是不可能得到此私钥的，所以任何 CA 都不可能窃取或解密服务器与浏览器之间的 SSL 传输加密数据。浏览器与服务器之间的加密传输过程也不经过 CA 的认证服务器，是用户端计算机与服务器直接的数据传输。

教学目标

- 掌握证书（CA）的基本知识
- 能够安装证书服务器
- 能够配置证书服务器
- 能够应用证书服务

8.1 证书概述

8.1.1 SSL 安全协议

SSL 安全协议，全称是安全套接字层（Secure Sockets Layer）协议，它指定了在应用程序协议（如 HTTP、Telnet、FTP）和 TCP/IP 之间提供数据安全性分层的机制，它是在传输通信协议（TCP/IP）上实现的一种安全协议，采用公开密钥技术，它为 TCP/IP 链接提供数据加密、服务器认证、消息完整性以及可选的客户机认证。

服务器部署 SSL 证书后，能确保服务器与浏览器之间的数据传输是加密传输的，是不能在数据传输过程中被篡改和被解密的。所以，所有要求用户在线填写机密信息（包括有关信用卡、储蓄卡、身份证，以及各种密码等重要信息）的网站都应该使用 SSL 证书来确保用户输入的信息不会被非法窃取，这不仅是对用户负责的做法，也是保护自己信息的有效手段。而用户也应该有这种意识，在线填写自己认为需要保密的信息时查看浏览器右下角是否出现一个锁样标志，如果没有，则表明正在输入的信息有可能在提交到服务器的网络传输过程中被非法窃取，因此建议用户拒绝在不显示安全锁的网站上提交任何自己认为需要保密的信息，这样才能确保自己的机密信息不会被泄露。

8.1.2 基于 Windows 的 CA

企业根 CA：它是证书层次结构中的最高级 CA，企业根 CA 需要 AD。企业根 CA 自行签发自己的 CA 证书，并使用组策略将该证书发布到域中的所有服务器和工作站的受信任的根证书颁发机构的存储区中，通常企业根 CA 不直接为用户和计算机证书提供资源，但是它是证书层次结构的基础。

企业从属 CA：企业从属 CA 必须从另一 CA（父 CA）获得它的 CA 证书，企业从属 CA 需要 AD，当希望使用 AD、证书模板和智能卡登录到运行 Windows XP 和 Windows 2003 的计算机时，应使用企业从属 CA。

独立根 CA：独立根 CA 是证书层次结构中的最高级 CA。独立根 CA 既可以是域的成员，也可以不是，因此它不需要 AD。但是，如果存在 AD 用于发布证书和证书吊销列表，则会使用 AD。由于独立根 CA 不需要 AD，因此可以很容易地将它从网络上断开并置于安全的区域，这在创建安全的离线根 CA 时非常有用。

独立从属 CA：独立从属 CA 必须从另一 CA（父 CA）获得它的 CA 证书，独立从属 CA 可以是域的成员，也可以不是，因此它不需要 AD，但是如果存在 AD 用于发布证书和证书吊销列表，则会使用 AD。

8.2 实现证书服务

8.2.1 安装证书服务器

安装步骤如下：

（1）在“服务器管理器”窗口中单击“添加角色”按钮，启动“添加角色向导”。

（2）单击“下一步”按钮，弹出如图 8-1 所示的对话框，勾选复选框“Active Directory 证书服务”。

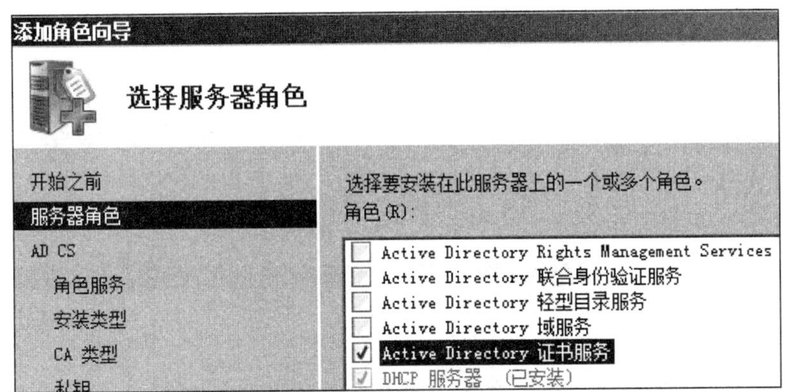

图 8-1 “Active Directory 证书服务”复选框

（3）单击“下一步”按钮，在“选择角色服务”对话框中勾选复选框“证书颁发机构”“证书颁发机构 Web 注册”，如图 8-2 所示。

图 8-2 “选择角色服务”对话框

（4）单击“下一步”按钮，分别弹出“指定安装类型”“指定 CA 类型”对话框，分别选择“独立”“根 CA”单选按钮，如图 8-3、图 8-4 所示。

（5）单击“下一步”按钮，分别弹出“设置私钥”对话框，选择“新建私钥”单选按钮，如图 8-5 所示；弹出“证书数据库设置”对话框，其中“证书数据库”和“证书数据库日志”使用默认位置即可，如图 8-6 所示。

图 8-3　“指定安装类型”对话框

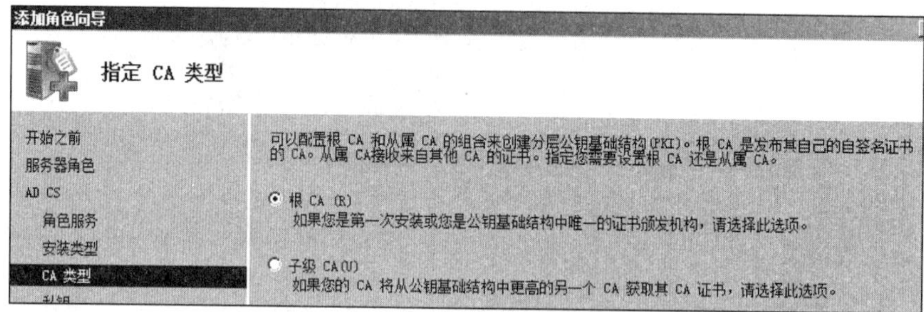

图 8-4　“指定 CA 类型”对话框

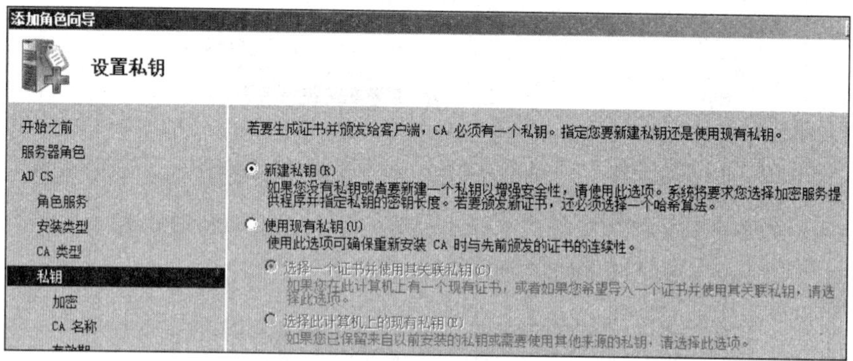

图 8-5　“设置私钥”对话框

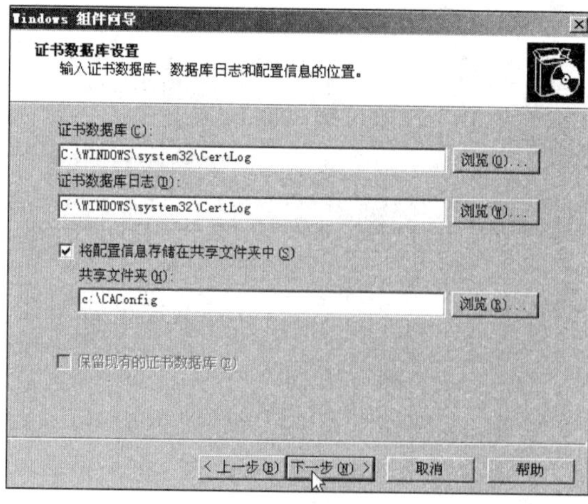

图 8-6　“证书数据库设置”对话框

（6）打开 C:\Windows\System32\CertLog 文件，如果与图 8-7 所示相同，就说明已经成功安装了证书服务器。

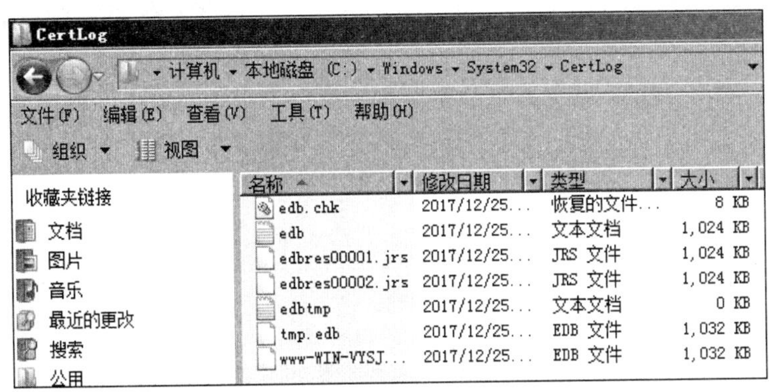

图 8-7 成功安装了证书服务器

8.2.2 为 Web 服务器申请和安装证书

支持 SSL 协议的 Web 服务器需要申请和安装自己的证书，以便在合适的时候将自己的公开密钥传递给浏览器。在 Web 服务器上配置 SSL 协议需要经过证书的申请、证书的下载、证书的安装和 Web 服务器的配置等过程。

1. 准备一个证书请求信息

（1）选择“开始”→“所有程序”→“管理工具”→“Internet 信息服务（IIS）管理器”命令，弹出如图 8-8 所示的控制台。证书服务器安装完成后，在默认网站下多了 CertSrv 选项。

（2）在“Internet 信息服务（IIS）管理器”控制台中单击名为 WIN-VYS J3LGL45B 的主机，在中间窗口选择“服务器证书”一项，如图 8-9 所示。

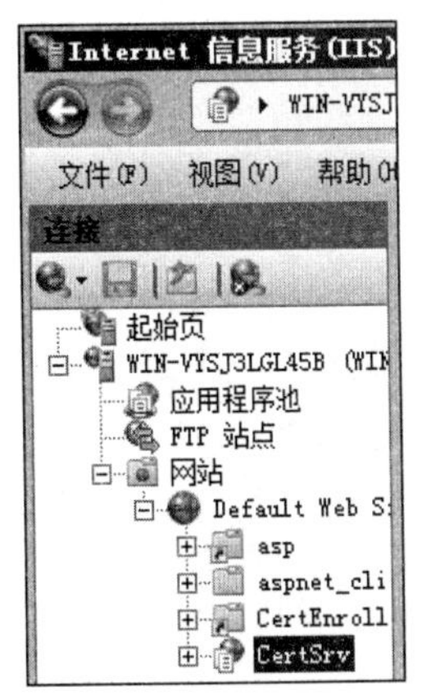

图 8-8 CertSrv 选项

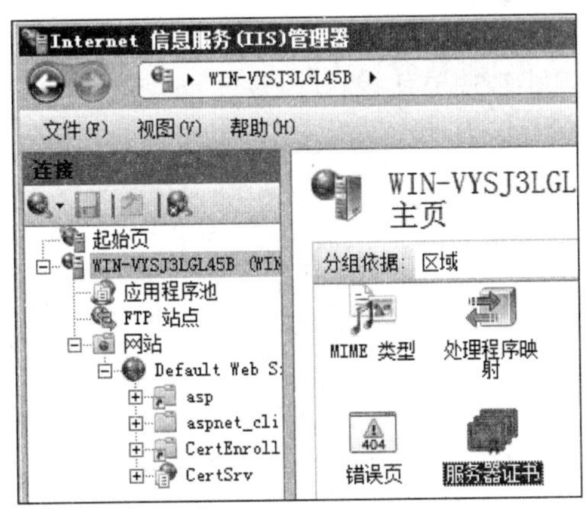

图 8-9 “Internet 信息服务（IIS）管理器”控制台

（3）单击“服务器证书”选项，右侧窗口出现“创建证书申请”命令，如图 8-10 所示。

（4）选择“创建证书申请”命令，弹出“可分辨名称属性”对话框，输入如图 8-11 所示的内容。

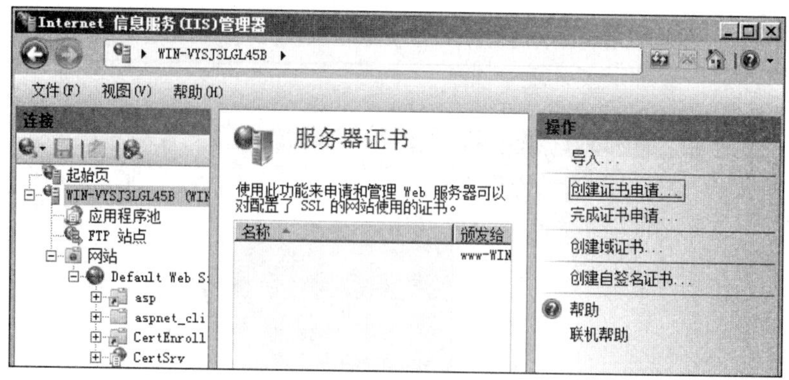

图 8-10　“创建证书申请”命令

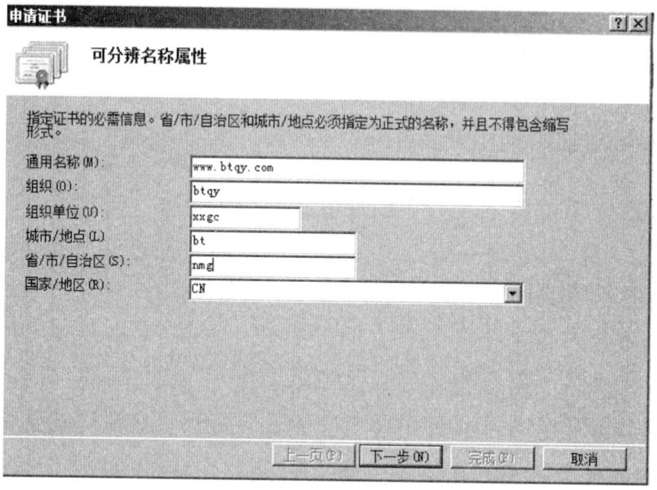

图 8-11　“可分辨名称属性”对话框

（5）单击“下一步”按钮，弹出如图 8-12 所示的“加密服务提供程序属性”对话框，在该对话框中按照默认设置即可。

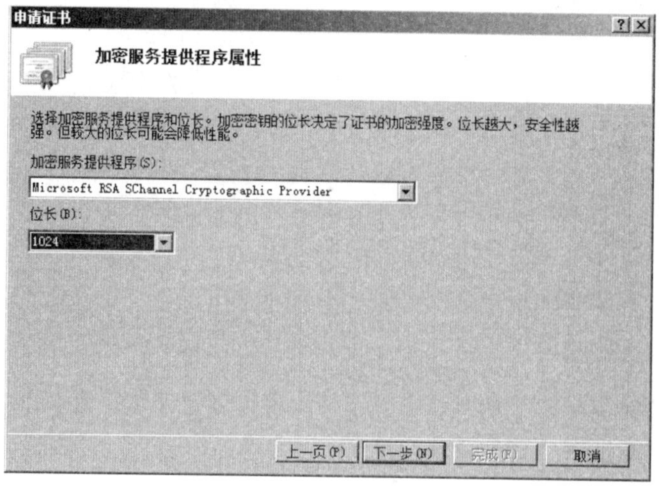

图 8-12　“加密服务提供程序属性”对话框

（6）单击“下一步”按钮，弹出“文件名”对话框，默认的证书文件名称是 certreq.txt，放在 C 盘根目录下，如图 8-13 所示。

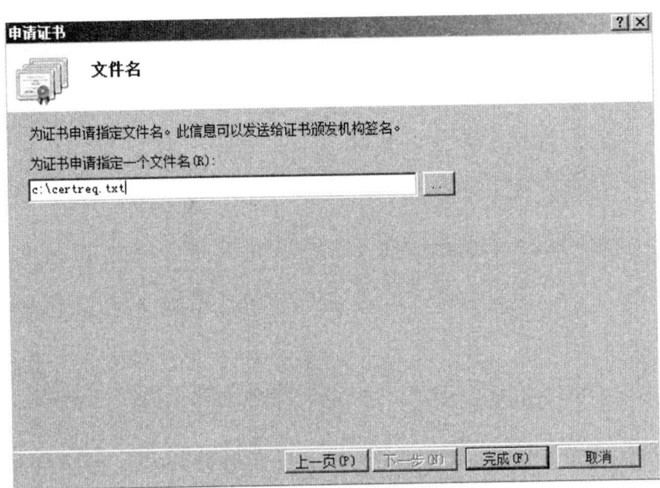

图 8-13　“文件名”对话框

（7）单击“完成”按钮，完成证书请求，同时生成证书请求文件 certreq.txt。

2. 提交证书申请

准备好证书请求信息之后，需要将该文件提交给证书颁发机构，以便管理机构为申请者签发和颁发证书。证书申请的提交工作通过浏览器完成。

具体步骤如下：

（1）启动 IE 浏览器，在地址栏中输入 http://172.16.50.88/certsrv/，弹出如图 8-14 所示的网页。

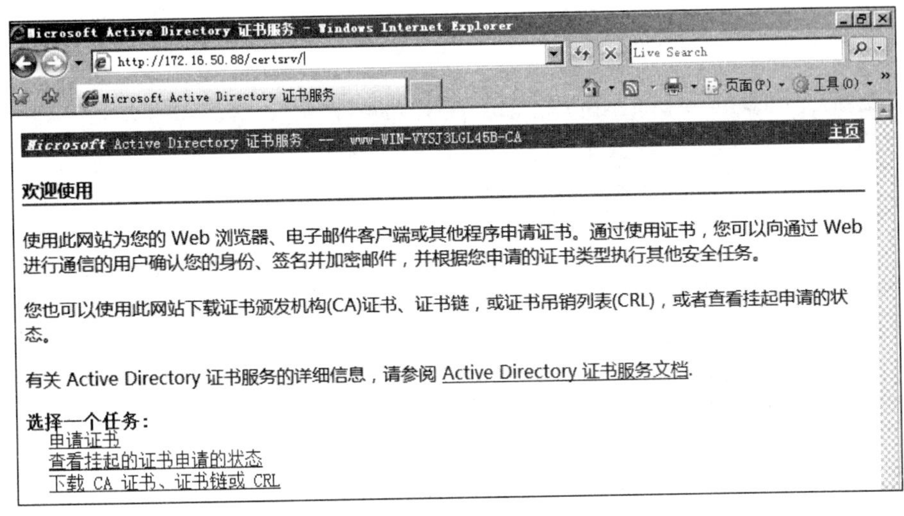

图 8-14　“申请证书”网页

（2）单击“申请证书”链接，弹出“高级证书申请”网页，如图 8-15 所示，此任务是为 Web 服务器申请证书。

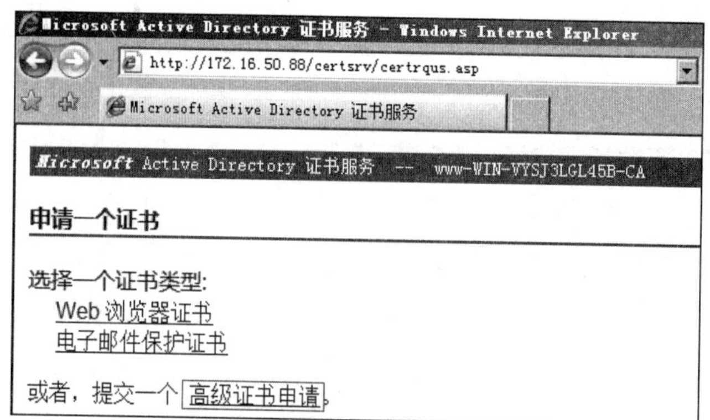

图 8-15　“高级证书申请”网页

（3）单击“高级证书申请”链接，弹出如图 8-16 所示的网页，由于已经形成了一个证书请求文件，因此单击“使用 base64 编码......”链接。使用记事本打开 C:\certreq 文件，将文件的内容复制到“保存的申请”文本框中，如图 8-17 所示，单击“提交”按钮，证书申请文件将被传送到安装有证书颁发机构的服务器 172.16.50.88 中。

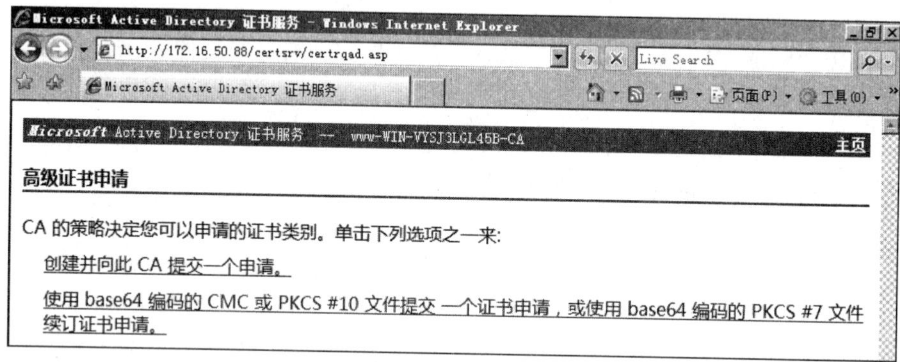

图 8-16　“使用 base64 编码......”链接

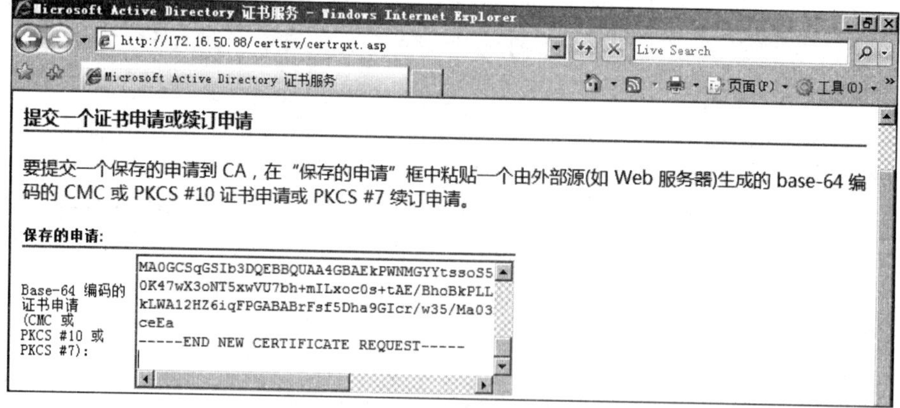

图 8-17　复制 certreq 文件内容

第8章

（4）证书申请提交之后，通常并不能立即得到需要的证书。证书管理机构在审查有关的资料后，才能为申请者颁发证书。

3. 为证书申请者颁发证书

（1）选择“开始”→“所有程序”→“管理工具”→Certification Authority 命令，如图 8-18 所示，弹出如图 8-19 所示的控制台。

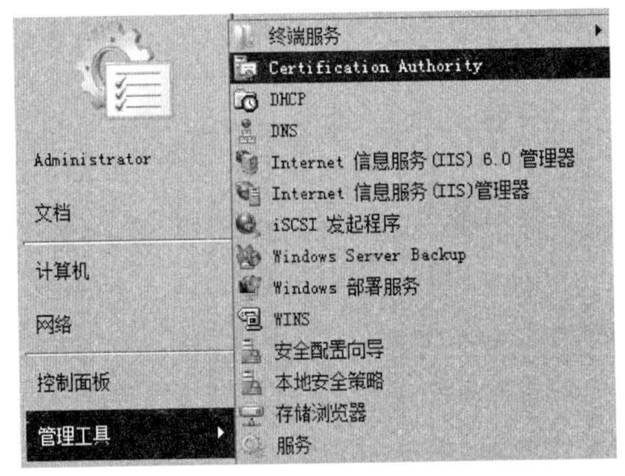

图 8-18 Certification Authority 命令

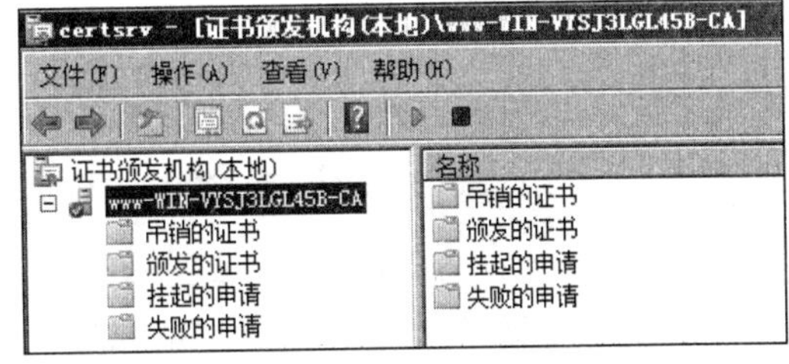

图 8-19 “证书颁发机构”控制台

（2）单击左侧窗口中的“挂起的申请”目录，右侧窗口列出所有未处理的证书申请信息，如图 8-20 所示。

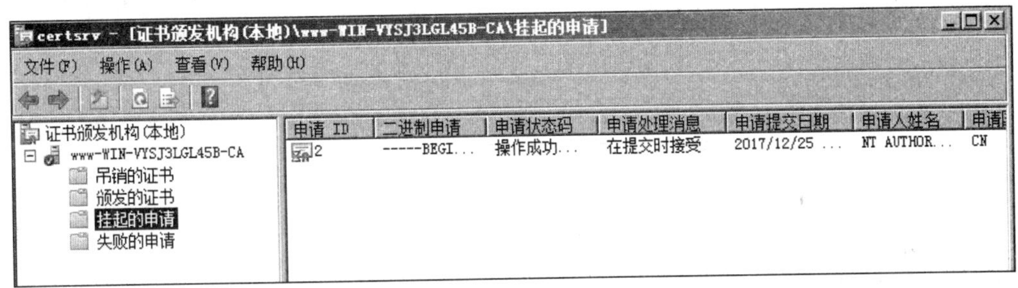

图 8-20 “挂起的申请”目录

（3）右击需要处理的证书申请，在弹出的快捷菜单中选择“颁发”命令，如图 8-21 所示，颁发证书会显示在“颁发的证书”目录中。

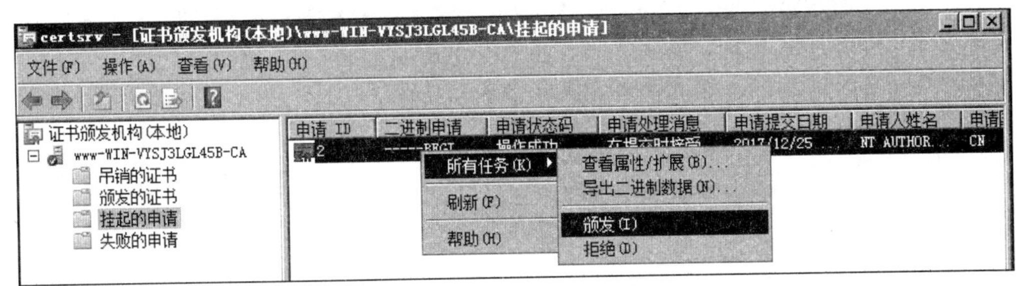

图 8-21 “颁发”命令

（4）单击左侧窗口中的“颁发的证书”目录，右侧窗口列出颁发的证书信息，如图 8-22 所示。

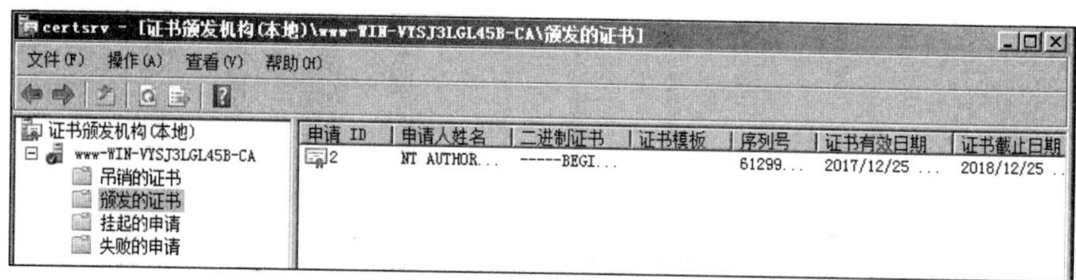

图 8-22　颁发的证书

4. 下载证书

（1）当证书颁发机构颁发证书后，证书申请者通过浏览器下载自己的证书。打开 IE 浏览器，在地址栏中输入 http://172.16.50.88/certsrv/，弹出在图 8-23 所示的网页。

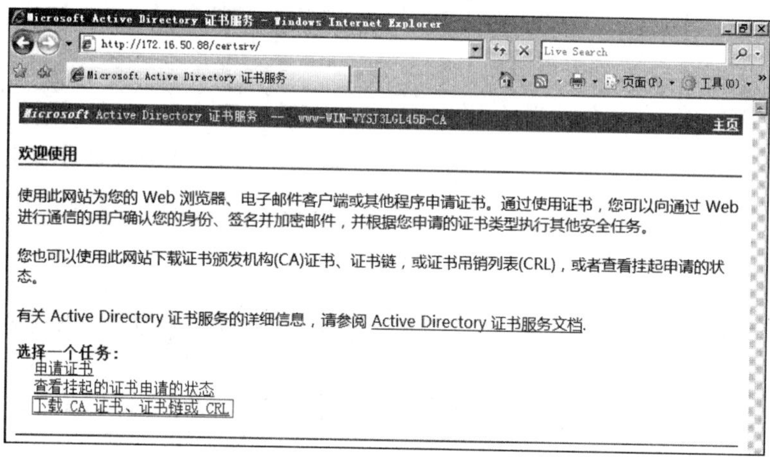

图 8-23　“选择一个任务”网页

（2）单击“下载 CA 证书、证书链或 CRL”链接，如图 8-24 所示，在打开的网页中单击“下载 CA 证书”链接。

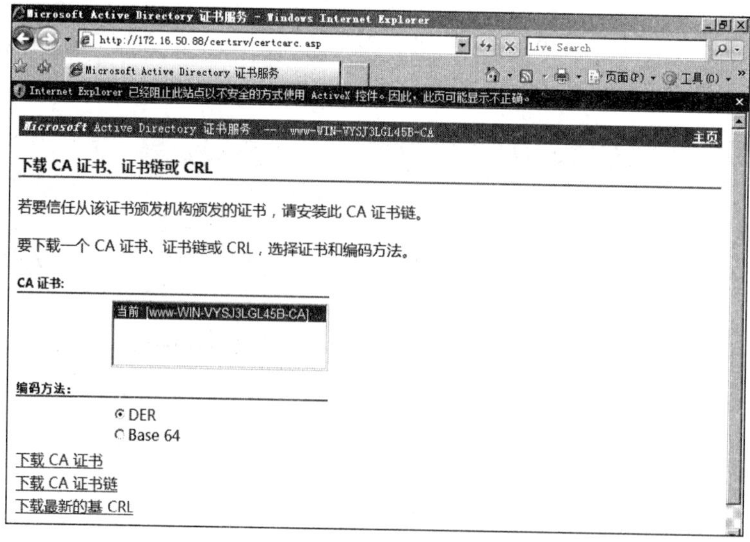

图 8-24　“下载 CA 证书”链接

（3）打开如图 8-25 所示的对话框，单击“保存”按钮，系统把颁发的证书存储在指定的文件中，系统默认的证书文件是 certnew.cer，保存在桌面上。

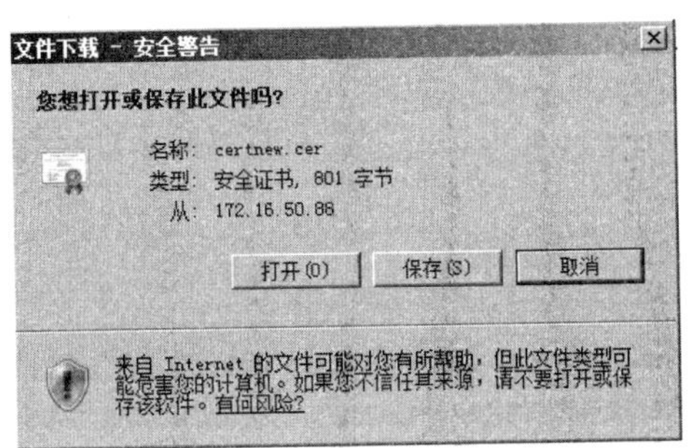

图 8-25　保存证书文件

5. 安装证书并配置 Web 服务器

得到了证书颁发机构颁发的证书后，就可以将它安装在 Web 服务器上，通过配置，Web 服务器就可以支持 SSL 通信。

（1）在“Internet 信息服务（IIS）管理器”中间窗口中单击“服务器证书”选项，在右侧窗口中选择“完成证书申请”命令，如图 8-26 所示，打开如图 8-27 所示的对话框，“包含证书颁发机构响应的文件名”列表框按默认设置，在“好记名称”文本框中输入“证书”，最后单击“确定”按钮。

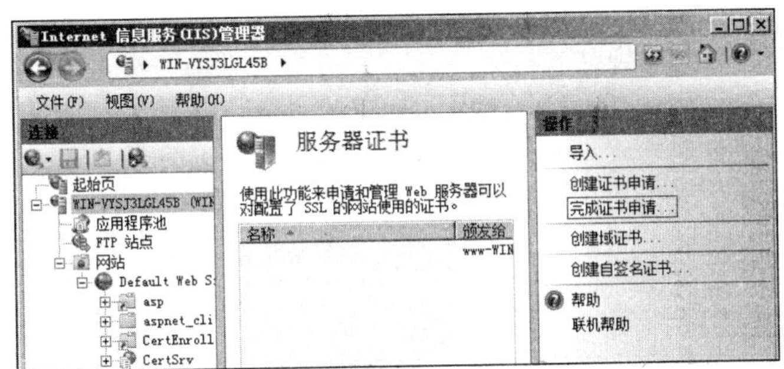

图 8-26　“完成证书申请”命令

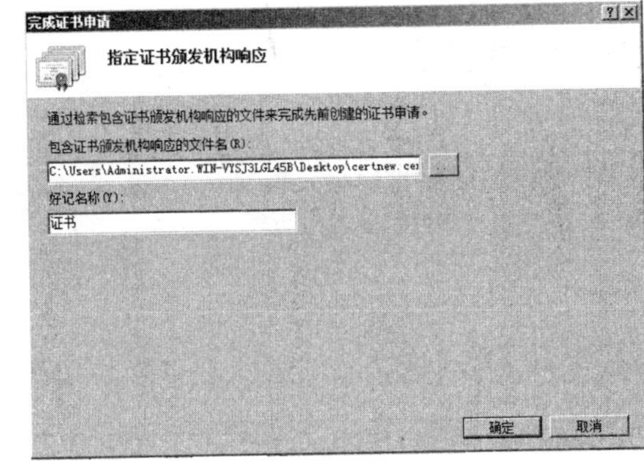

图 8-27　“指定证书颁发机构响应”对话框

（2）在“Internet 信息服务（IIS）管理器”左侧窗口中选择 Default Web Site 选项，在中间窗口单击“SSL 设置”选项，如图 8-28 所示。在右侧窗口中选择“绑定”命令，如图 8-29 所示。

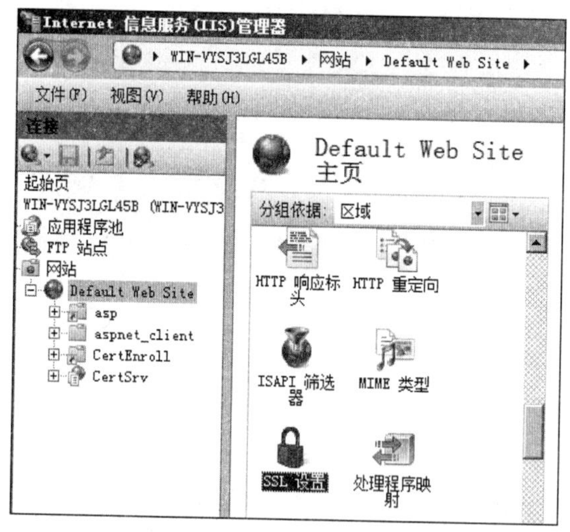

图 8-28 “SSL 设置”选项

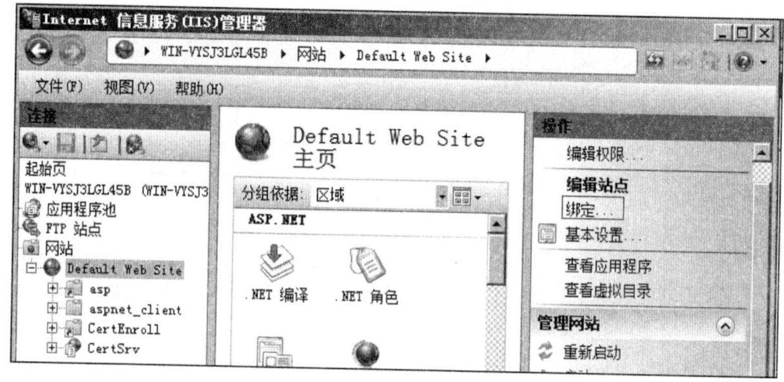

图 8-29 “绑定”命令

（3）弹出如图 8-30 所示的对话框，单击“添加”按钮，弹出“添加网站绑定”对话框，在“类型”列表中选择 https，在“IP 地址”列表中选择 172.16.50.88，在“SSL 证书”列表中选择已保存的名为“证书”的证书，如图 8-31 所示。

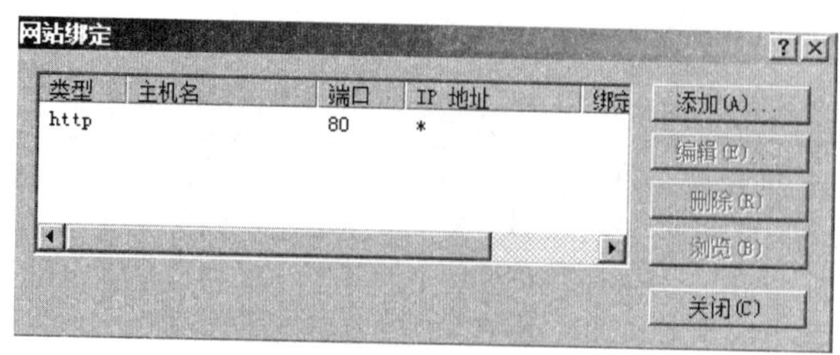

图 8-30 “网站绑定”对话框

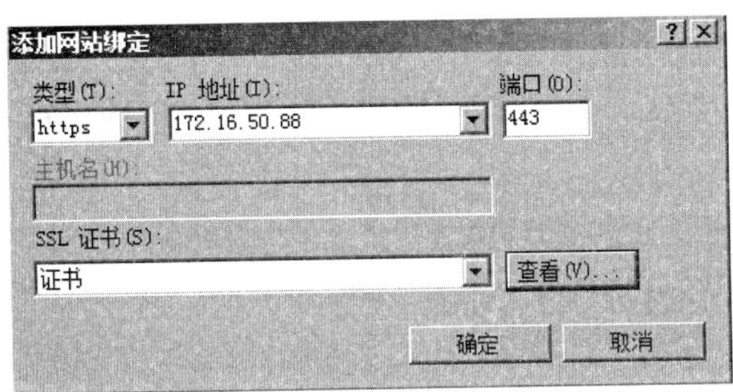

图 8-31　“添加网站绑定”对话框

（4）单击“确定”按钮，在如图 8-32 所示的中间窗口中勾选“要求 SSL”复选框，选择右侧窗口中的“应用”命令，Web 网站就能够支持 SSL 通信。

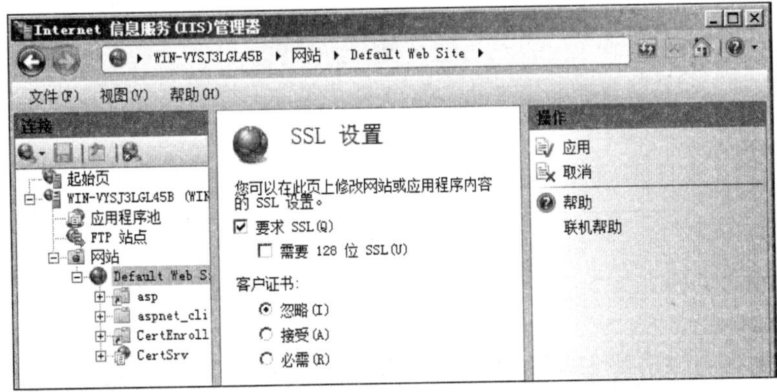

图 8-32　“SSL 设置”窗口

8.2.3　验证并访问安全的 Web 网站

（1）打开 IE 浏览器，在地址栏中输入该网站 IP 地址，如果显示如图 8-33 所示的页面，就说明网站已经启用安全通道，无法访问。

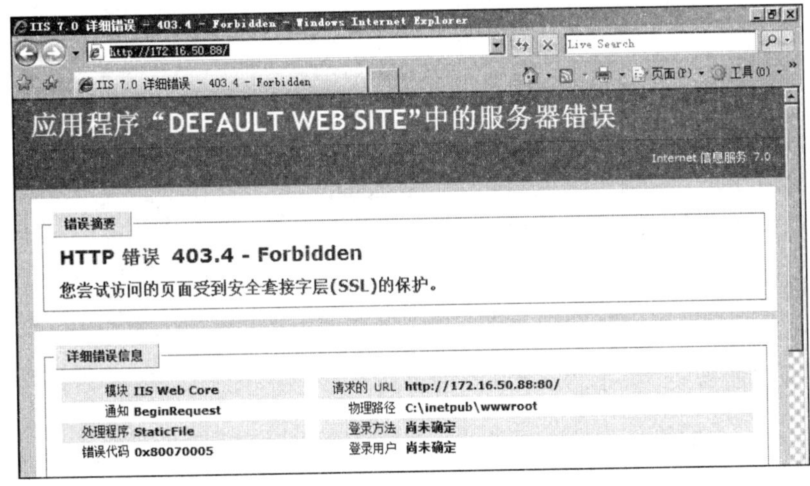

图 8-33　使用 http 协议不能正常访问网站

（2）将地址修改为“https://IP 地址”，如果显示如图 8-34 所示的网页，表示已成功访问公司网站。在浏览器与 Web 服务器建立连接后，该服务器将自动向浏览器发送网站证书并开始加密形式的数据输入。

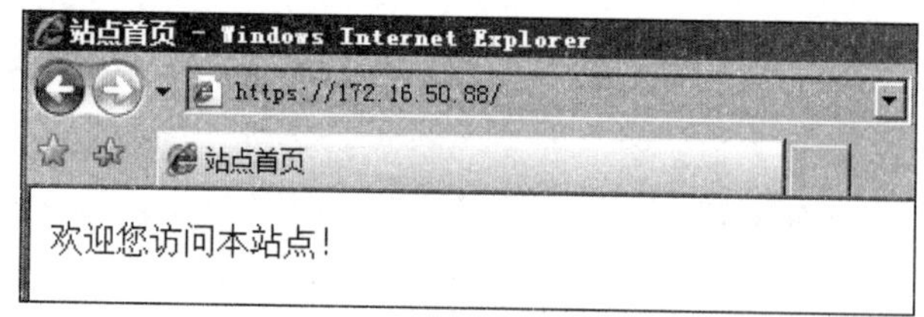

图 8-34　通过 SSL 使用 IP 地址访问网站

（3）将地址修改为“https://域名”，显示如图 8-35 所示的网页。

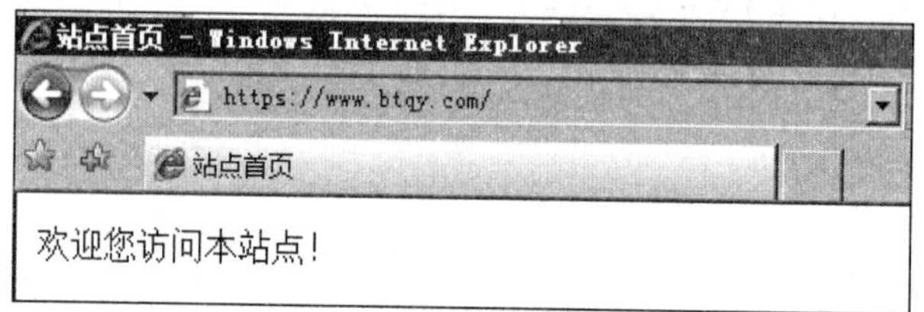

图 8-35　通过 SSL 使用域名访问网站

8.3 实验：通过证书验证并访问安全的 Web 网站

8.3.1 实验目的

- 掌握安装证书服务器的方法。
- 掌握申请和安装证书的方法。
- 学会在客户端验证证书服务器的方法。

8.3.2 实验内容

本实验的目的是安装证书即证书服务器，并为 Web 服务器申请和安装证书，最后验证并访问安全的 Web 网站。要求：公司的域名是 btqy.com，网站的 IP 地址是 172.16.50.88，能够使用 SSL 协议访问公司网站。

8.3.3 实验步骤

一、安装证书服务

安装步骤参考 8.2.1 小节内容，如果与本章中图 8-7 所示相同，就说明已经成功安装了证书服务器。

二、架设公司网站，使用域名访问

（1）编写公司的网站主页文件 index.htm，将其复制到 IIS 的默认网站主目录，C:\inetpub\wwwroot 中。

（2）在 IE 浏览器中使用 IP 地址 172.16.50.88 访问该默认网站，同时使用域名 www.btqy.com 访问该网站，结果分别如图 8-36、图 8-37 所示。

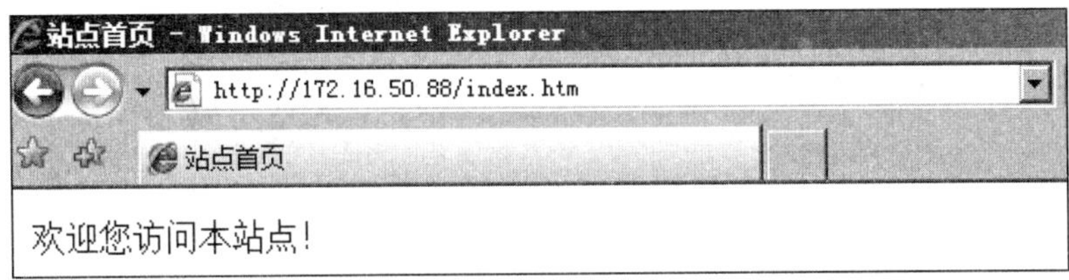

图 8-36 使用 IP 地址访问网站

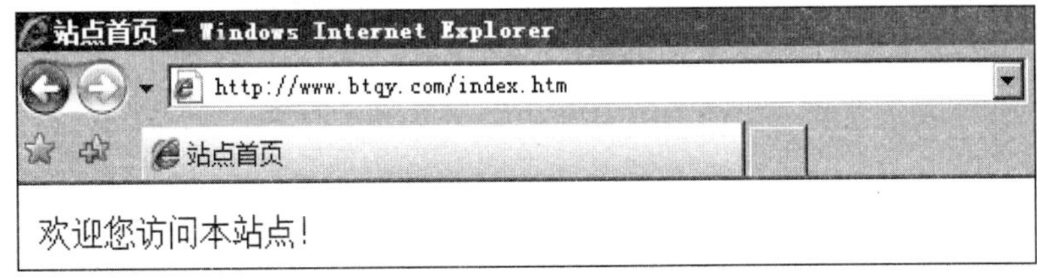

图 8-37 使用域名访问网站

三、为 Web 服务器申请和安装证书

1. 准备一个证书请求信息

安装步骤参考 8.2.2 小节内容，如果结果如图 8-13 所示，则成功生成证书申请信息。

2. 提交证书申请

操作步骤参加 8.2.2 小节内容，如果结果如图 8-17 所示，则成功提交证书申请。

3. 为证书申请者颁发证书

操作步骤参考 8.2.2 小节内容，如果结果如图 8-22 所示，则成功颁发证书。

4. 下载证书

操作步骤参考 8.2.2 小节内容，如果结果如图 8-25 所示，则成功下载证书。

5. 安装证书并配置 Web 服务器

操作步骤参考 8.2.2 小节内容，如果结果如图 8-32 所示，则成功安装证书并配置 Web 服务器。

四、验证并访问安全的 Web 网站

（1）打开 IE 浏览器，在地址栏中输入 http://www.btqy.com/index.htm，如果显示如图 8-38 所示的网页，就说明网站已经启用安全通道，无法访问。

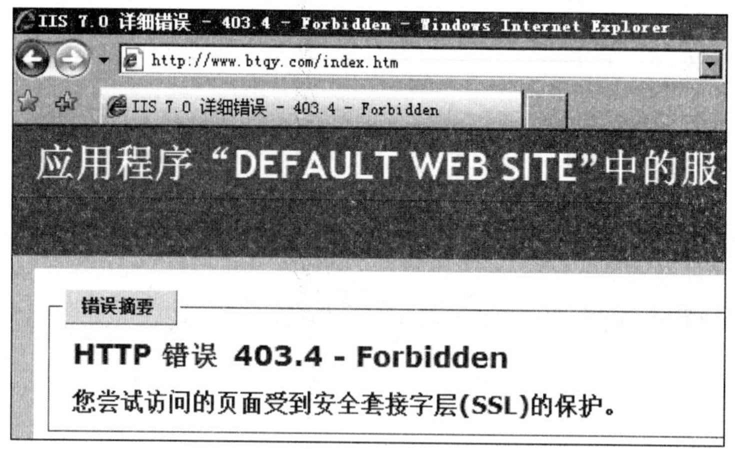

图 8-38　使用 http 协议不能正常访问网站

（2）将地址修改为 https://172.16.50.88，如果显示如图 8-34 所示的网页，表示已成功访问公司网站。在浏览器与 Web 服务器建立连接后，该服务器将自动向浏览器发送网站证书并开始加密形式的数据输入。

（3）将地址修改为 https://www.btqy.com，显示如图 8-35 所示的网页。

8.4　习题

1．配置 Web 服务器，使之在通信开始时索要和验证浏览器的证书。

2．使用未加载证书的浏览器验证 Web 服务器配置是否正确。

3．为浏览器申请和加载证书，检验浏览器和服务器能否正常通信。

第 9 章
管理邮件服务器

Windows Server 2008 操作系统能够提供完整的邮件服务，为中小企业的邮件服务提供了成本低廉、简单易行的解决方案。

教学目标

- 掌握邮件服务器的基本知识
- 能够掌握不同的安装邮件服务器的方法
- 能够配置邮件服务器
- 能够进行邮件的发送与接收

9.1 邮件服务概述

电子邮件已经成为一种非常流行的通信和联系方式，没有任何一种通信方式能够和它的速度、成本以及地域范围相比。所有的电子邮件系统主要由服务器端和客户端组成。

构成电子邮件系统的三个组件分别是邮件客户端程序、SMTP 服务和 POP3（或 IMAP4）服务。

9.1.1 电子邮件传输协议

SMTP（Simple Message Transfer Protocol，简单邮件传输协议）是 Internet 上使用最多的邮件传送协议。SMTP 服务在 Windows NT 时代就包括在 IIS 里。两个邮件服务器之间使用该协议传送邮件，邮件客户端使用该协议将邮件发送到发件服务器，SMTP 协议的标准 TCP 端号口为 25。

POP3（Post Office Protocol 3，邮局协议的第 3 个版本）规定怎样将个人计算机连接到 Internet 的邮件服务器和下载电子邮件的电子协议。它是 Internet 电子邮件的第一个离线协议标准，POP3 允许用户从服务器上把邮件存储到本地主机上，同时删除保存在邮件服务器上的邮件，而 POP3 服务器则是遵循 POP3 协议的接收邮件服务器，用来接收和存储电子邮件。POP3 协议的标准 TCP 端口号为 110。

9.1.2 IMAP4 协议

IMAP4（Internet Message Access Protocol 4，交互式数据消息访问协议的第 4 个版本）协议与 POP3 协议一样也是规定个人计算机如何访问网上的邮件服务器来进行收发邮件的协议，但是 IMAP4 协议同 POP3 协议相比更高级。IMAP4 支持协议客户端在线或者离开访问并阅读服务器上的邮件，还能交互式的操作服务器上的邮件。IMAP4 协议更人性化的地方是不需要像 POP3 协议那样把邮件下载到本地，用户可以通过客户端直接对服务器上的邮件进行操作，这里的操作是指：在线阅读邮件，在线查看邮件主题、大小、发件地址等信息。用户还可以在服务器上维护自己邮件目录，维护是指移动、新建、删除、重命名、共享、抓取文本等操作。IMAP4 协议弥补了 POP3 协议的很多缺陷，由 RFC3501 定义。本协议是用于客户端远程访问服务器上电子邮件的，它是邮件传输协议新的标准，IMAP 协议的标准 TCP 端口号为 143。

9.1.3 IMAP4 支持功能

1. 支持连接和断开两种操作模式

当使用 POP3 时，客户端只会连接在服务器上一段的时间，直到它下载完所有新信息，即断开连接。在 IMAP4 中，只要用户界面是活动的和下载信息内容是需要的，客户端就会一直连接在服务器上。对于有很多或者很大邮件的用户来说，使用 IMAP4 模式可以获得更快的响应时间。

2. 支持多个客户同时连接到一个邮箱

POP3 协议假定邮箱当前的连接是唯一的连接。相反，IMAP4 协议允许多个用户同时访问邮箱，同时提供一种机制让客户能够感知其他当前连接到这个邮箱的用户所做的操作。

3. 支持访问消息中的 MIME 部分和部分获取

几乎所有的 Internet 邮件都是以 MIME 格式传输的。MIME 允许消息包含一个树形结构，这个树形结构的叶子节点都是单一内容类型而非都是多块类型的组合。IMAP4 协议允许客户端获取任何独立的 MIME 部分和获取消息的一部分或者全部。这些机制使得用户无需下载附件就可以浏览消息内容或者在获取消息内容的同时浏览。

4. 支持在服务器保留消息状态信息

通过使用在 IMAP4 协议中定义的标识，客户端可以跟踪消息状态，例如邮件是否被读取、回复或者删除。这些标识存储在服务器，所以多个客户在不同时间访问一个邮箱可以感知其他用户所做的操作。

5. 支持在服务器上访问多个邮箱

IMAP4 客户端可以在服务器上创建、重命名或删除邮箱（通常以文件夹形式显现给用户）。支持多个邮箱还允许服务器提供对于共享和公共文件夹的访问。

6. 支持服务器端搜索

IMAP4 提供了一种机制，使客户可以要求服务器搜索符合多个标准的信息。在这种机制下客户端就无需下载邮箱中所有信息来完成这些搜索。

7. 支持一个定义良好的扩展机制

吸取早期 Internet 协议的经验，IMAP4 的扩展定义了一个明确的机制。很多对于原始协议的扩展已被提议并广泛使用。无论使用 POP3 还是 IMAP4 来获取消息，客户端都会使用 SMTP 协议来发送。即邮件客户可能是 POP3 客户端或者 IMAP4 客户端，但都会使用 SMTP。

9.1.4 IMAP4 工作原理

1. IMAP4 协议适用于 C/S 构架

IMAP4 协议对于提供邮件访问服务且使用广泛的 POP3 协议来说是另一种选择，基本上两者都是规定个人计算机如何连接到互联网上的邮件服务器来进行收发邮件。IMAP4 协议支持对服务器上的邮件进行扩展性操作，也支持 ASCII 码明文传输密码。

与 POP3 不同的是，IMAP4 支持离线和在线两种模式来传输数据：

（1）在离线模式中，客户端程序会不间断的连接服务器下载未阅读过的邮件到本地磁盘，当客户端需要接收或者发送邮件时才会与服务器建立连接，这就是离线访问模式。POP3 是以典型的离线模式工作。

（2）在在线模式中，一直都是由客户端程序来操作服务器上的邮件，不需要像离线模式那样把邮件下载到本地才能阅读（即使用户把邮件下载到本地，服务器上也会存一份副本，而不会像 POP3 协议那样把邮件删除）。用户可以通过客户端程序或者 Web 在线浏览邮件（IMAP4 提供的浏览功能可以让你在阅读完所有邮件到达时间、主题、发件人、大小等信息的同时，还可以享受选择性下载附件的服务）。一些 POP3 服务器也提供了在线功能，但是它们没有达到 IMAP4 的浏览功能的级别。

2. IMAP4 是分布式存储邮件方式

本地磁盘上的邮件状态和服务器上的邮件状态可能和以后再连接时不一样。此时，IMAP4 的分布式存储机制解决了这个问题。IMAP4 邮件的客户端软件能够记录用户在本地的操作，当他们连上网络后会把这些操作传送给服务器。当用户离线时服务器端发生的事件，服务器也会告诉客户端软件，比如有新邮件到达等，以保持服务器和客户端的同步。

3. IMAP4 协议处理线程都处于 4 种处理状态的其中一种

大部分的 IMAP4 命令都只会在某种处理状态下才有效。如果 IMAP4 客户端软件企图在不恰当的状态下发送命令，则服务器将返回协议错误的失败信息，如 BAD 或 NO 等。

- 非认证状态。

在这个状态下，客户端软件必须发出认证请求命令。在 IMAP4 连接建立时，服务器处理线程自动进入这个状态。

- 认证状态。

在认证状态下，客户端软件必须选择一个邮箱。这个状态在认证请求命令得到确认答复后进入，或在预认证连接建立后直接进入。

- 已选择状态。

这个状态表示 IMAP4 客户端软件已经选择了某一文件夹。在这个状态下可以发送所有检索邮件内容的命令。

- 离线状态。

在这个状态下，连接已经终止，服务器将关闭这个连接。客户端软件可以发出命令或由服务器强制进入这个状态。

不像大多数旧的 Internet 协议，IMAP4 生来支持加密注册机制。IMAP4 中也支持明文传输密码。因为加密机制的使用需要客户端和服务器双方的一致，明文密码的使用是在一些客户端和服务器类型不同的情况下（例如 Microsoft Windows 客户端和非 Windows 服务器）。使用 SSL 也可以对 IMAP4 的通信进行加密，通过将在 SSL 上的 IMAP4 通信通过 10103 端口传输或者在 IMAP4 线程建立的时候声明 STARTTLS。

在 Internet 上，邮件的发送和接收的基本流程如图 9-1 所示。

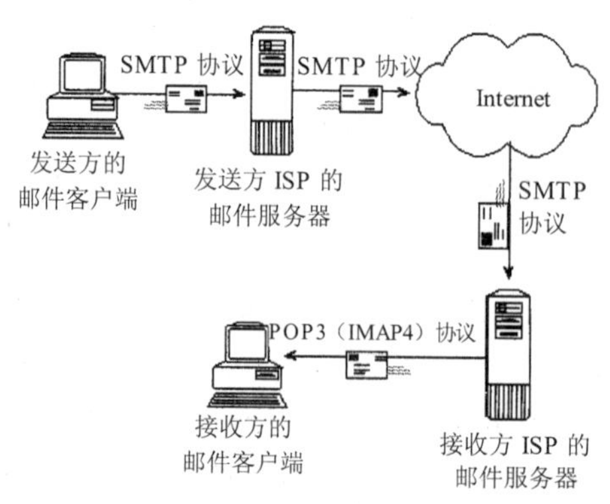

图 9-1　邮件投递过程示意图

（1）客户端通过 ISP 接入到 Internet 上，使用邮件客户端编写邮件，然后发送邮件。

（2）客户端将邮件发送到事先设定的 SMTP 服务器，SMTP 服务验证客户端的合法性。如果没有通过验证，将返回客户端一条发送失败的消息。

（3）如果通过验证，SMTP 服务器将邮件发送到接收者的 SMTP 服务器，或者是发送给下一台 SMTP 服务器，经过多个不同的 SMTP 服务器的中继之后，邮件被送到接收者的 SMTP 服务器。

（4）接收者的 POP3（或 IMAP4）服务检测此收件人的账户是否存在，然后投递到接收者的邮箱。

（5）当接收者通过自己的 ISP 上网时，他的邮件客户端程序依照 POP3（IMAP4）协议将邮箱中的邮件从邮件服务器接收到本地。

在一个小型局域网内部，邮件传递过程相对简单一些，客户端首先查询 DNS 服务器以获得邮件服务器的地址，然后将要发送的邮件投递到邮件服务器，邮件服务器的 SMTP 进程查询 DNS 服务器，获得外发邮件的域名和地址之间的对应关系，然后将邮件发出。同样收取邮件时，客户端首先获得邮件服务器的地址，通过认证后，就可以将邮件服服务器上自己的邮箱内的邮件下载到本地阅读，如图 9-2 所示。

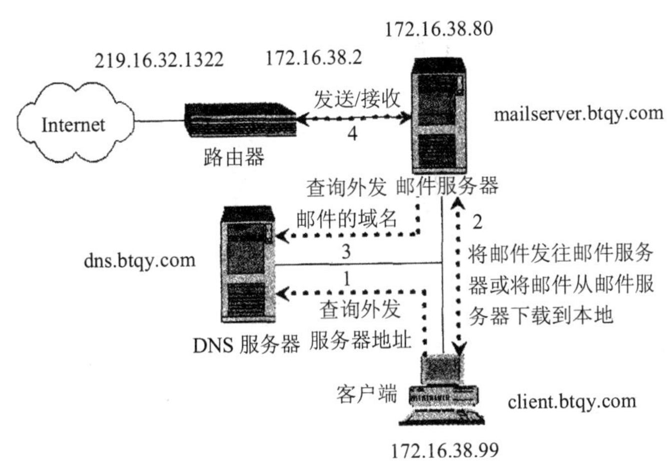

图 9-2　局域网内的邮件传递过程

从上述过程中，我们可以看到，要实现电子邮件服务，需要 DNS 服务器的支持，所以要在 DNS 服务器上做相应的配置。用户在使用时，一般 DNS 服务器和邮件服务器是两台物理上分开的计算机，因为我们只是做本地测试，所以在本地机上同时安装了 DNS 服务器和邮件服务器。

9.1.5　Exchange 服务器角色

1. 邮箱服务器角色

邮箱服务器角色在 Exchange 组织中处于核心位置，唯一目的就是承载邮箱和公用文件夹。安装该角色的服务器称为邮箱服务器。

2. 客户端访问服务器角色

客户端访问服务器角色提供访问邮箱的所有可用协议，相当于前端服务器。客户端与客户端访问服务器之间的通信协议可以是 HTTP、IMAP4、POP3 和 MAPI。

客户端访问服务器与邮箱服务器之间通过 RPC（远程过程调用）来完成通信。

必须在每个 Exchange 组织中，或者每个安装有邮箱服务器角色的 Active Directory 站点中安装客户端访问服务器角色。

3. 集线器传输服务器角色

所有 SMTP 服务都是由集线器传输服务器处理。集线器传输服务器不仅负责传送 Internet 与 Exchange 基础结构之间的邮件，而且负责传送 Exchange 服务器之间的邮件。

4. 边缘传输服务器角色

边缘传输服务器角色可以看成 SMTP 网关，处理所有面向 Internet 的邮件流。它运行一系列代理，以提供更多的邮件保护层和安全层。

5. 统一消息服务器角色

统一消息服务器角色将邮箱数据库、语音邮件和电子邮件合并到一个存储区中，用户可以使用电话或计算机访问邮箱中的所有邮件。统一消息服务与 Exchange 语音引擎服务紧密协作。

9.2 实现邮件服务

9.2.1 建立邮件交换器记录

当邮件服务器程序得到一封待发送的邮件时，它首先需要根据目标地址确定将邮件投递给哪一个服务器，这是通过 DNS 服务实现的，使用两个 DNS 资源记录解析电子邮件域，即 MX 记录和 A 记录。通过 MX 记录可以将电子邮件域与为该域提供服务的一个或多个邮件服务器的域名相关联，告知电子邮件系统将邮件传递到何处。MX 记录引用的每一个 SMTP 服务器必须有一个 A 记录。A 记录将指定的域名映射到其 IP 地址。可以在一个域中建立多个 MX 记录，分别设置不同的优先级，数值越小，优先级越高。所以，安装邮件服务器之前，必须先配置 DNS 服务器，为邮件服务器进行解析，具体步骤如下：

（1）选择“开始”→“所有程序”→“管理工具”→DNS 命令，打开 DNS 服务器管理工具，右击域名并在弹出的快捷菜单中选择“新建主机”命令，弹出如图 9-3 所示的“新建主机”对话框。输入名称、IP 地址，这样就在正向查找区域中创建了邮件服务器的 A 记录。

（2）右击域名 btqy.com 并在弹出的快捷菜单中选择“新建邮件交换器”的命令，弹出 9-4 所示的“新建资源记录”对话框。输入邮件服务器的完全合格的域名，再单击“确定”按钮，完成创建后如图 9-5 所示，使用本机作为邮件服务器。

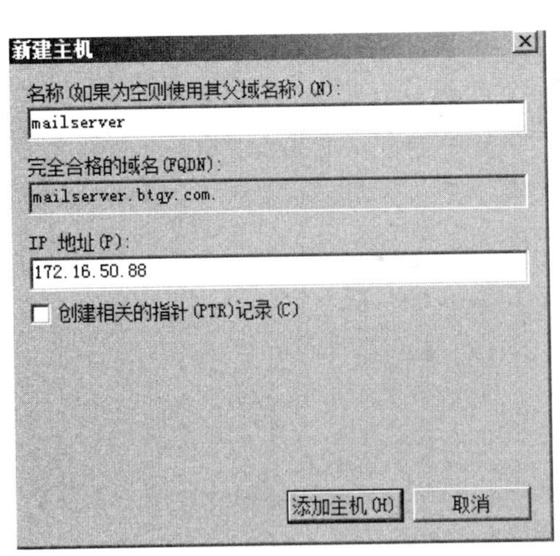

图 9-3 “新建主机”对话框

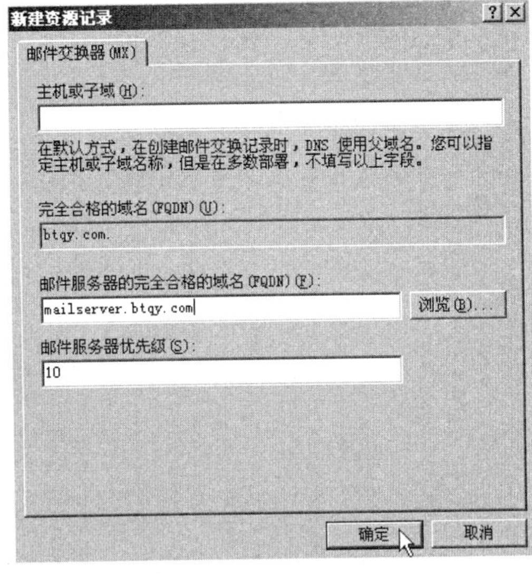

图 9-4 创建邮件交换器

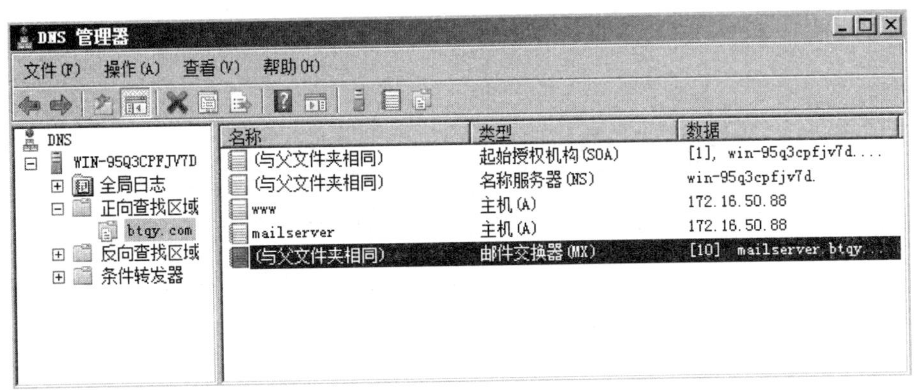

图 9-5 创建完成界面

9.2.2 安装邮件服务器

Windows Server 2008 邮件服务器必须借助微软的 Exchange Server 组件进行安装。Exchange Server 2007 技术是为自定义协作和邮件服务应用程序提供电子邮件、日程安排和工具的邮件平台。使用 Exchange 邮箱，无论在工作场所还是在移动设备上，都可以轻松创建和管理所有通信。

1. Exchange 服务器安装前准备

- 将 Windows Server 2008 升级到域。
- 安装.Net 框架 2.0 或 3.0（Microsoft.Net Framework）：用于 Windows 的托管代码编程模型。
- 安装 Windows PowerShell：一种命令行外壳程序和脚本环境，使命令行用户和脚本编写者可以利用.NET Framework 的强大功能。
- 安装管理控制台 MMC3.0。

- 安装 IIS：根据选择安装的角色不同会需要 IIS 中的不同组件。
- 安装客户端访问、集线器传输和邮箱服务器角色。

2. 安装 Exchange 服务器的步骤

（1）以域管理员身份登录到服务器运行 Exchange Server 2010 安装文件，打开如图 9-6 所示的对话框。

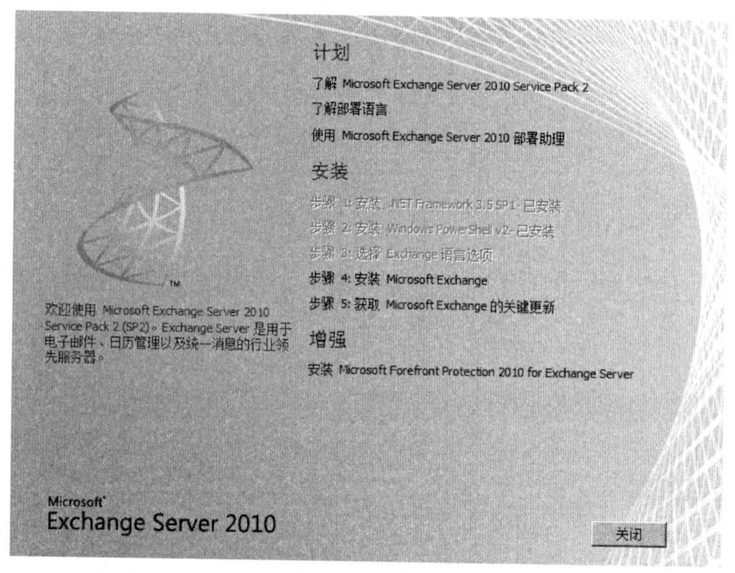

图 9-6　运行 Exchange Server 2010 安装文件

（2）单击“关闭”按钮，打开如图 9-7 所示的对话框，选择安装类型为“Exchange Server 典型安装”。

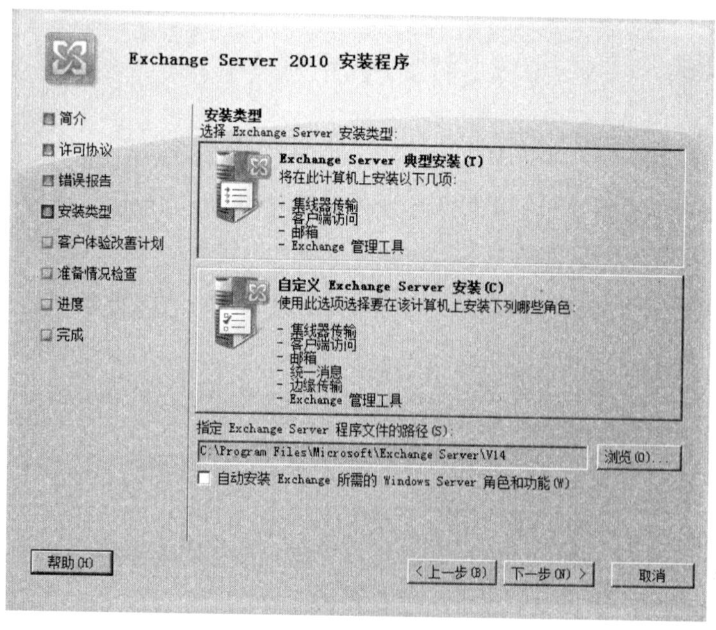

图 9-7　选择安装类型

第9章

（3）单击“下一步”按钮，打开如图 9-8 所示的对话框，设置“指定此 Exchange 组织的名称”为 ABC GROUP。

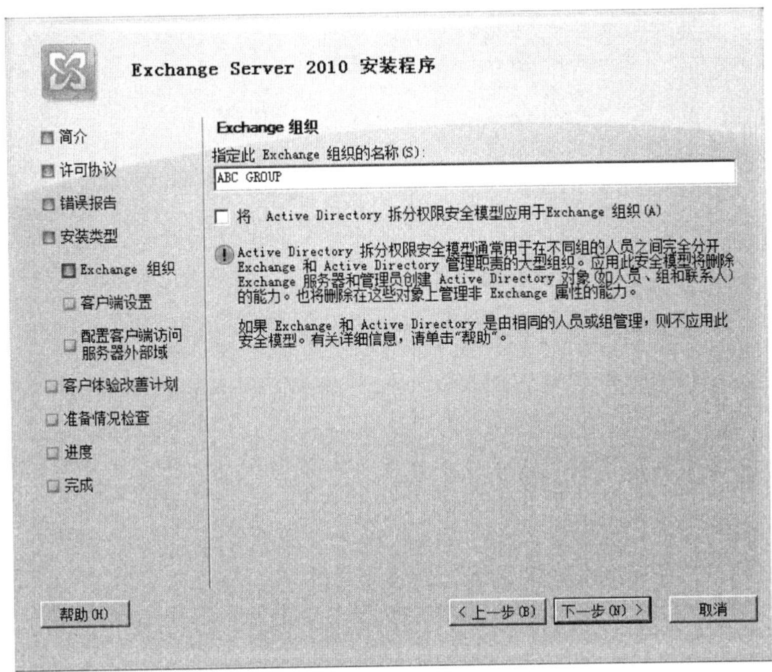

图 9-8　设置“指定此 Exchange 组织的名称”

（4）单击“下一步”按钮，打开如图 9-9 所示的对话框，配置客户端访问服务器外部域。

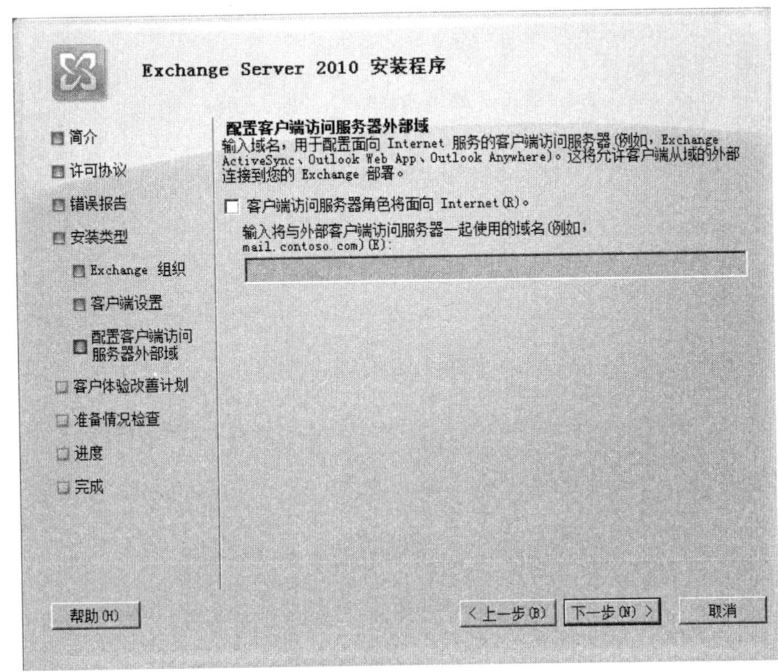

图 9-9　配置客户端访问服务器外部域

（5）单击“下一步”按钮，打开如图 9-10 所示的对话框，将对系统和服务器进行检查，以检验是否可以安装 Exchange Server 2010。

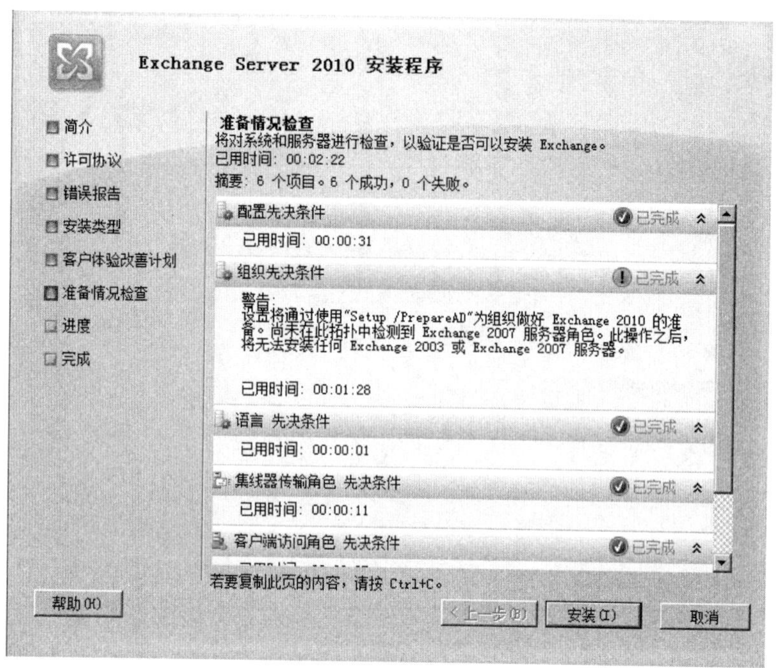

图 9-10　准备情况检查

（6）单击“安装”按钮，经过几分钟后，完成 Exchange Server 2010 的安装，如图 9-11 所示。

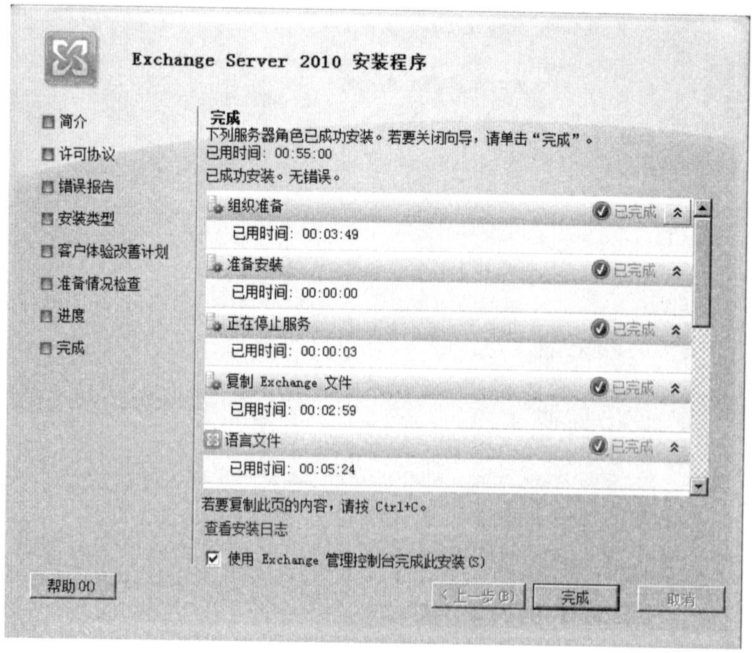

图 9-11　完成 Exchange Server 2010 的安装

9.2.3 Exchange 管理控制台

Exchange 管理控制台界面结构一般包括 4 个窗格，分别是控制台树、结果窗格、工作窗格、操作窗格，如图 9-12 所示。

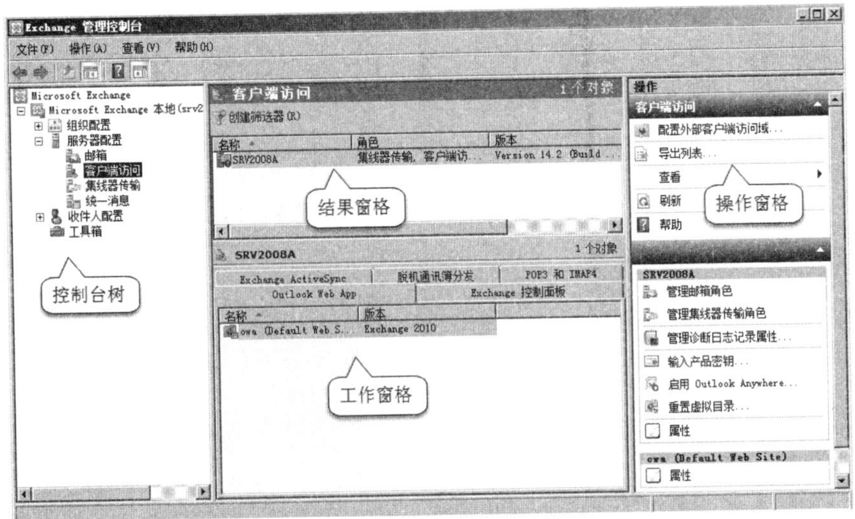

图 9-12 Exchange 管理控制台

9.2.4 Exchange 命令行管理程序

Exchange 命令行管理程序基于 Windows PowerShell 提供的功能强大的命令行界面，实现管理任务的自动化。

借助命令行管理程序，可以全面管理 Exchange，不但可执行 Exchange 管理控制台可执行的各项任务，还可执行控制台中无法执行的任务，如图 9-13 所示。

```
计算机: SRV2008A.abc.com

        欢迎使用 Exchange 命令行管理程序!

cmdlet 的完整列表: Get-Command
仅 Exchange cmdlet: Get-ExCommand
与特定字符串匹配的 cmdlet: Help *<string>*
获取常规帮助: Help
获取有关 cmdlet 的帮助: Help <cmdlet name> or <cmdlet name> -?
显示快速参考指南: QuickRef
Exchange 团队博客: Get-ExBlog
显示命令的完整输出: <command> | Format-List

第 #58 天的提示:

是否想知道特定 Active Directory 用户对哪些邮箱拥有权限? 请键入:

 $Mailboxes = Get-Mailbox -ResultSize Unlimited
 $Mailboxes | Get-MailboxPermission -User <Active Directory User> | Format-Table Identity, AccessRights, Deny

警告: 此命令将枚举组织中的所有邮箱。如果有许多邮箱, 则可能需要指定特定的邮箱。

详细信息: 正在连接到 SRV2008A.abc.com
详细信息: 已连接到 SRV2008A.abc.com。
[PS] C:\Windows\system32>
```

图 9-13 Exchange 命令行管理程序

9.2.5 配置 Exchange 证书

1. Exchange 证书概述

很多 Exchange 服务都需要证书的支持，需要在 Exchange 服务器上申请证书，并为证书分配相应的服务。配置证书是部署 Exchange 服务器的一项基础性工作。可以向第三方商业 CA 申请证书，也可自建证书颁发机构来发放证书。

Exchange Server 2010 需要使用多域名的服务器身份证书，以满足不同的客户端访问需求。实际应用中，内外网域名往往不一致，那就需要配置含有不同域名的多域名证书。

2. 创建 Exchange 证书申请文件

具体步骤如下：

（1）启动 Exchange 管理控制台，如图 9-14 所示，选择“新建 Exchange 证书”命令。

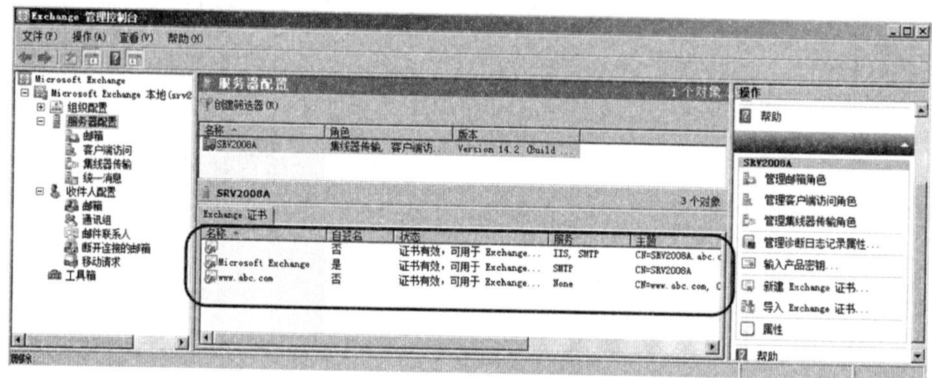

图 9-14　Exchange 管理控制台

（2）打开如图 9-15 所示的对话框，进行 Exchange 配置。

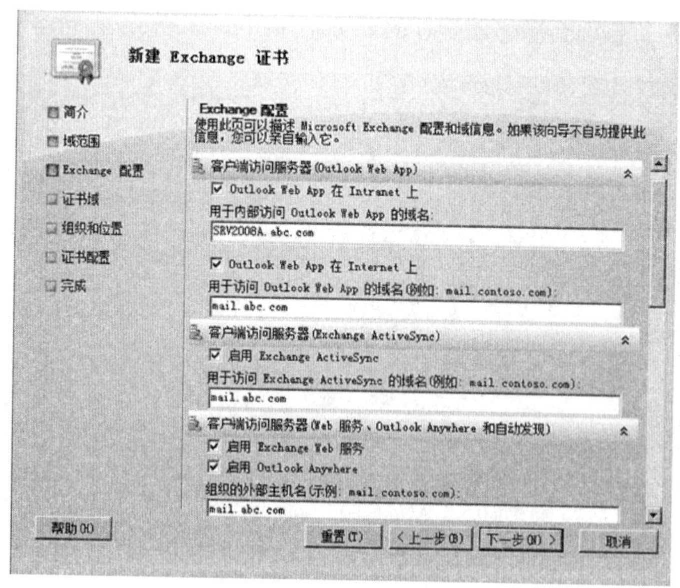

图 9-15　Exchange 配置

（3）单击“下一步”按钮，打开如图 9-16 所示的对话框，设置证书域。

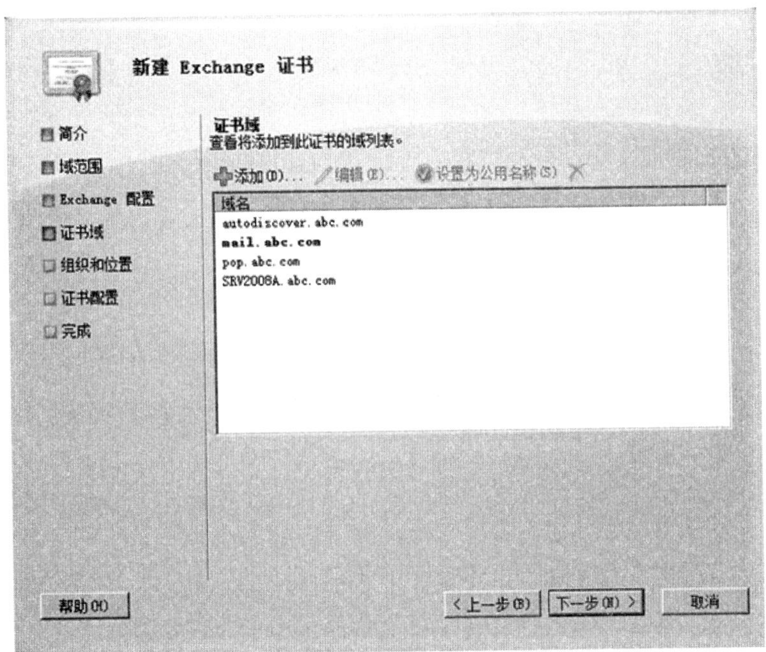

图 9-16　设置证书域

（4）单击“下一步”按钮，打开如图 9-17 所示的对话框，设置证书组织和位置。

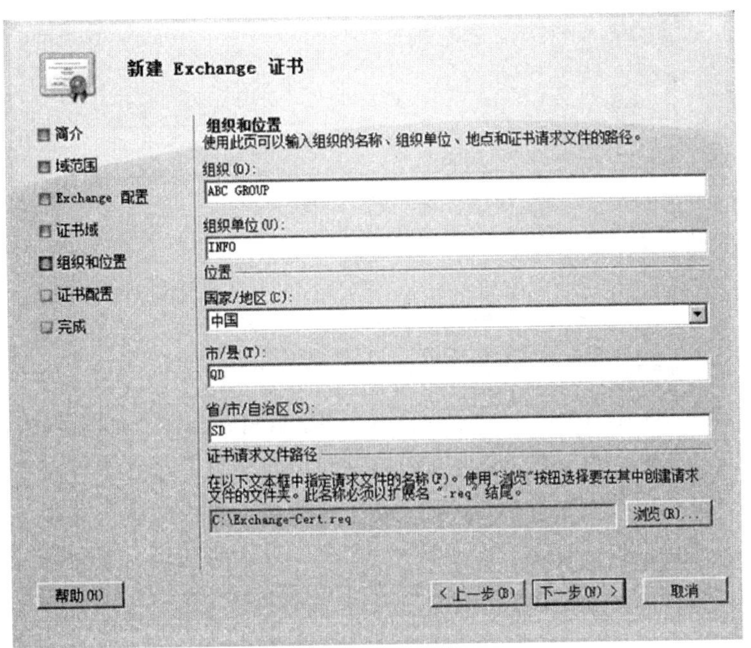

图 9-17　设置组织和位置

（5）单击“下一步”按钮，打开如图 9-18 所示的对话框，证书申请文件创建完成。

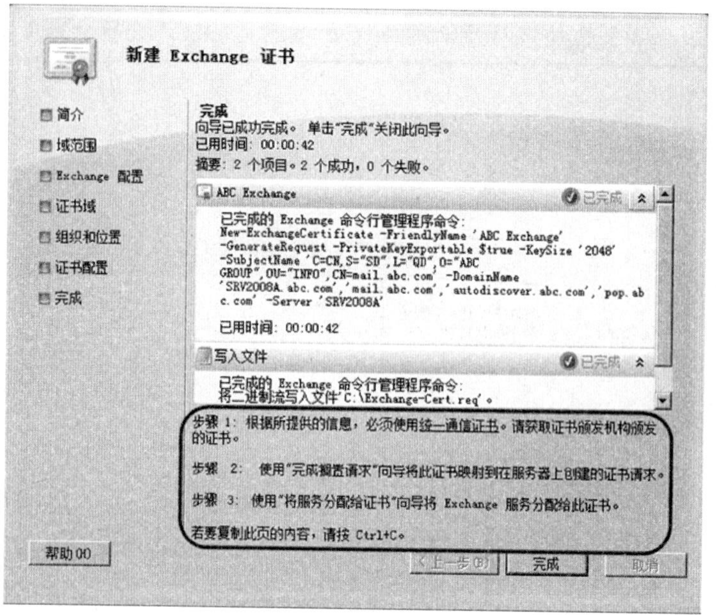

图 9-18　创建完成

（6）申请 Exchange 证书。

- 需要将申请文件发送给证书颁发机构，以申请证书。
- 通过浏览器访问自建 CA 所提供的 Web 注册服务来完成证书的注册，如图 9-19 所示。

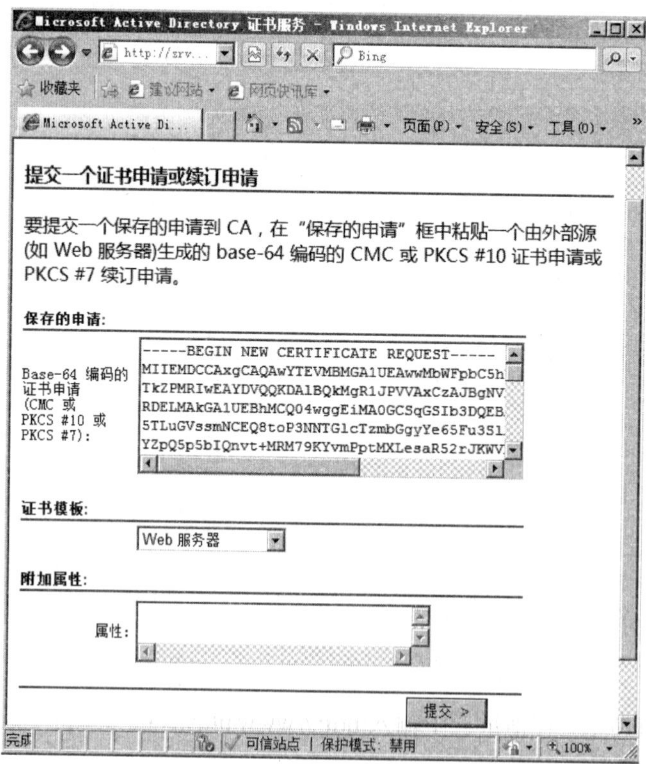

图 9-19　提交一个证书申请或续订申请

（7）单击“提交”按钮，执行“下载证书”命令，如图 9-20 所示。

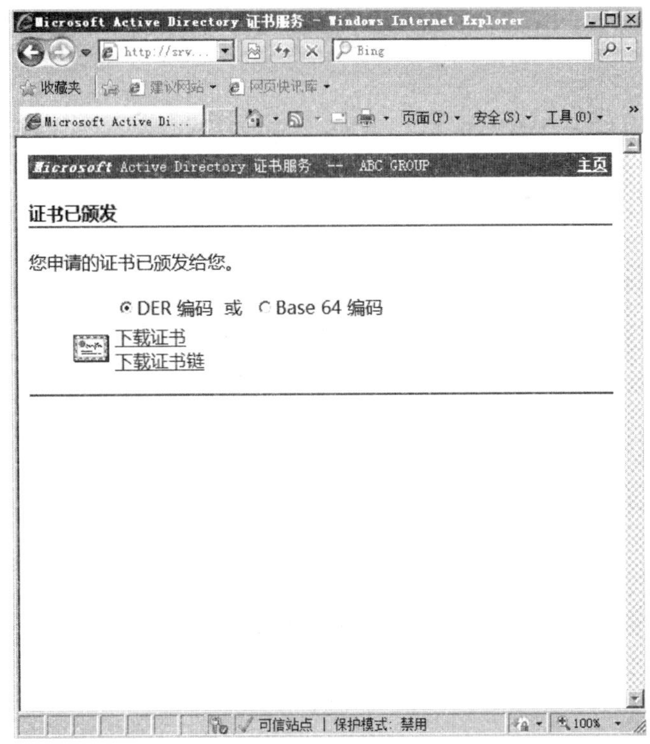

图 9-20 下载证书

（8）将所获得的证书文件导入到 Exchange 服务器，选择“完成搁置请求”命令，如图 9-21 所示，结果如图 9-22 所示。

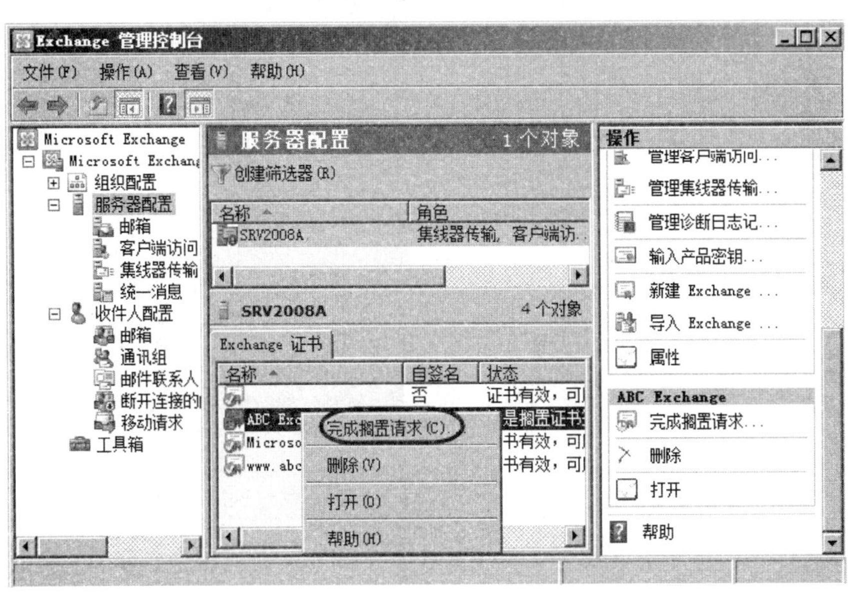

图 9-21 “完成搁置请求”命令

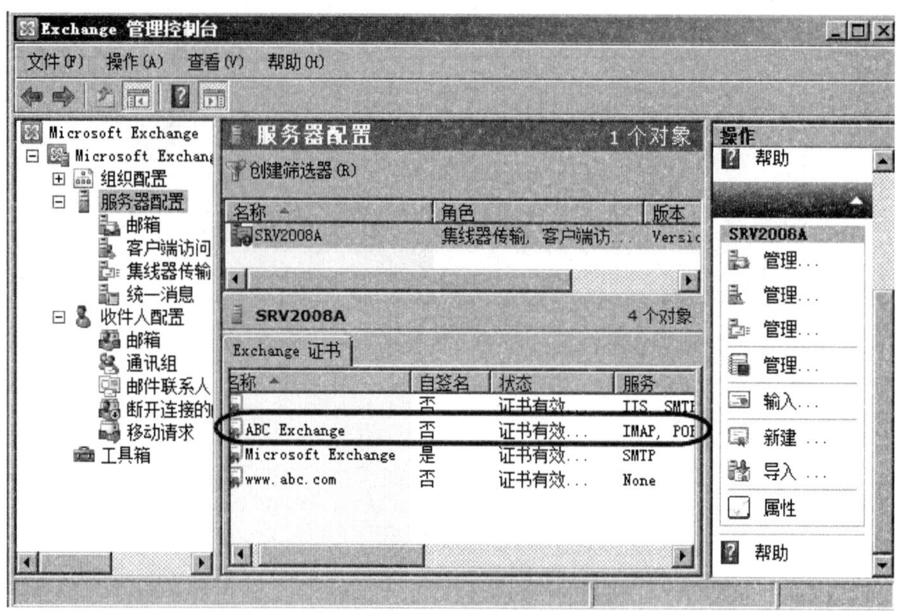

图 9-22 “完成搁置请求”结果

（10）安装的 Exchange 证书必须与各种 Exchange 服务关联起来，才能发挥作用，所以需要为证书分配相应的服务。通常证书会用于 Web、SMTP、POP3 或 IMAP4 等服务。

打开“将服务分配给证书”窗口，如图 9-23 所示。

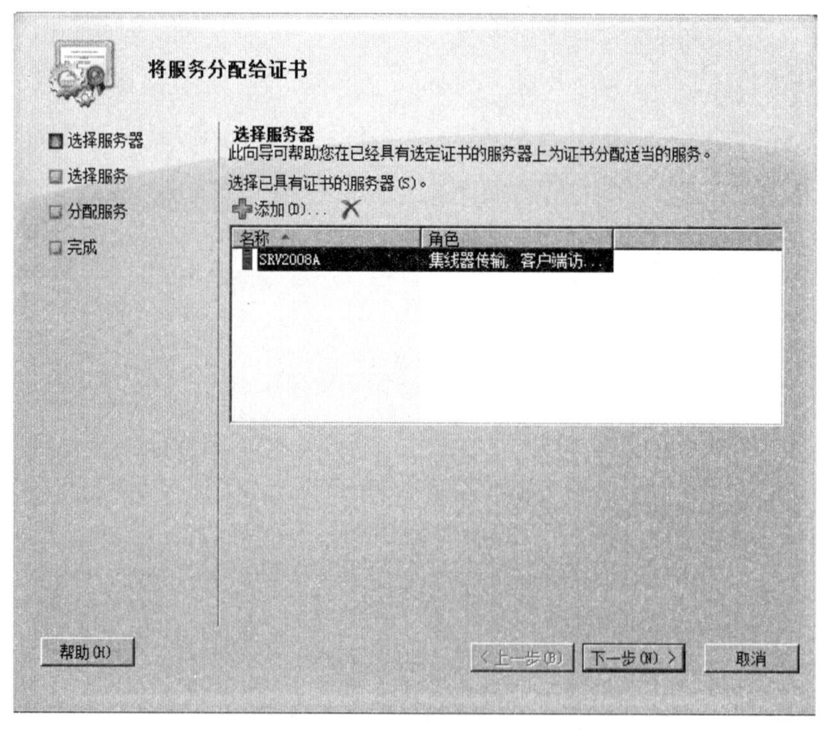

图 9-23 “将服务分配给证书”窗口

（10）单击“下一步”按钮，打开如图 9-24 所示的窗口，选择服务。

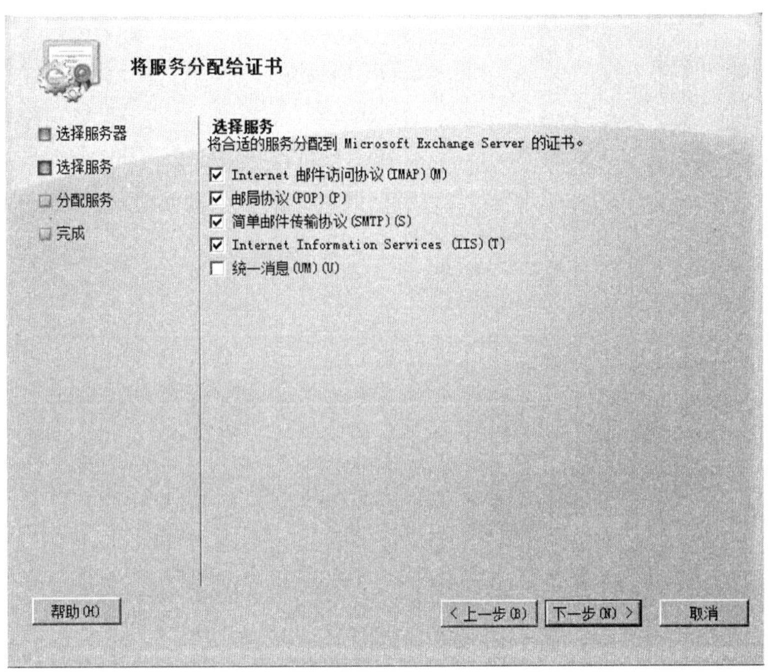

图 9-24　选择服务

（11）单击“下一步”按钮，打开如图 9-25 所示的窗口，开始分配服务。

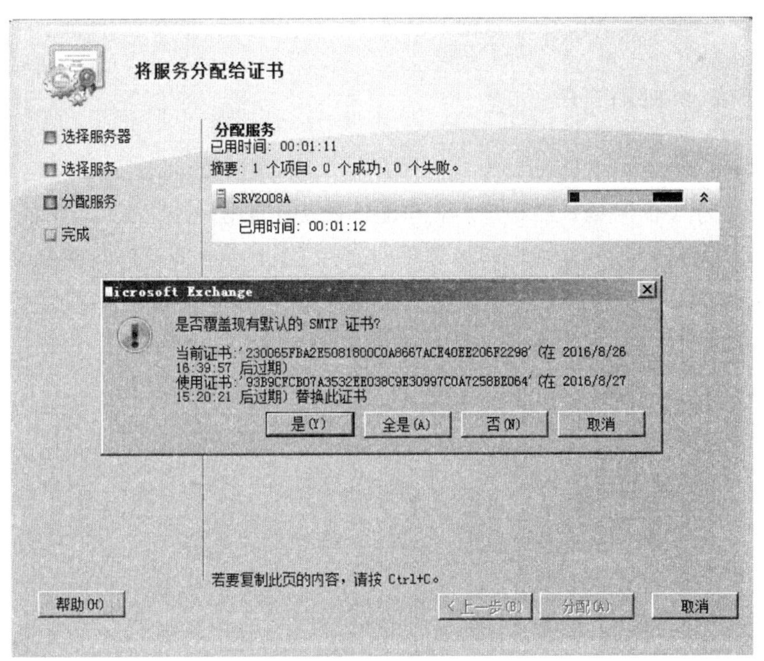

图 9-25　分配服务

（12）单击“是”按钮，打开如图 9-26 所示的窗口，完成分配服务。

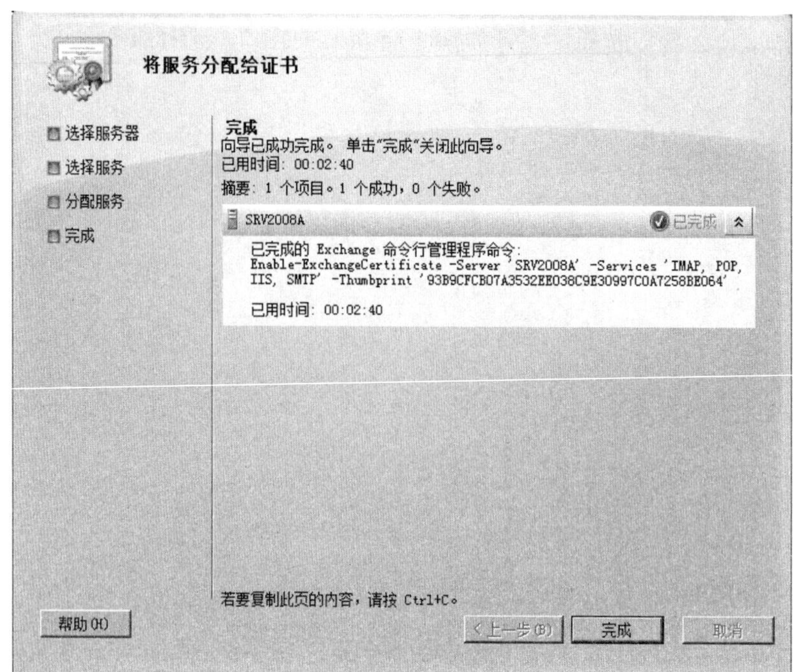

图 9-26　完成分配服务

9.3 配置与管理 Exchange 邮箱

9.3.1 Exchange 邮箱简介

每个邮箱都与一个 Active Directory 用户账户相关联，由 Active Directory 用户账户和存储在 Exchange 邮箱数据库中的邮箱数据组成。邮箱数据库包含与用户账户关联的邮箱中的实际数据。

为新用户或现有用户创建邮箱时，将邮箱所需的 Exchange 属性添加到 Active Directory 中的用户对象上，直到邮箱收到邮件或用户登录邮箱，才会创建关联的邮箱数据。

9.3.2 Exchange 邮箱类型

- 用户邮箱。
- 会议室邮箱。
- 设备邮箱。
- 链接邮箱。

9.3.3 创建与管理 Exchange 邮箱

具体步骤如下：

（1）打开“新建邮箱”向导，如图 9-27 所示，选择邮箱类型。

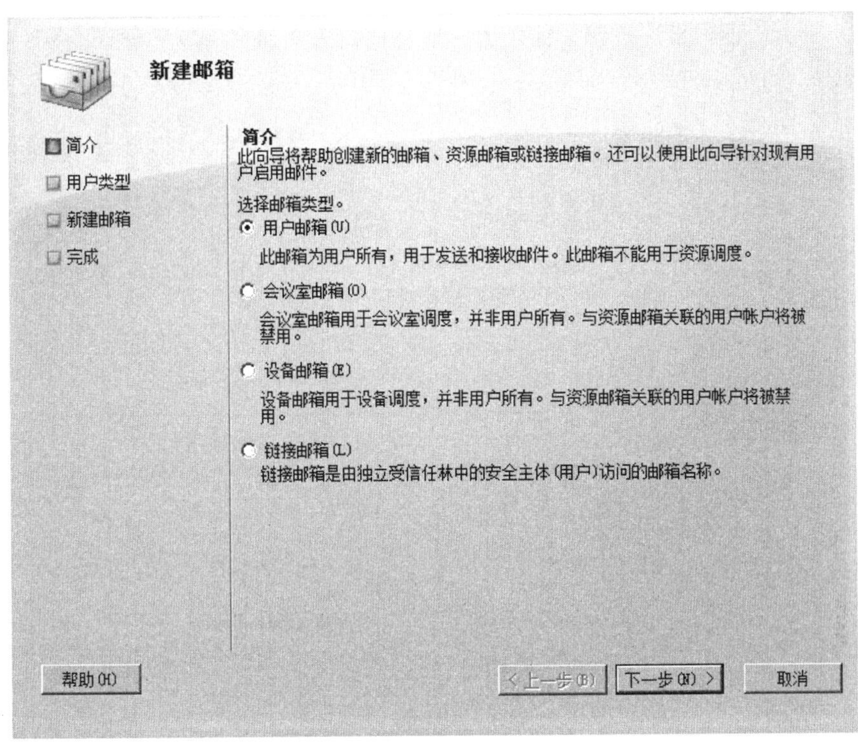

图 9-27　选择邮箱类型

（2）单击“下一步”按钮，选择用户类型，如图 9-28 所示。

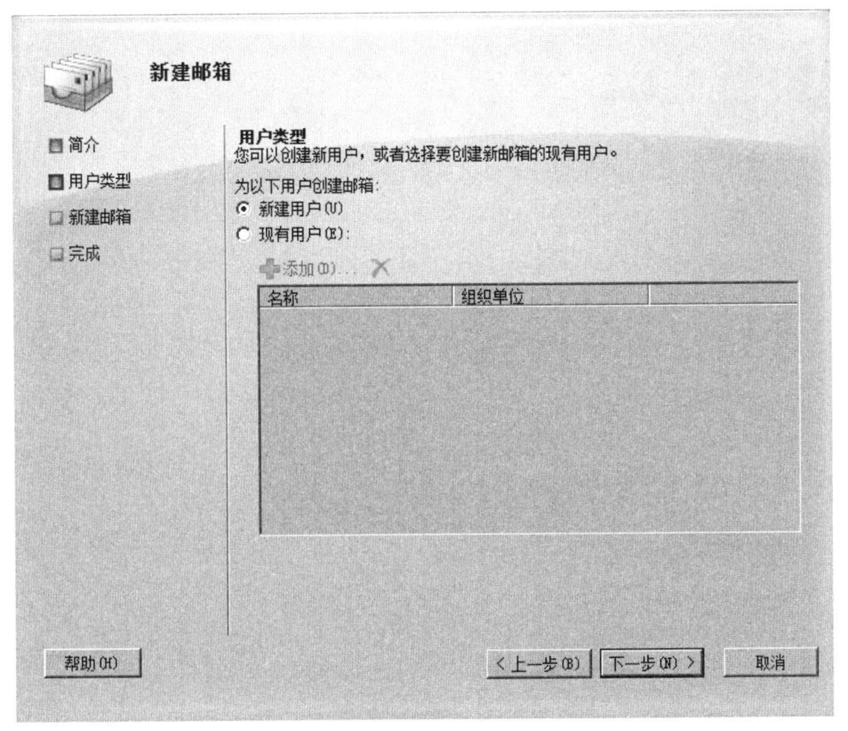

图 9-28　选择用户类型

（3）单击“下一步”按钮，输入用户信息，如图 9-29 所示。

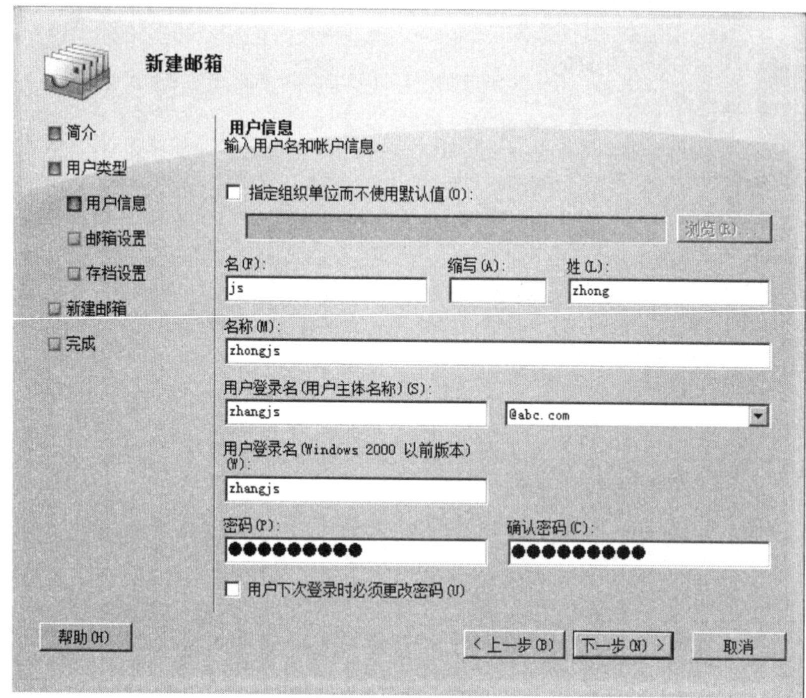

图 9-29　输入用户信息

（4）单击“下一步”按钮，配置邮箱设置，如图 9-30 所示。

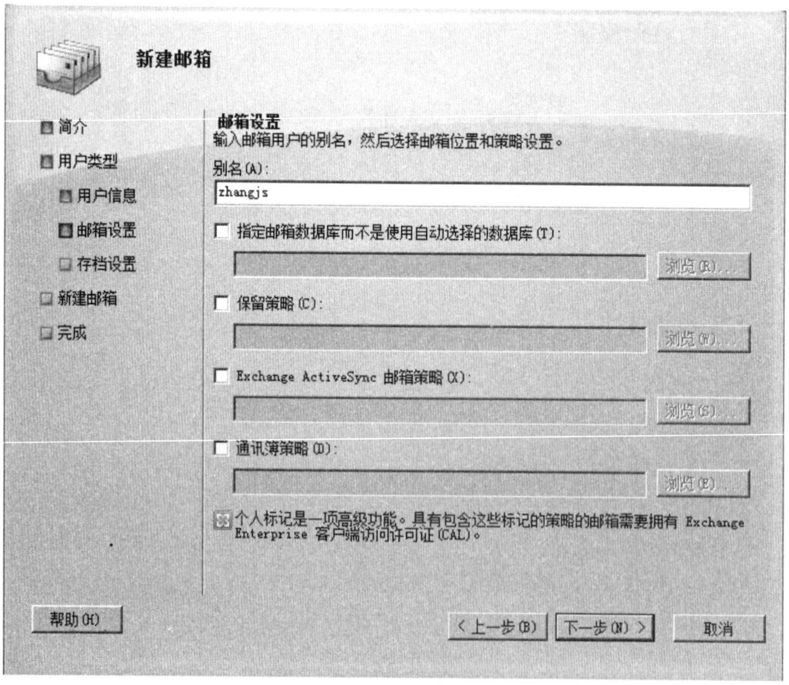

新建邮箱
简介
用户类型
用户信息
邮箱设置
存档设置
新建邮箱
完成
邮箱设置
输入邮箱用户的别名，然后选择邮箱位置和策略设置。
别名(A):
zhangjs
指定邮箱数据库而不是使用自动选择的数据库(T):
浏览(R)...
保留策略(C):
浏览(W)...
Exchange ActiveSync 邮箱策略(X):
浏览(S)...
通讯簿策略(D):
浏览(E)...
个人标记是一项高级功能。具有包含这些标记的策略的邮箱需要拥有 Exchange Enterprise 客户端访问许可证(CAL)。
帮助(H)
< 上一步(B)
下一步(N) >
取消

图 9-30　配置邮箱设置

（5）单击“下一步”按钮，配置存档设置，如图 9-31 所示。

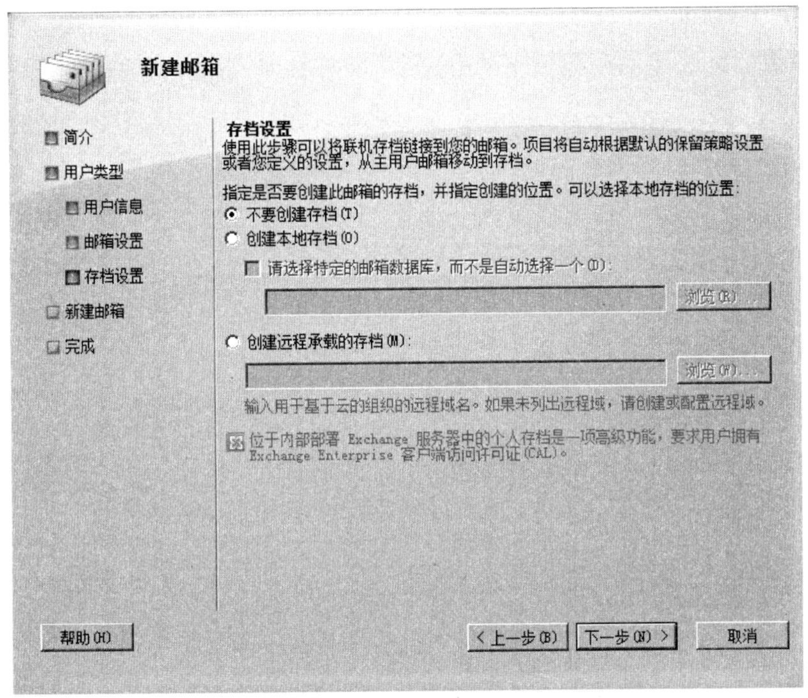

图 9-31　配置存档设置

（6）单击“下一步”按钮，为现有 Active Directory 用户创建邮箱，如图 9-32 所示。

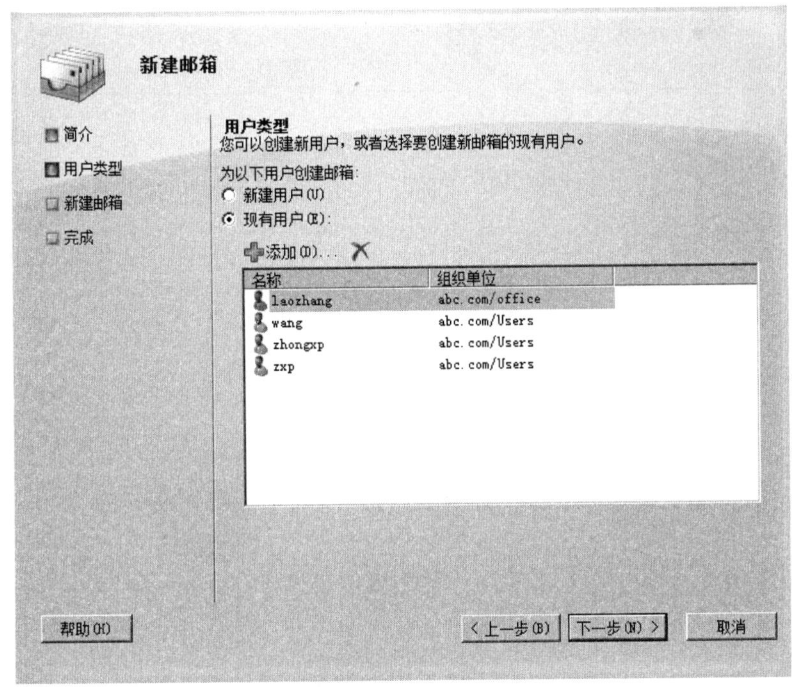

图 9-32　创建邮箱

（7）单击“下一步”按钮，完成邮箱创建后，打开 Exchange 管理控制台，进行邮箱管理操作，如图 9-33 所示。

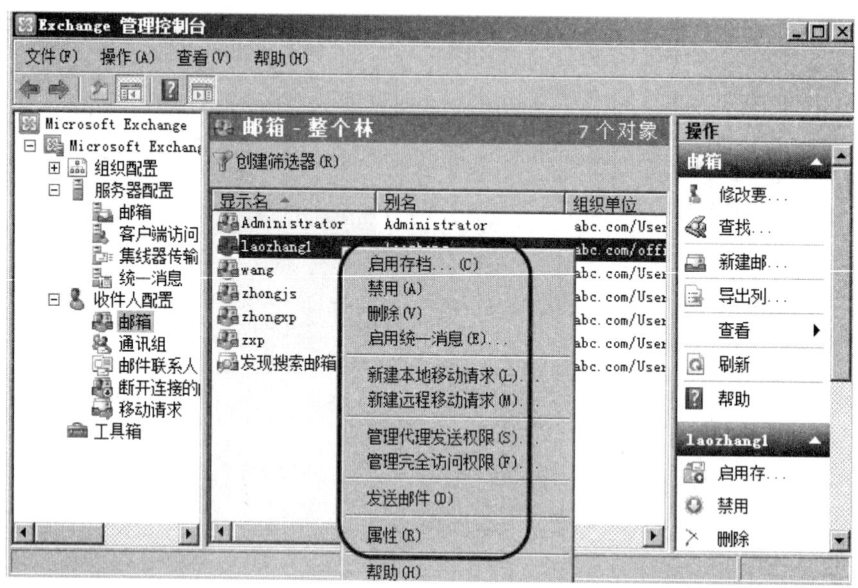

图 9-33　邮箱管理操作

（8）选择“启用存档”命令，登录 Outlook Web App，如图 9-34 所示。

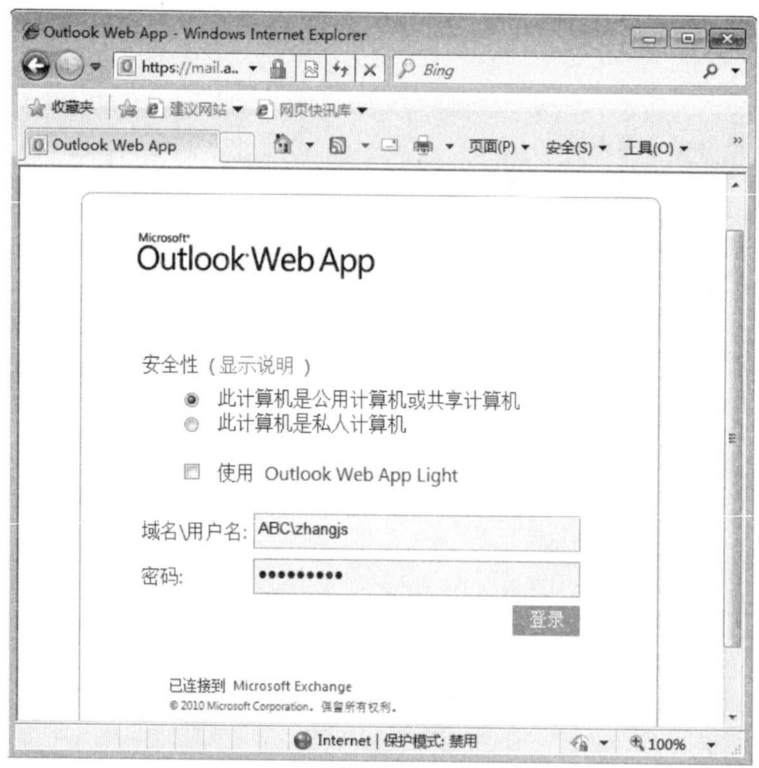

图 9-34　登录 Outlook Web App

第9章

（9）单击“登录”按钮，打开 Outlook Web App 主界面，如图 9-35 所示。

图 9-35　Outlook Web App 主界面

（10）简化 Outlook Web App 的 URL，通过 HTTP 重定向实现，如图 9-36 所示。

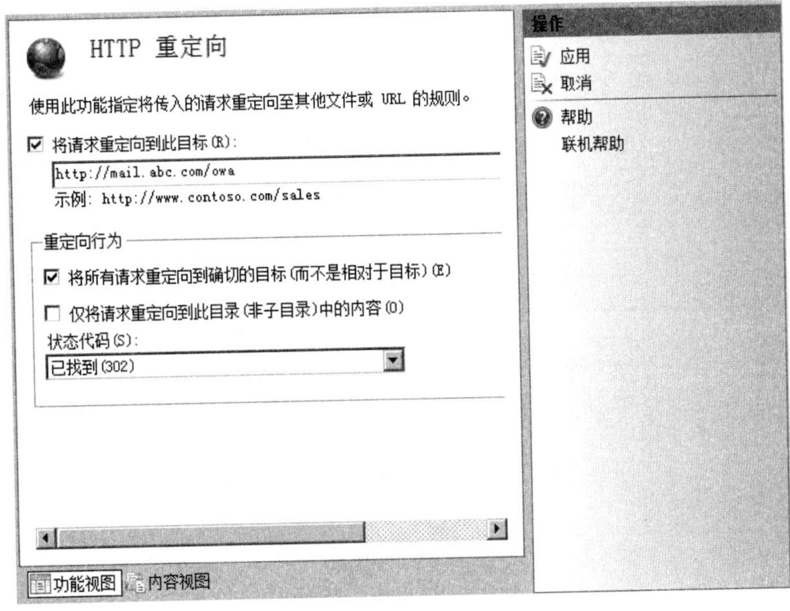

图 9-36　HTTP 重定向

（11）选择“应用”命令，然后进行 SSL 设置，将“客认证书:”项设置为“接受”，如图 9-37 所示。

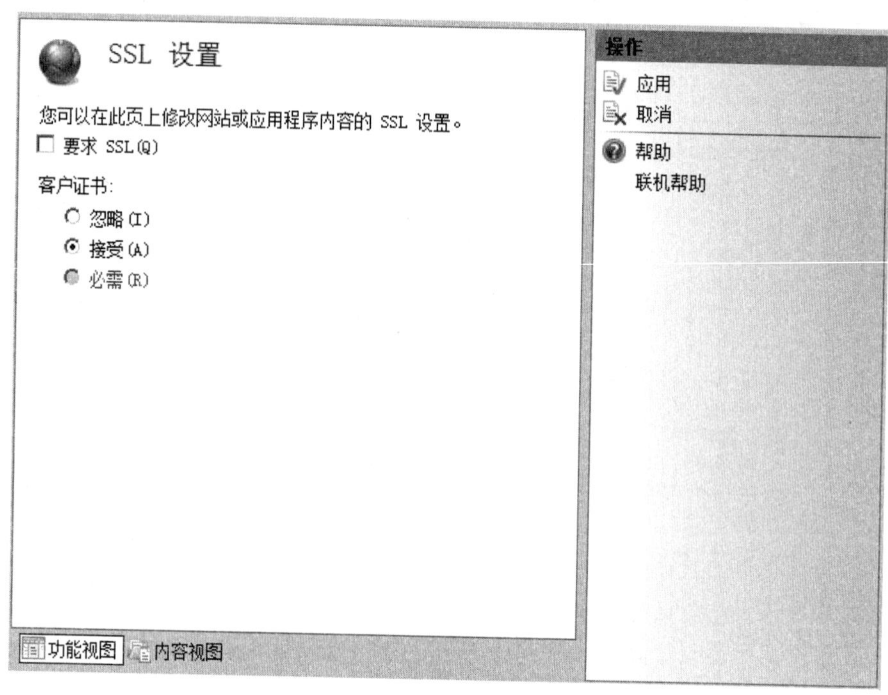

图 9-37　SSL 设置

（12）使用 Exchange 管理控制台查看或配置 Outlook Web App 虚拟目录的属性，如图 9-38、图 9-39 所示。

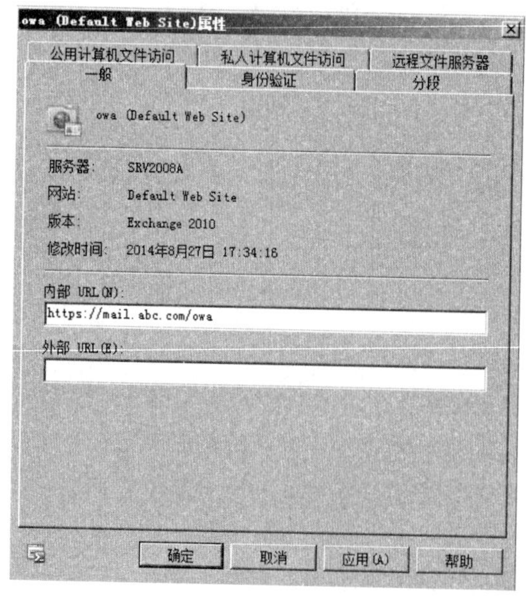

图 9-38　虚拟目录设置

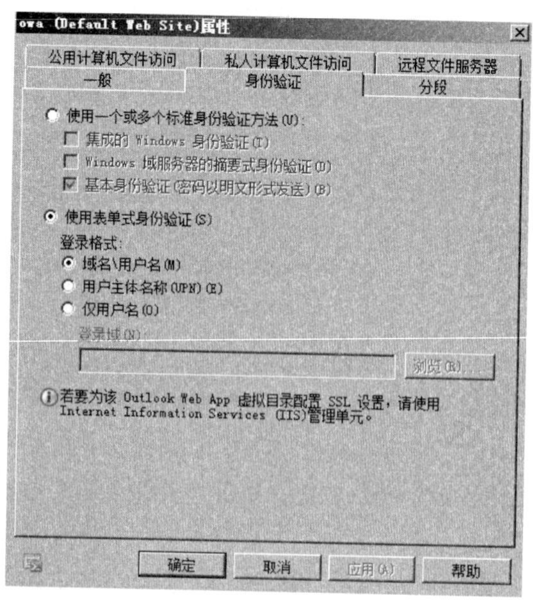

图 9-39　“身份验证”选项卡

第9章

9.3.4 部署 Outlook 与 Outlook Anywhere 客户端访问

1. 通过 Outlook 访问 Exchange

- 用户在内部网络访问 Exchange 使用 MAPI 客户端 Microsoft Outlook。
- 确认在客户端安装颁发 Exchange 服务器身份证书的证书服务器。

具体步骤如下：

（1）使用 Exchange 管理控制台添加新账户，如图 9-40 所示。

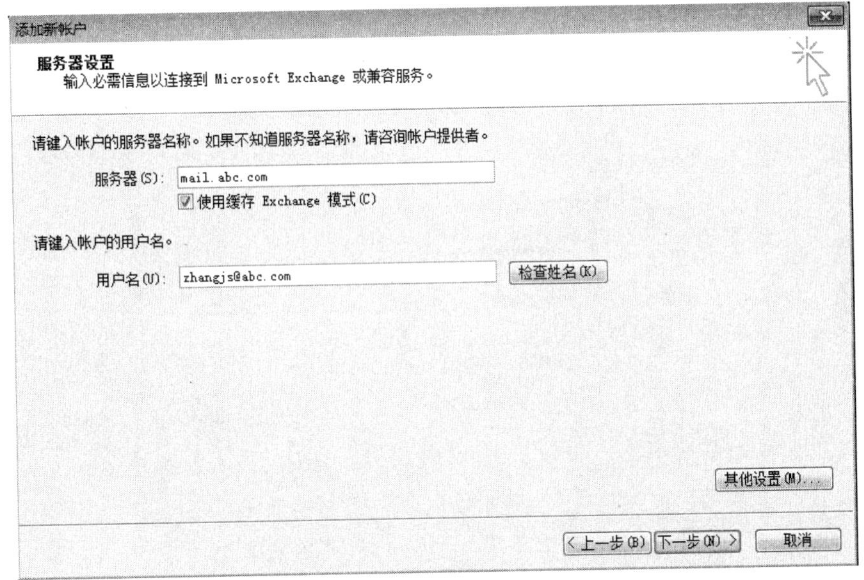

图 9-40　输入账户的用户名

（2）单击“下一步”按钮，弹出如图 9-41 所示的对话框，输入用户名和密码。

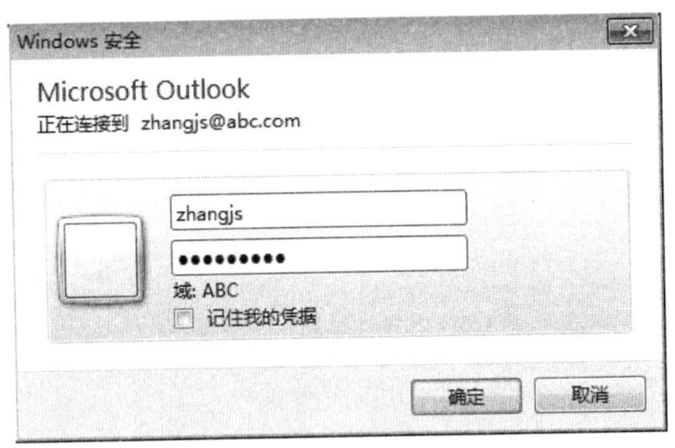

图 9-41　输入用户名和密码

2. 在客户端访问服务器上启用 Outlook Anywhere

（1）执行“启用 Outlook Anywhere”命令，如图 9-42 所示。打开对话框，设置外部主机名及客户端身份验证方法，如图 9-43 所示。

（2）单击“启用”按钮，弹出如图 9-44 所示的对话框，选择“连接”选项卡。

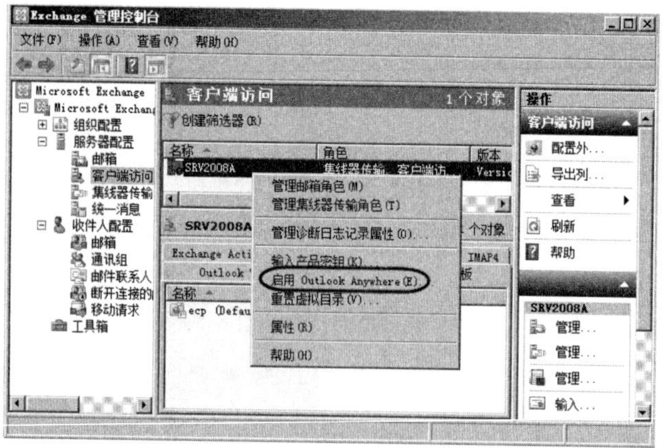

图 9-42 “启用 Outlook Anywhere”命令

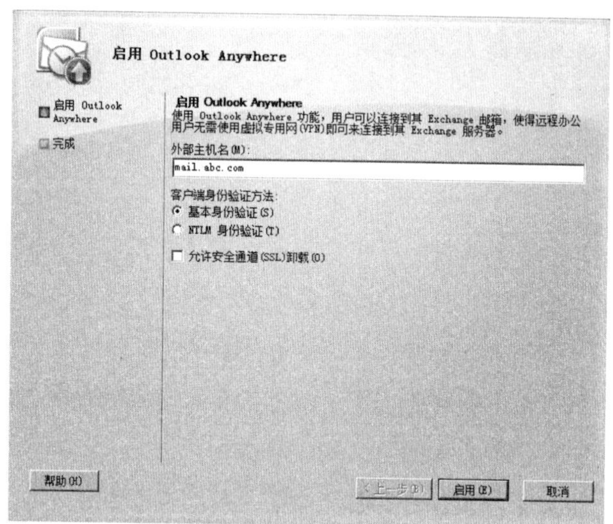

图 9-43 “启用 Outlook Anywhere”对话框

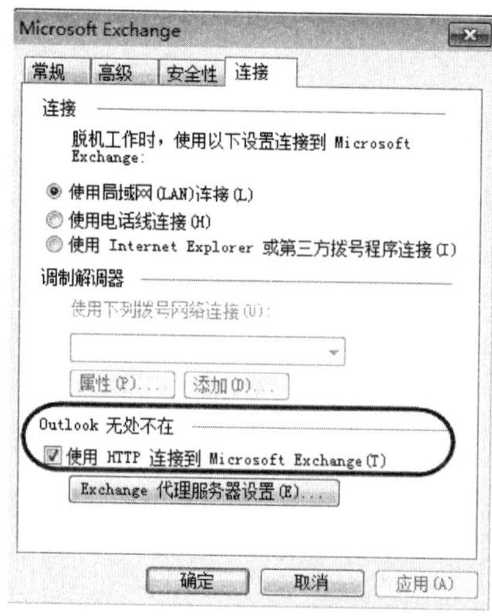

图 9-44 “连接”选项卡

（3）单击“确定”按钮，弹出如图 9-45 所示的对话框，设置 Microsoft Exchange 代理服务器。

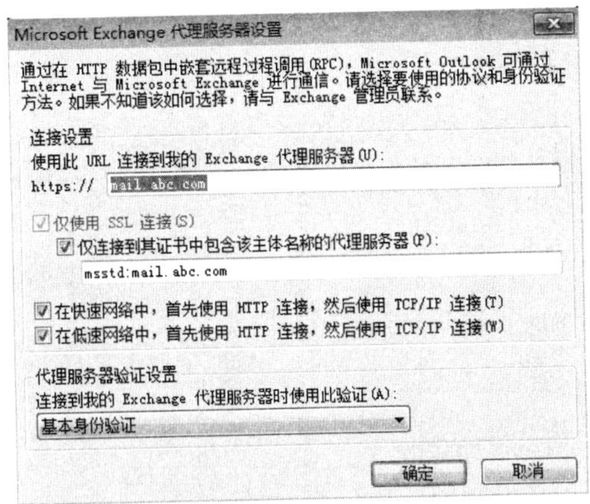

图 9-45 “Microsoft Exchange 代理服务器设置”对话框

3. 在 Outlook 2010 中配置 Outlook Anywhere

（1）打开 Outlook 2010，右击选择“连接状态”命令，如图 9-46 所示。

图 9-46 “连接状态”命令

（2）弹出如图 9-47 所示的对话框，查看“常规”选项卡测试的连接情况。

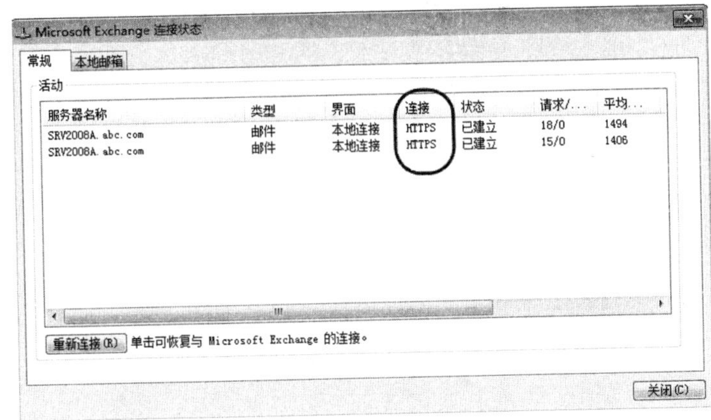

图 9-47 测试连接情况

第9章

9.3.5 部署 POP3 和 IMAP4 客户端访问

（1）安装 Exchange Server 2010 时 POP3 服务并未启动。可以使用“服务”管理单元将其设置为自动启动，如图 9-48 所示。

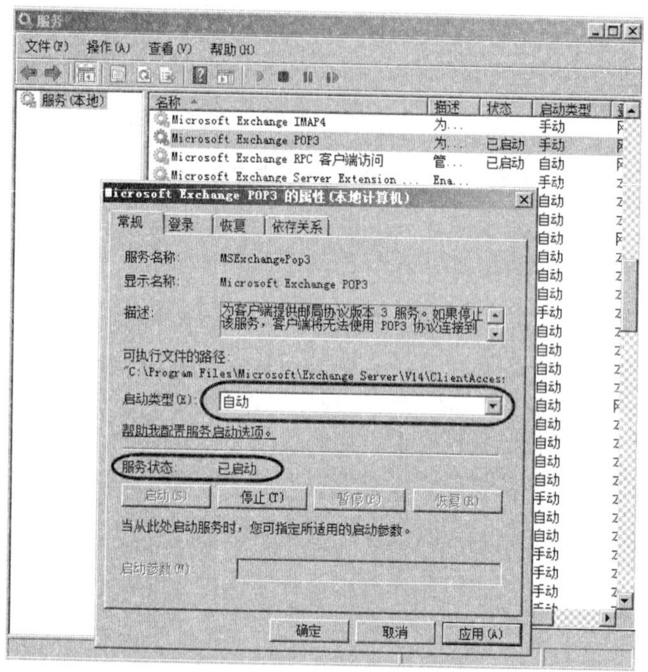

图 9-48　启动 MSExchangePop3 服务

（2）单击“应用”按钮，弹出如图 9-49 所示的对话框，在服务器端配置 POP3 属性。

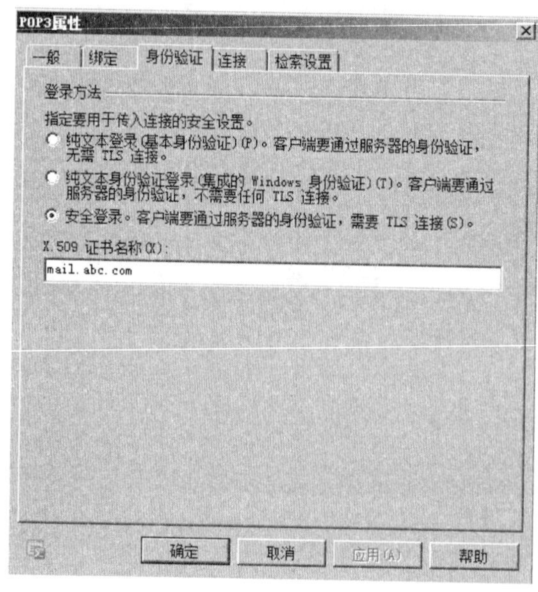

图 9-49　“POP3 属性”对话框

第9章

（3）在服务器端配置 SMTP，包括网络选项设置、身份验证配置，如图 9-50、图 9-51 所示。

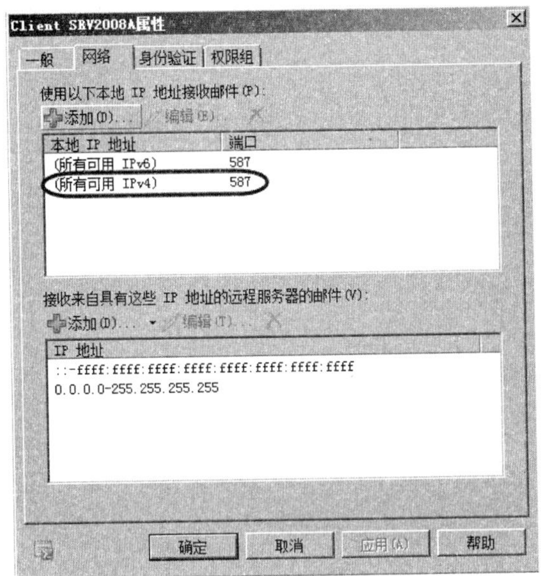

图 9-50 网络选项设置

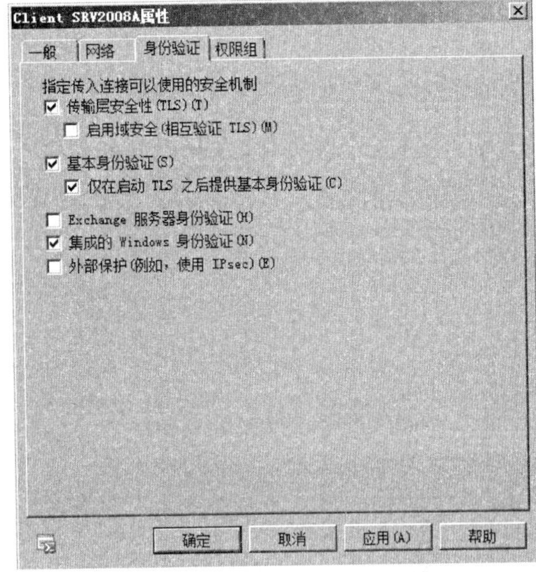

图 9-51 身份验证配置

（4）POP3 客户端配置包括邮件服务器设置、服务器端口号配置，如图 9-52、图 9-53 所示。

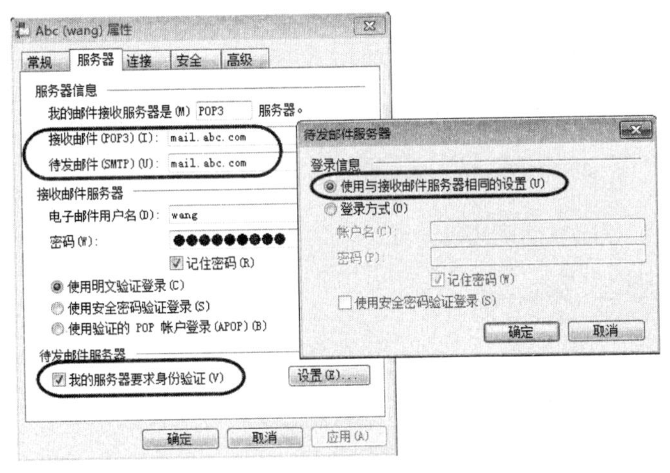

图 9-52 邮件服务器设置

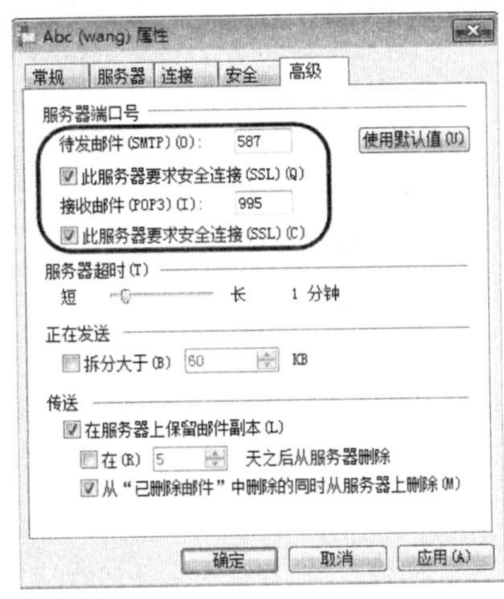

图 9-53 服务器端口号配置

9.3.6 配置 SMTP 发送

1．概述

发送连接器代表发送出站邮件时所经过的逻辑网关，控制从发送服务器到接收服务器（或目标电子邮件系统）的出站连接。Exchange 传输服务器向目标地址发送邮件的过程中，需要通过发送连接器将邮件传递到下一个跃点。客户端发往外域的邮件，先到达传输服务器，再由传输服务器转发到目的域。默认情况下，在安装集线器传输服务器角色或边缘传输服务器角色时，没有显式创建任何发送连接器，但是内置有隐式发送连接器以支持集线器传输服务器之间以内部方式路由邮件。要将邮件发往外部域，就需要显式创建一个发送连接器，将该域的邮件路由到该连接器的源服务器，以便中继到目的域。

2. 新建 SMTP 发送连接器向导

（1）指定目的地址空间，如图 9-54 所示。

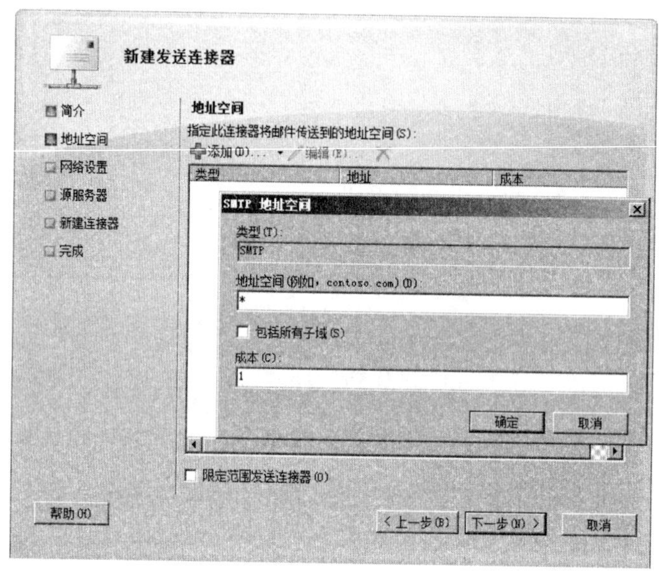

图 9-54 “SMTP 地址空间”对话框

（2）单击“下一步”按钮，在弹出的对话框中设置发送连接器的网络，如图 9-55 所示。

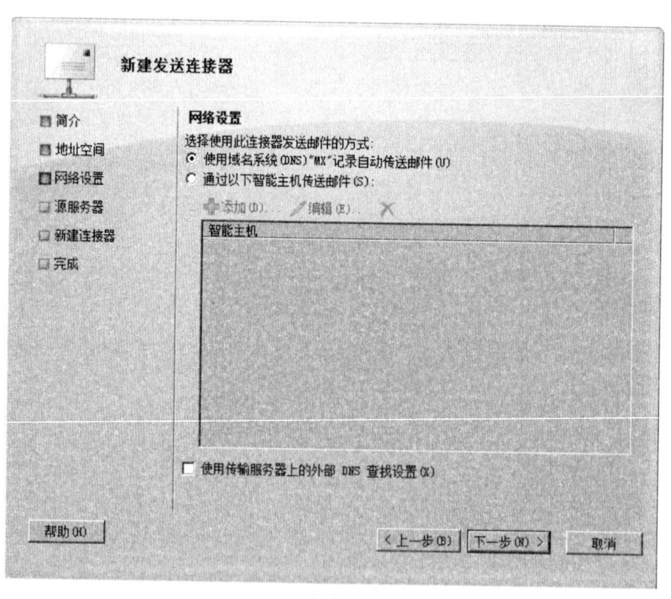

图 9-55 “网络设置”对话框

（3）单击“下一步”按钮，在弹出的对话框中指定源服务器，如图 9-56 所示。

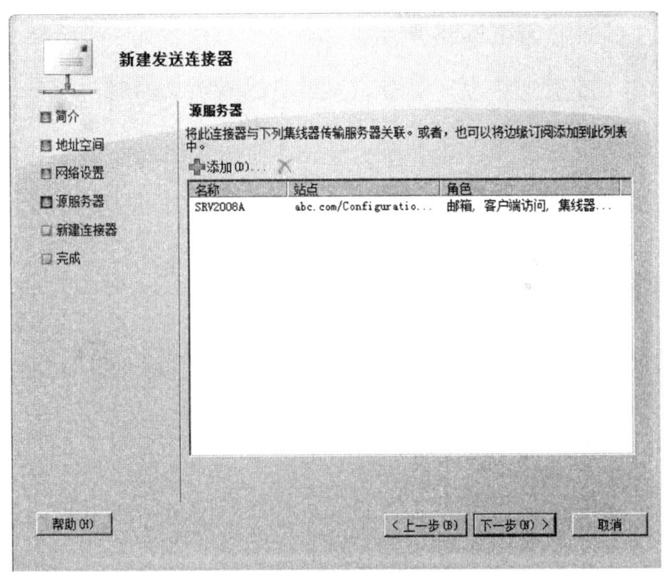

图 9-56 “源服务器”对话框

9.3.7 配置 SMTP 接收

1. 概述

Exchange Server 2010 由接收连接器控制与 Exchange 组织的入站连接，通过接收连接器从 Internet、电子邮件客户端和其他邮件服务器接收邮件。接收连接器是一个接收侦听器，用于侦听与接收连接器的设置相匹配的入站连接。发送到 Exchange 服务器的邮件由接收连接器决定是否接收。默认创建的 SMTP 接收连接器适合内部邮件流所需的接收服务。要收取来自外部域的邮件，可以修改默认的接收连接器的配置。

2. 接收连接器列表

（1）查看接收连接器列表，如图 9-57 所示。

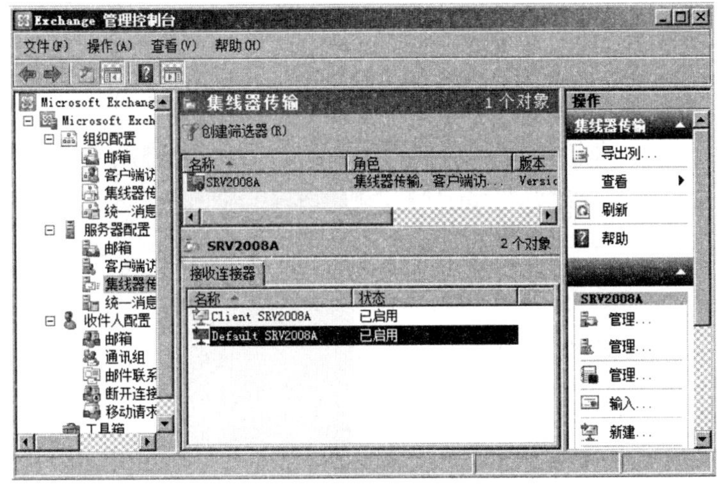

图 9-57 “接收连接器”列表

（2）配置接收连接器，如图 9-58 所示。

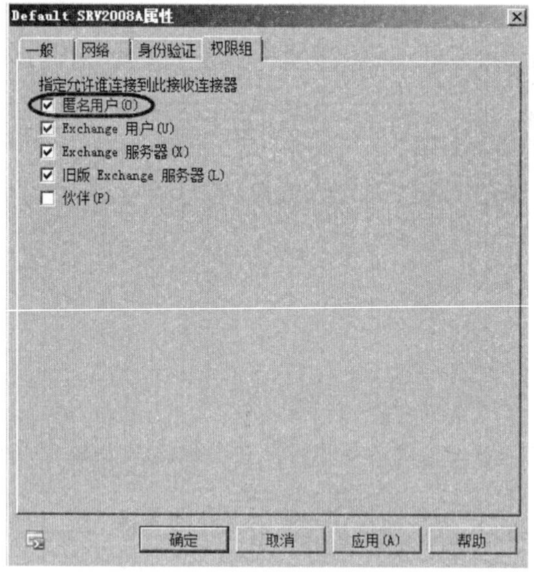

图 9-58　配置接收连接器

9.4　实验：实现 Exchange 邮件服务

9.4.1　实验目的

- 了解邮件服务。
- 掌握实现邮件服务的条件。
- 掌握配置与管理 Exchange 邮箱的方法。

9.4.2　实验内容

本实验的目的是安装 Exchange 邮件服务器，实现邮件服务且进行邮件服务器配置，并通过在 Active Directory 创建用户验证服务器的有效性。其中创建的用户名为 user1，域名是 xxgc.com，用户 user1 的登录密码是 abc123#，服务器 IP 地址是 172.16.50.88。

9.4.3　实验步骤

一、Exchange Server 2010 安装准备

1. 安装“.NET Framework 功能”等

（1）执行“开始”→“管理工具”→“服务器管理器”→“添加功能”命令，勾选“.NET Framework 3.0 功能”复选框，如图 9-59 所示。

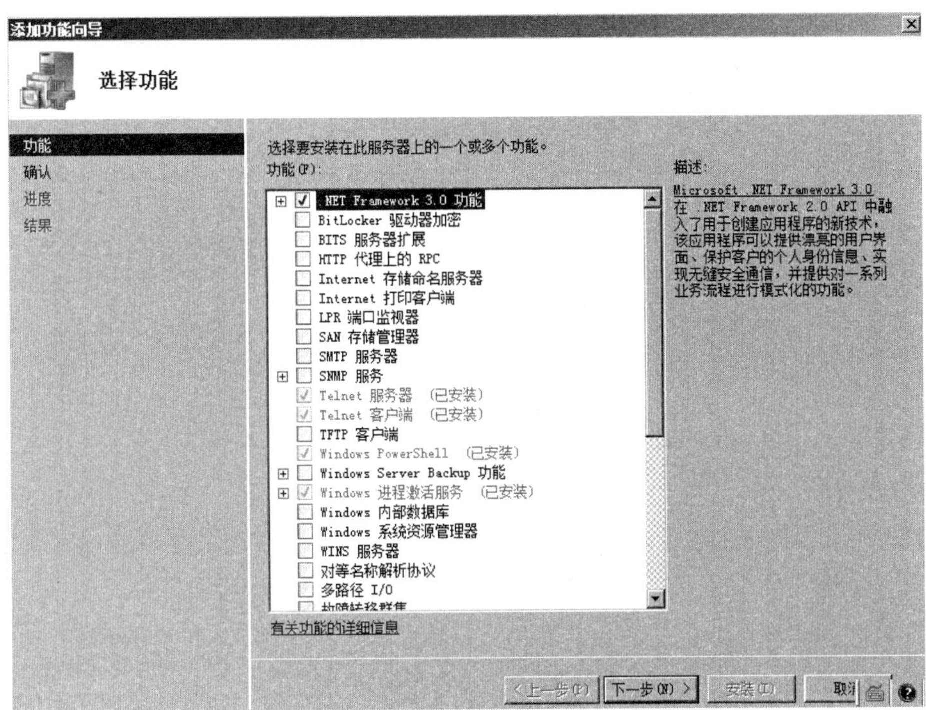

图 9-59 选择“.NET Framework 3.0 功能”

（2）当勾选的时候提示另外需要添加 IIS 相关的服务，此时只需添加所需的角色服务即可，同时勾选“Telnet 客户端”复选框，如图 9-60 所示，安装该服务有利于测试某个服务的相关端口的开放性，同时也安装 Windows PowerShell 集成脚本环境（ISE），如图 9-61 所示。

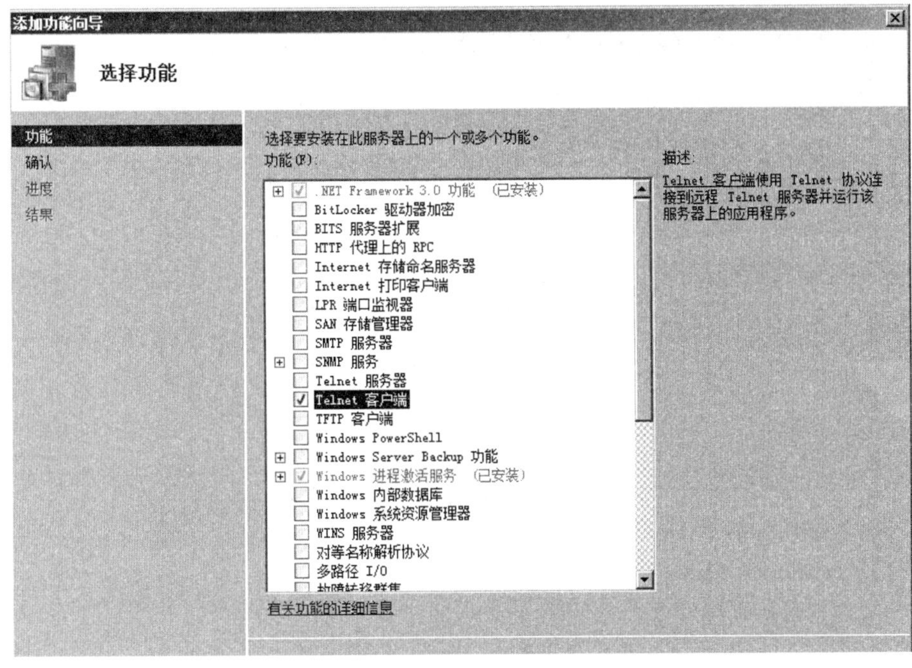

图 9-60 选择“Telnet 客户端”

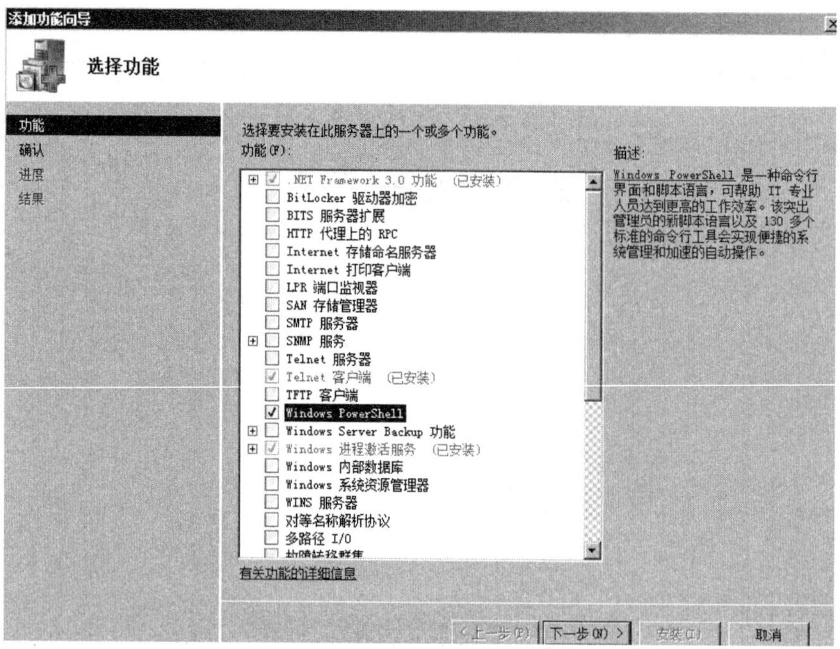

图 9-61　选择 Windows PowerShell

2. 安装 Microsoft Filter Pack

运行“>services.msc”命令找到 Net.Tcp Port Sharing Service 服务，如图 9-62 所示，右击将“启动类型”改为“自动”，如图 9-63 所示。接着右击以管理员身份运行安装 Exchange 所需要的控件 Filter Pack 1.0，打开如图 9-64 所示的对话框，单击 Next 按钮，勾选 I accept the terms in the License Agreement 复选框继续安装，如图 9-65 所示。

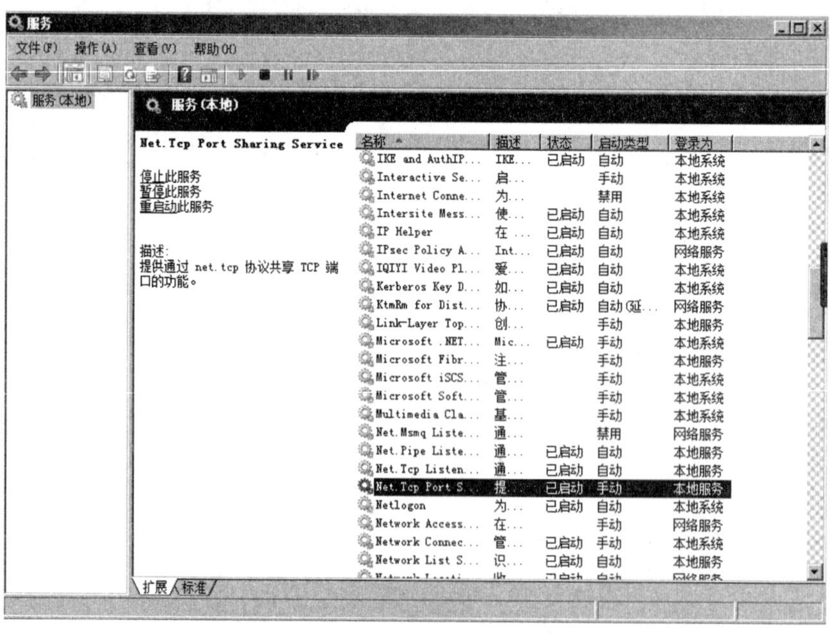

图 9-62　“服务”窗口

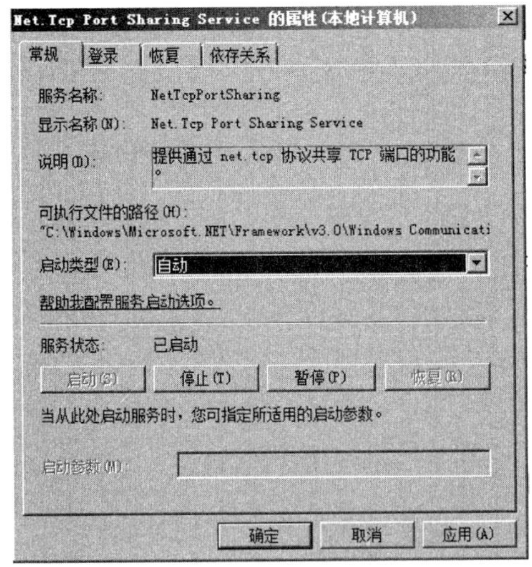

图 9-63　选择启动类型

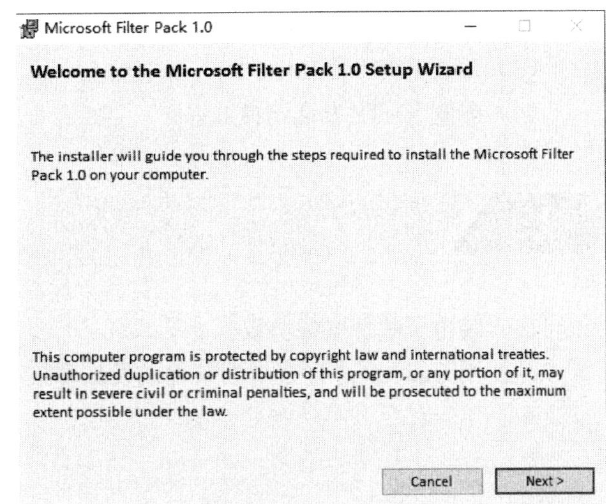

图 9-64　安装 Filter Pack 1.0 向导

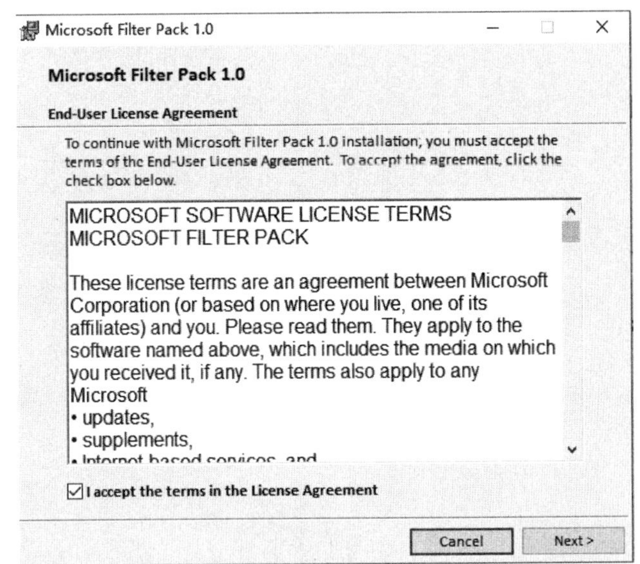

图 9-65　勾选 I accept the terms in the License Agreement 复选框

3. 升级 Windows Server 2008 为域服务器

参考 4.2 小节内容。

二、安装邮件服务器

参考 9.2.2 小节内容。

三、配置与管理 Exchange 邮箱

以下设置方法参考 9.3 小节内容。

（1）创建与管理 Exchange 邮箱。

（2）部署 Outlook 与 Outlook Anywhere 客户端访问。

（3）部署 POP3 和 IMAP4 客户端访问。

（4）配置 SMTP 发送与接收。

9.5 习题

1．安装电子邮件服务协议。

2．使用 Outlook 进行客户端邮件的发送和接收。

第 10 章 磁盘管理

在 Windows Server 2008 中，系统集成了许多磁盘管理方面的新特性和新功能。磁盘管理任务是以一组磁盘管理程序的形式提供给用户的。它们位于“计算机管理”控制台中，用户使用这些方便、强劲的磁盘管理程序对本地磁盘进行各种操作。

教学目标

- 掌握磁盘管理基本概念
- 能够进行一般卷的创建与管理
- 能够进行容错卷的创建与管理

10.1 磁盘管理

10.1.1 磁盘管理概述

在 Windows Server 2008 中，可以利用磁盘管理程序管理计算机上的硬盘和卷或分区。通过磁盘管理，可以使用文件系统创建卷、格式化卷、初始化磁盘以及创建容错磁盘系统。

10.1.2 基本磁盘与动态磁盘

1. 基本磁盘

基本磁盘是包含主分区、扩展卷或逻辑驱动器的物理磁盘。在基本磁盘上，可以利用存储空间创建分区（只能在基本磁盘上创建分区）。分区是物理磁盘的一部分，能够作为独立的磁盘工作。分区分为主分区和扩展卷分区两种类型。

2. 动态磁盘

动态磁盘是包含用磁盘管理程序创建的动态卷的物理磁盘。动态磁盘可以包含无限数量的卷，所以并不限于每个磁盘四个卷。动态磁盘不能包含分区或逻辑驱动器，并且便携式计算机不支持动态磁盘。如果计算机的每个磁盘要使用四个以上的卷，则可以使用动态磁盘创建容错卷，例如 RAID-5 卷和镜像卷，或将卷扩展到一个或多个磁盘上。在动态磁盘上可以执行以下任务：创建和删除简单卷、跨区卷、带区卷、镜像卷和 RAID-5 卷；扩展简单卷或跨区卷；从镜像卷中删除镜像或将该卷分成两个卷；修复镜像卷或 RAID-5 卷；重新激活丢失的磁盘或脱机的磁盘。

10.2 管理基本磁盘

10.2.1 初始化磁盘

Windows Server 2008 和其他操作系统可以从主分区启动。初始化磁盘的步骤如下：

选择“开始”→“所有程序”→“管理工具”→“计算机管理”命令，在打开的窗口中展开“存储”结点，选择“磁盘管理”选项，如果是新建的硬盘，在右侧的窗格中会出现“未分配”区域，如图 10-1 所示的“磁盘 1”。右击未指派空间的磁盘（磁盘显示为“未知”），然后在弹出的菜单中选择“初始化磁盘”命令，如图 10-2 所示，磁盘 1 显示的“未知”改变为“基本”状态，结果如图 10-3 所示。

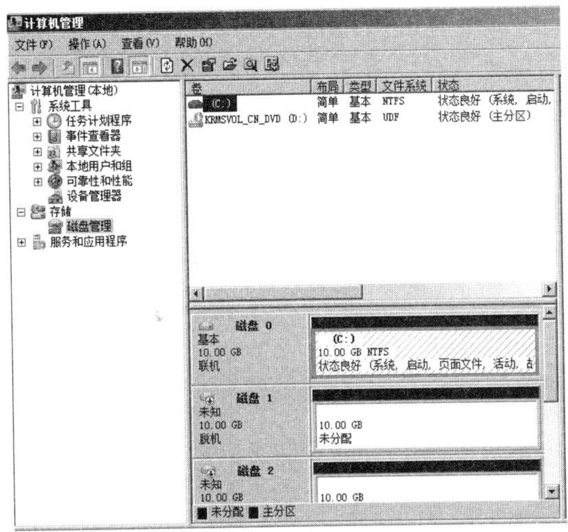

图 10-1 “未分配”区域

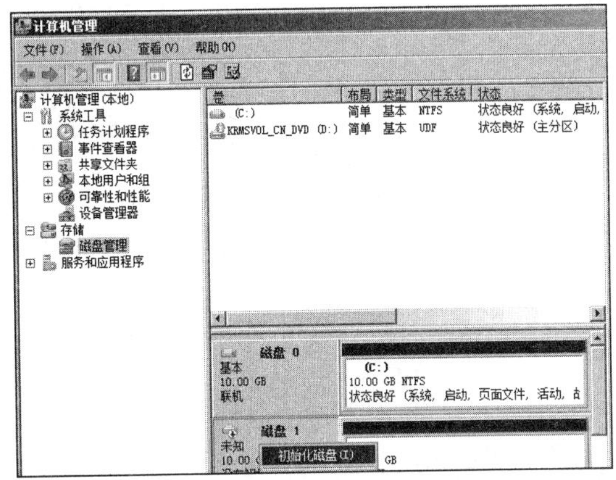

图 10-2 “初始化磁盘”命令

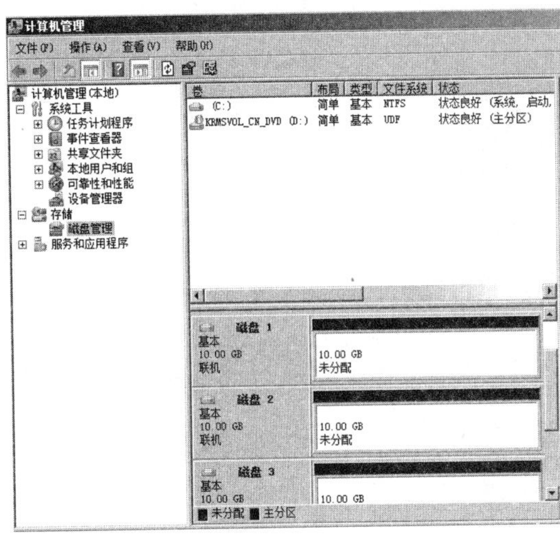

图 10-3 初始化后的磁盘

10.2.2 创建扩展卷

扩展卷是可以包含逻辑驱动器的基本磁盘的一部分。只能在基本磁盘的主分区上创建扩展卷。

创建扩展卷的步骤如下：

（1）在创建完主磁盘分区后，右击该区域，在弹出的快捷菜单中选择“扩展卷”命令，如图 10-4 所示，打开“欢迎使用扩展卷向导”对话框，如图 10-5 所示。

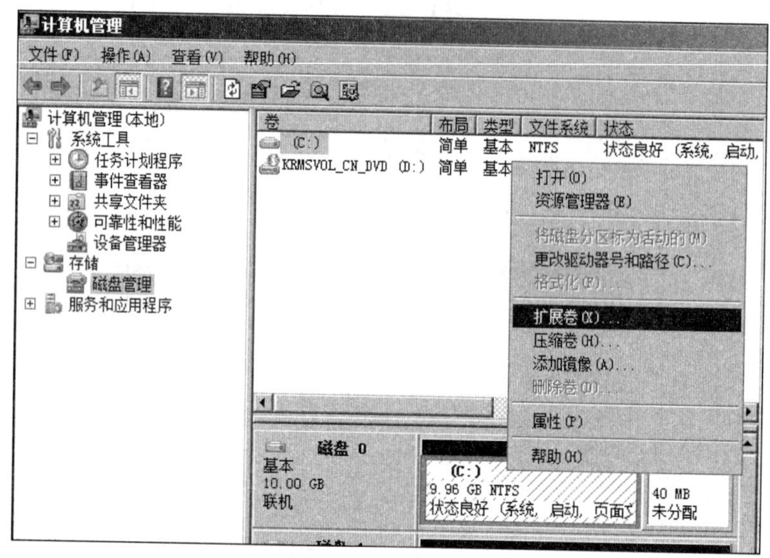

图 10-4 “扩展卷”命令

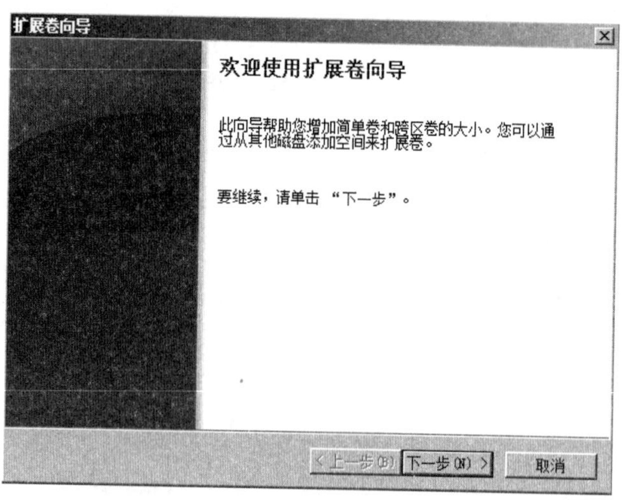

图 10-5 “欢迎使用扩展卷向导”对话框

（2）单击“下一步”按钮，规划空间量大小，如图 10-6 所示。

（3）单击“下一步”按钮，打开“完成扩展卷向导”对话框，如图 10-7 所示，单击“完成”按钮。

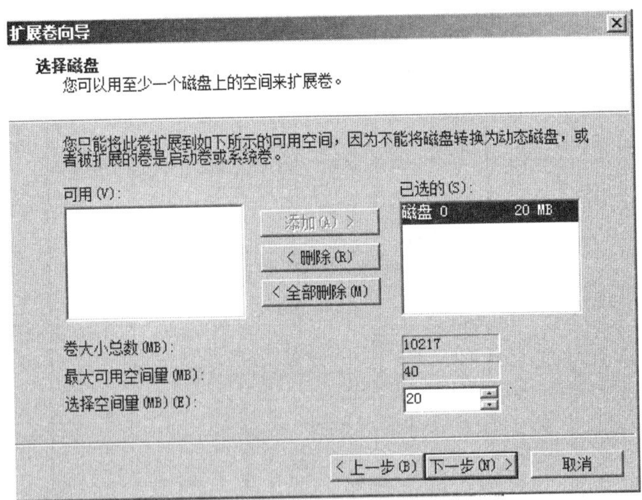

图 10-6 “选择磁盘”对话框

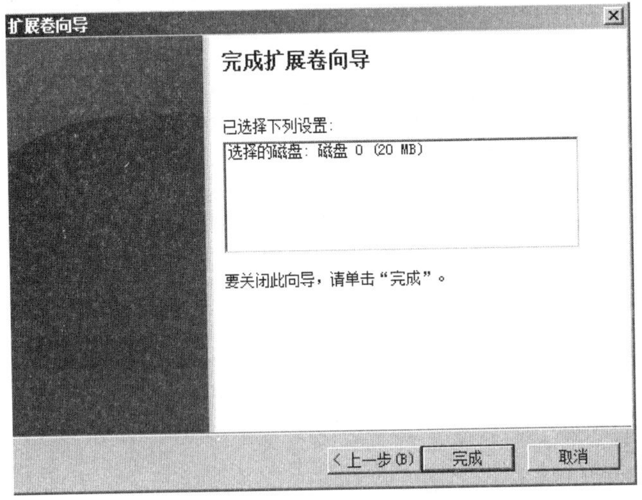

图 10-7 完成扩展卷创建

10.3 管理动态磁盘

如果计算机只运行 Windows Server 2008，并且每个磁盘要使用四个以上的卷，则可以使用动态磁盘来创建容错卷，例如 RAID-5 卷和镜像卷，或将卷扩展到一个或多个磁盘上。

10.3.1 将基本磁盘升级为动态磁盘

（1）在升级磁盘之前，关闭在那些磁盘上运行的程序。

（2）打开“磁盘管理”，右击需要升级的基本磁盘，然后在弹出的菜单中选择“转换到动态磁盘”命令，如图 10-8 所示。

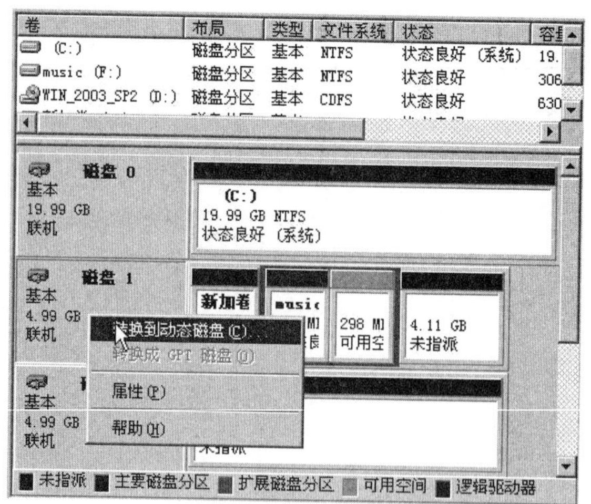

图 10-8　“转换到动态磁盘”命令

（3）在“转换为动态磁盘”对话框中，选择要转换的基本磁盘，然后单击“确定”按钮，如图 10-9 所示。

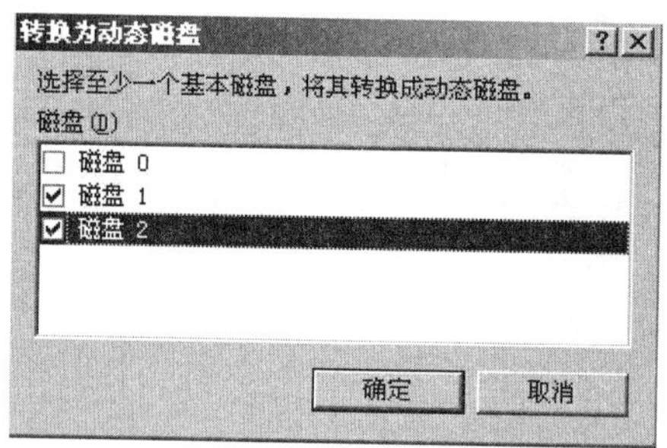

图 10-9　选择要转换的基本磁盘

（4）完成转换后，原来那些磁盘显示的“基本”字样变成“动态”字样，而基本磁盘上的分区则变成了简单卷，如图 10-10 所示。

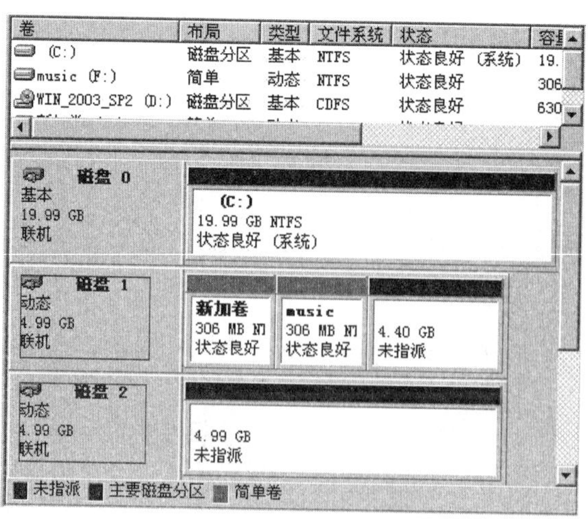

图 10-10　基本磁盘转换到动态磁盘

10.3.2 创建简单卷

简单卷由单个物理磁盘上的磁盘空间组成。它可以由磁盘上的单个区域或者连接在一起的相同磁盘上的多个区域组成。可以在同一磁盘中扩展简单卷或把简单卷扩展到其他磁盘。如果跨多个磁盘扩展简单卷，则该卷就是跨区卷。

创建简单卷的步骤如下：

（1）打开“磁盘管理”，右击要创建简单卷的动态磁盘上的未分配空间，然后选择“新建简单卷”命令，如图 10-11 所示。

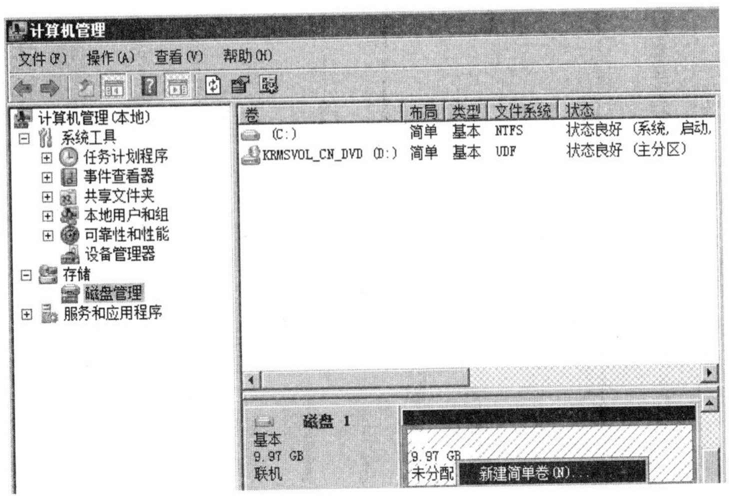

图 10-11 “新建简单卷”命令

（2）在“欢迎使用新建简单卷向导”对话框中，单击“下一步”按钮，如图 10-12 所示，然后在弹出的对话框中输入要创建的简单卷的大小，如图 10-13 所示。

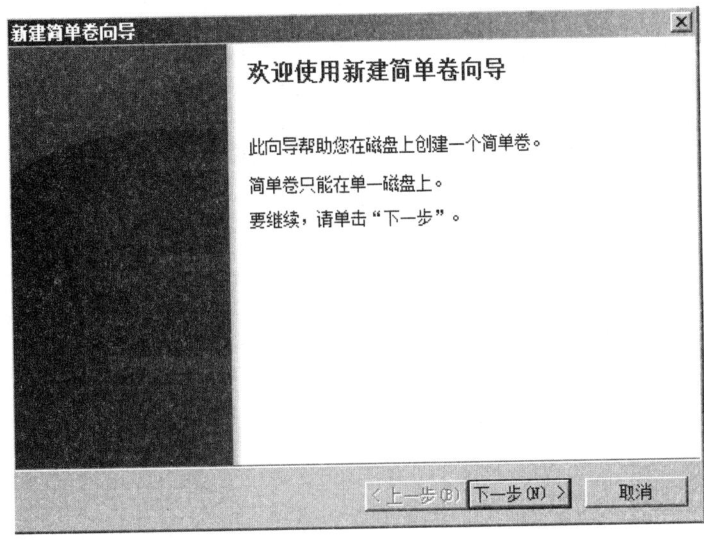

图 10-12 “欢迎使用新建简单卷向导”对话框

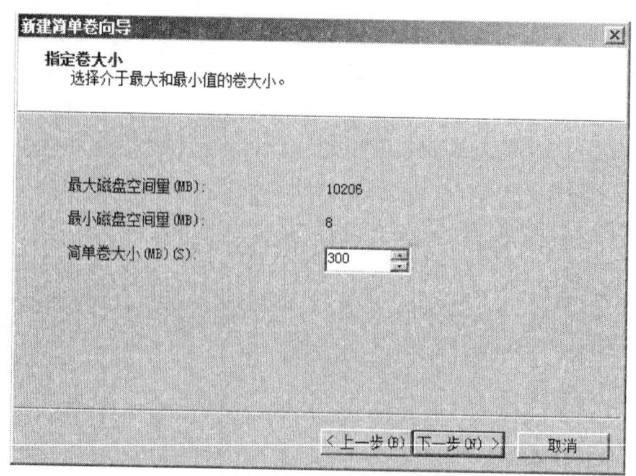

图 10-13 “指定卷大小”对话框

（3）单击“下一步”按钮，在“分配驱动器号和路径”对话框中，选择“分配以下驱动器号”单选按钮，并为该驱动器选择一个盘符，如图 10-14 所示。

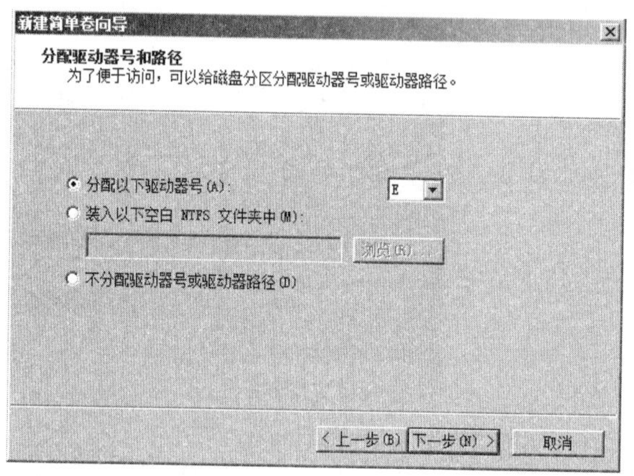

图 10-14 “分配驱动器号和路径”对话框

（4）在“格式化分区”对话框中，选择“按下列设置格式化这个卷”单选按钮，并设置文件系统、分配单元大小以及卷标，如图 10-15 所示。

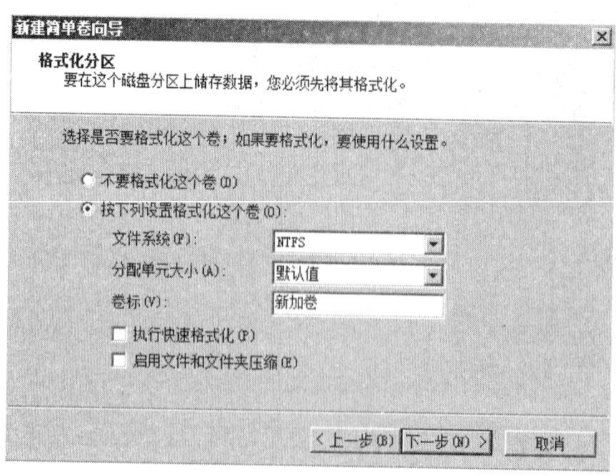

图 10-15 “格式化分区”对话框

（5）在“完成创建卷向导”对话框中，单击“下一步”按钮，完成简单卷的创建，结果如图 10-16 所示。

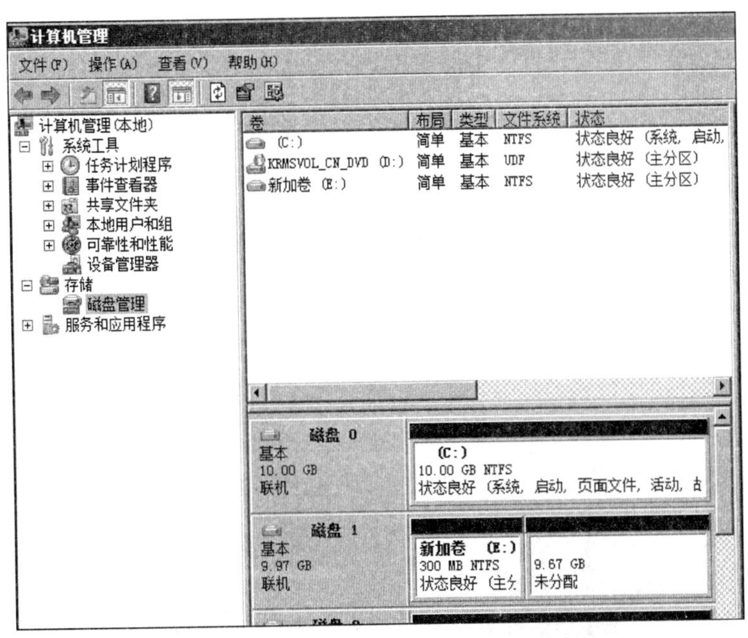

图 10-16　完成简单卷创建

注：如果想将动态磁盘还原成基本磁盘，则必须先移除动态磁盘中所有的卷（因为将动态磁盘还原成基本磁盘可能会导致所有数据丢失），然后右击“磁盘”，在弹出的快捷菜单中选择“转换成基本磁盘”命令。

10.3.3　创建跨区卷

跨区卷是由多个物理磁盘上的磁盘空间组成的卷。任何时候都可以通过扩展跨区卷来添加它的空间。

跨区卷有以下特点：只能在动态磁盘上创建跨区卷；至少需要两个动态磁盘才能创建跨区卷；跨区卷最多可以扩展到 32 个动态磁盘；组成跨区卷的每个成员，其容量大小可以不相同；在跨区卷的成员中，不能包含系统卷和启动卷；跨区卷不能被镜像或划分带区；跨区卷不具备容错能力，如果包含跨区卷的一个磁盘出现故障，则整个卷都处于故障状态。

使用跨区卷可以将来自多个磁盘的未分配空间合并到一个逻辑卷中，这样可以有效地使用多个磁盘系统上的所有空间和所有驱动器号。如果需要创建卷，但又没有足够的未分配空间分配给单个磁盘上的卷，则可以通过将来自多个磁盘的未分配空间的扇区合并到一个跨区卷来创建足够大的卷。跨区卷是这样的组织，先将一个磁盘上为卷分配的空间充满，然后又从下一个磁盘开始，再将这个磁盘上为卷分配的空间充满。

创建跨区卷的步骤如下：

（1）打开“磁盘管理”，右击要创建跨区卷的动态磁盘中的未分配空间，然后选择“新建跨区卷”命令，如图 10-17 所示。

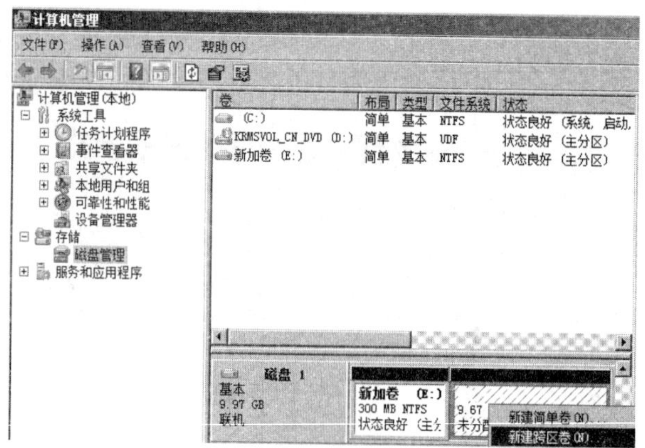

图 10-17　“新建跨区卷”命令

（2）在“欢迎使用新建跨区卷向导”对话框中，单击“下一步”按钮，如图 10-18 所示，弹出如图 10-19 所示的对话框，选择两个或更多磁盘，单击“添加”按钮，分别添加“磁盘 1”、“磁盘 2”，且添加时分别设置“选择空间量”选项为“100M”“200M”。

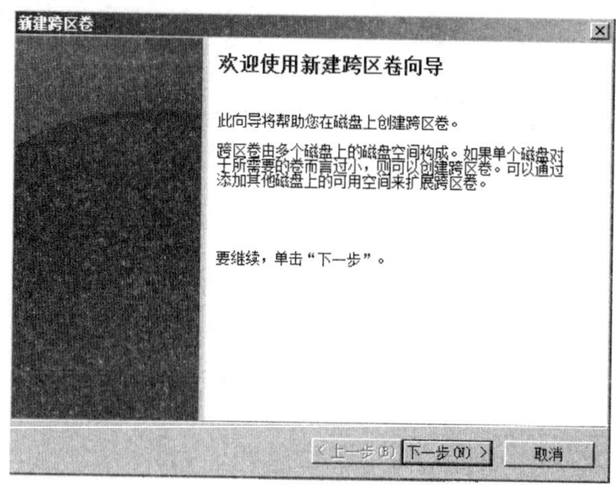

图 10-18　“欢迎使用新建跨区卷向导”对话框

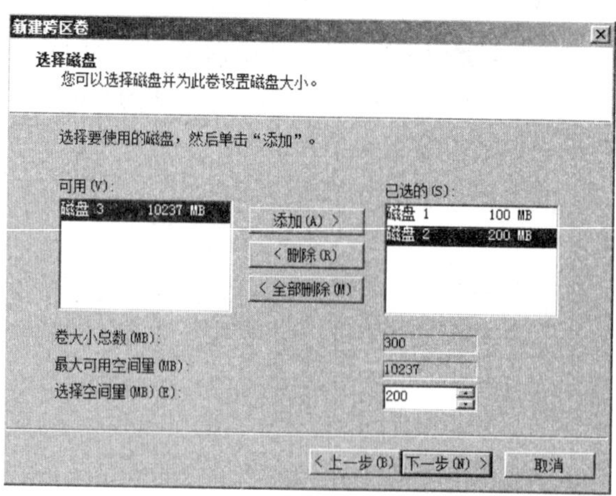

图 10-19　“选择磁盘”对话框

（3）单击“下一步”按钮，在“分配驱动器号和路径”对话框中，选择“分配以下驱动器号”单选按钮并为跨区卷选择一个盘符，如图 10-20 所示。

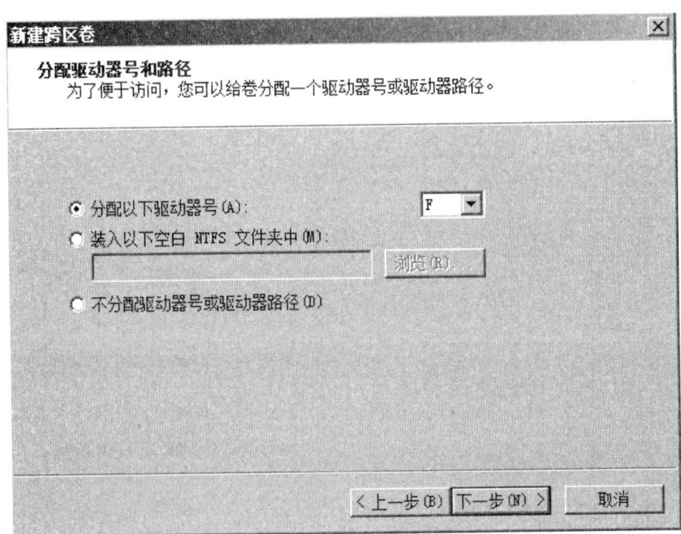

图 10-20　“分配驱动号和路径”对话框

（4）单击“下一步”按钮，在“卷区格式化”对话框中，选择“按下列设置格式化这个卷”单选按钮，并设置要使用的文件系统为 NTFS，分配单元大小取默认值，并为跨区卷输入卷标，如图 10-21 所示。

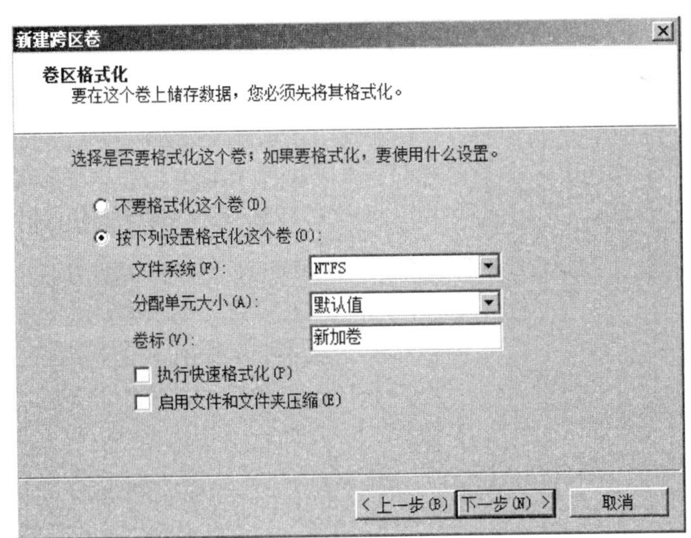

图 10-21　设置跨区卷格式化参数

（5）单击“下一步”按钮，完成跨区卷的创建，结果如图 10-22 所示。

跨区卷可以让用户将不同的实体磁盘以逻辑的方式结合起来，但只要删除跨区卷中的任一个磁盘，就会删除整个跨区卷，跨区卷的好处在于当空间不足时可以动态地增加扩展卷。

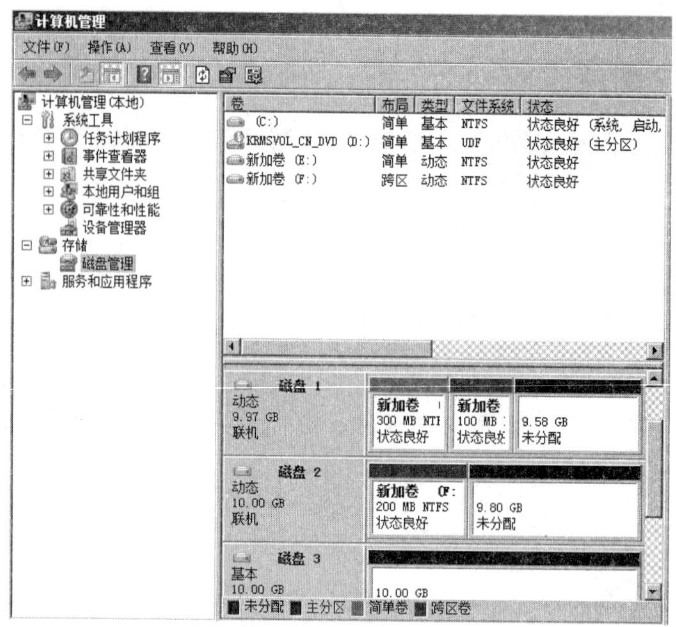

图 10-22　创建的跨区卷

10.3.4　创建带区卷

带区卷是以带区形式在两个或多个物理磁盘上存储数据的卷。带区卷上的数据被交替、均匀地分配给这些磁盘，即组成带区卷的每个成员的容量是相同的。带区卷充分改善访问磁盘的速度，是 Windows 操作系统可用的卷中性能最佳的，但它不提供容错功能。如果带区卷上的磁盘失效，则整个卷上的数据都将会丢失。带区卷只能在动态磁盘上创建，不能被镜像或扩展。

创建带区卷的步骤如下：

（1）打开“磁盘管理”，右击需要创建带区卷的动态磁盘上的未分配空间，然后选择“新建带区卷”命令，如图 10-23 所示。弹出“欢迎使用新建带区卷向导”对话框，如图 10-24 所示。

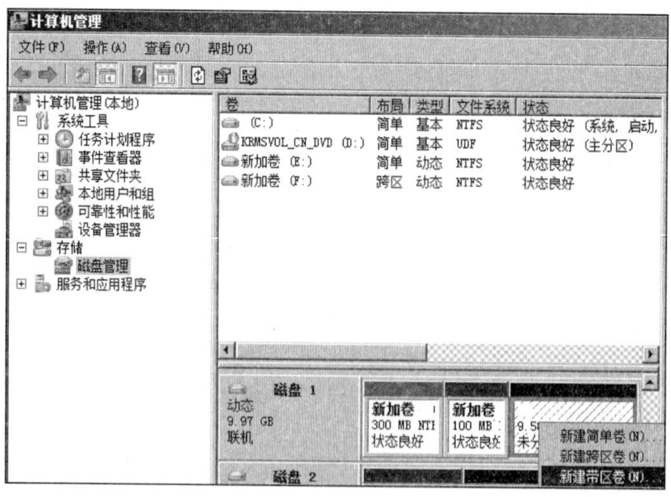

图 10-23　“新建带区卷”命令

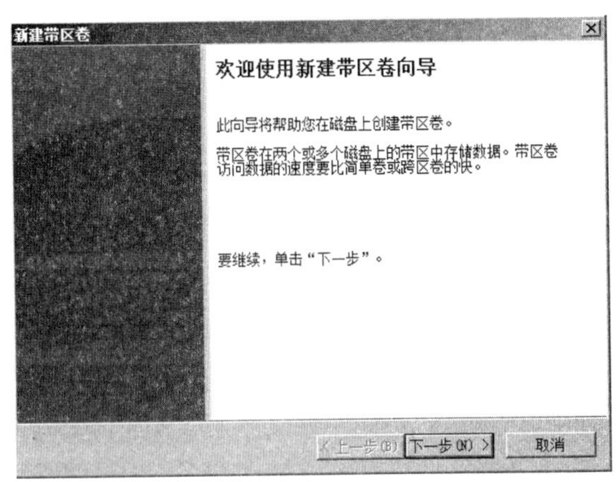

图 10-24 “欢迎使用新建带区卷向导”对话框

（2）单击“下一步”按钮，在“选择磁盘”对话框中，选择两个或两个以上动态磁盘，并从这些磁盘上选取相同的容量来构成带区卷，如图 10-25 所示。

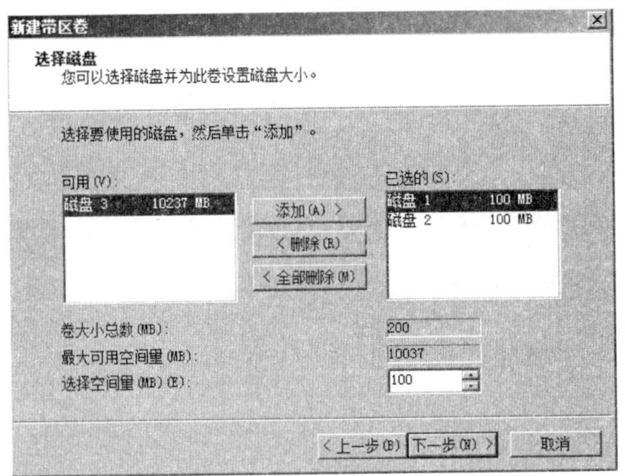

图 10-25 “选择磁盘”对话框

（3）单击“下一步”按钮，在“分配驱动器号和路径”对话框中，选择“分配以下驱动器号”单选按钮，并为带区卷选择一个盘符，如图 10-26 所示。

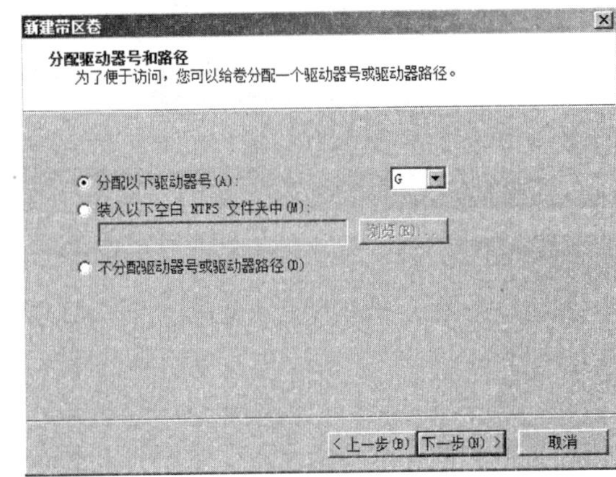

图 10-26 “分配驱动器号和路径”对话框

（4）单击“下一步”按钮，在“卷区格式化”对话框中，如图 10-27 所示，选择“按下列设置格式化这个卷”单选按钮，并设置所使用的文件系统、分配单元大小和卷标，然后单击“下一步”按钮。

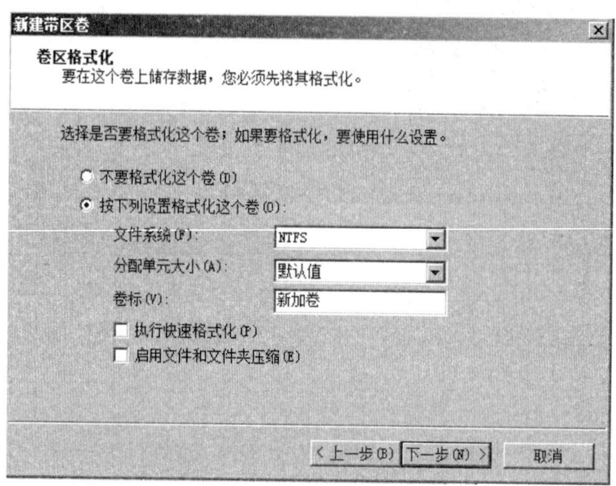

图 10-27　“卷区格式化”对话框

（5）单击“完成”按钮，完成带区卷的创建，结果如图 10-28 所示。

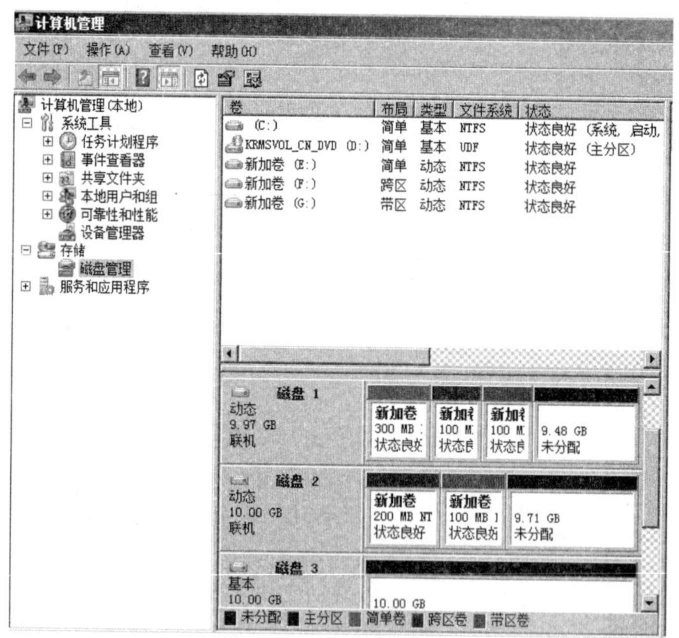

图 10-28　创建的带区卷

10.3.5　创建镜像卷

镜像卷是在两个物理磁盘上复制数据的容错卷。它通过使用卷的副本（镜像）复制该卷中的信息来提供数据冗余。镜像卷具有容错能力。镜像总位于另一个磁盘上。如果其中一个物理磁盘出现故障，则该故障磁盘上的数据将不可用，但是系统可以使用未受影响的磁盘继续操作。

创建镜像卷的步骤如下：

（1）打开“磁盘管理”，右击要创建镜像卷的动态磁盘上的未分配空间，然后选择“新建镜像卷”命令，如图 10-29 所示，弹出“欢迎使用新建镜像卷向导”对话框，如图 10-30 所示。

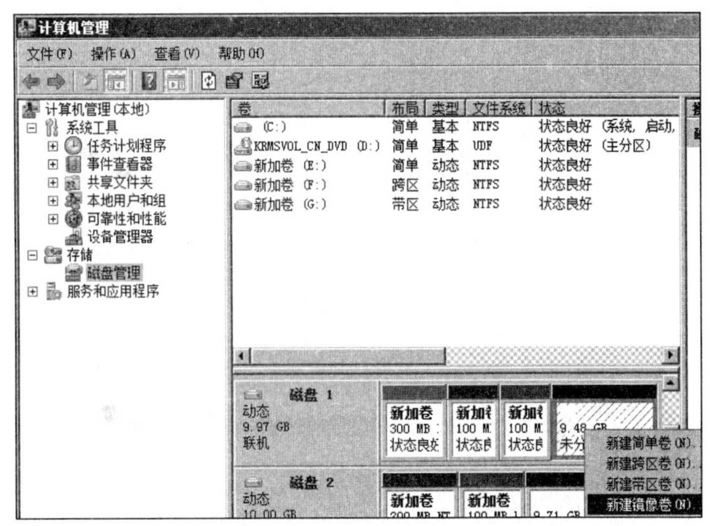

图 10-29 “新建镜像卷”命令

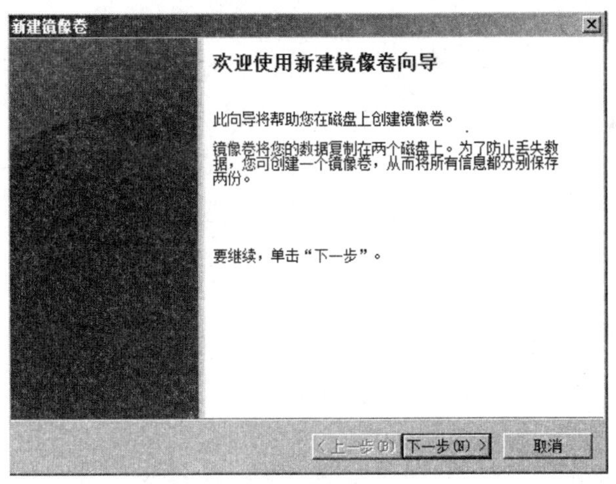

图 10-30 “欢迎使用新建镜像卷向导”对话框

（2）单击“下一步”按钮，在“选择磁盘”对话框中，选择要使用的动态磁盘，并指定相同的空间大小，如图 10-31 所示。

（3）单击“下一步”按钮，在“分配驱动器号和路径”对话框中，选择“分配以下驱动器号”单选按钮，并为镜像卷选择一个盘符（如 H），如图 10-32 所示。

（4）单击“下一步”按钮，在“卷区格式化”对话框中，选择“按下列设置格式化这个卷”单选按钮，并设置所使用的文件系统、分配单元大小和卷标，如图 10-33 所示。然后单击“下一步”按钮。

新建镜像卷
选择磁盘
您可以选择磁盘并为此卷设置磁盘大小。
选择要使用的磁盘，然后单击“添加”。
可用(V):
磁盘 3 10237 MB
添加(A) >
< 删除(R)
< 全部删除(M)
已选的(S):
磁盘 1 100 MB
磁盘 2 100 MB
卷大小总数(MB):
100
最大可用空间量(MB):
9937
选择空间量(MB)(E):
100
< 上一步(B)
下一步(N) >
取消

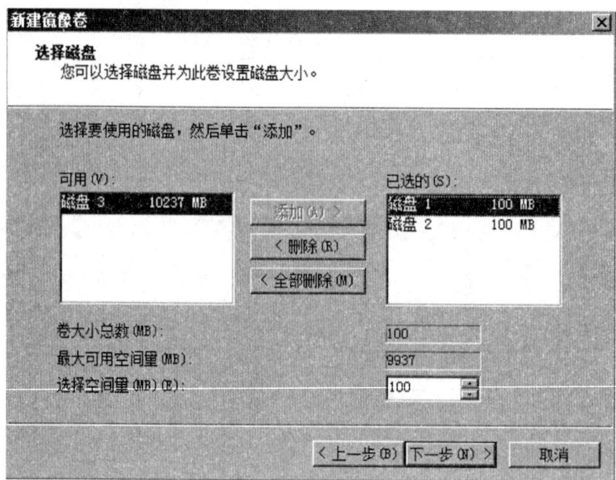

图 10-31 “选择磁盘”对话框

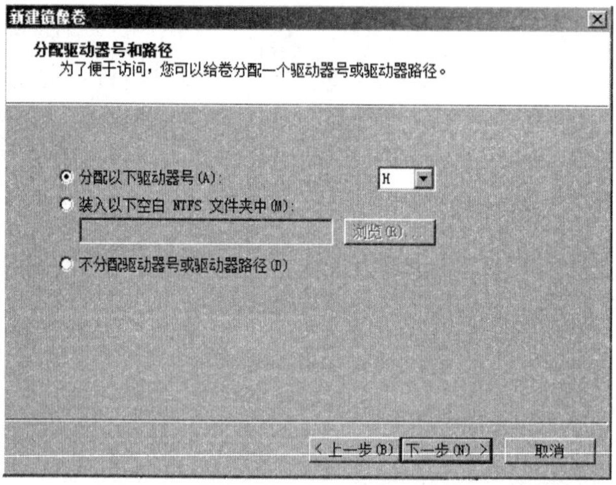

新建镜像卷
分配驱动器号和路径
为了便于访问，您可以给卷分配一个驱动器号或驱动器路径。
分配以下驱动器号(A):
H
装入以下空白 NTFS 文件夹中(M):
浏览(R)...
不分配驱动器号或驱动器路径(D)
< 上一步(B)
下一步(N) >
取消

图 10-32 “分配驱动器号和路径”对话框

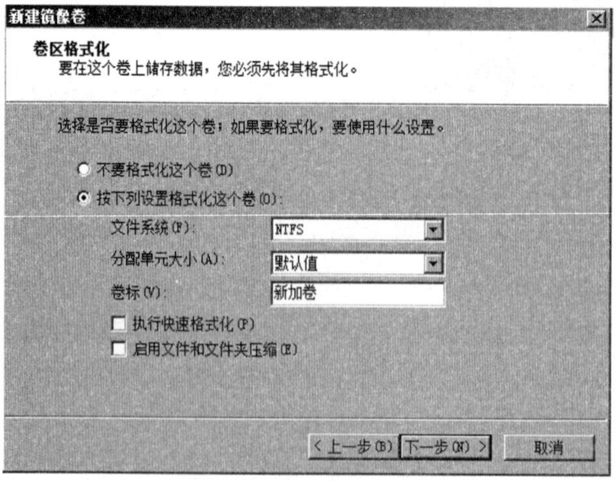

新建镜像卷
卷区格式化
要在这个卷上储存数据，您必须先将其格式化。
选择是否要格式化这个卷；如果要格式化，要使用什么设置。
不要格式化这个卷(D)
按下列设置格式化这个卷(O):
文件系统(F):
NTFS
分配单元大小(A):
默认值
卷标(V):
新加卷
执行快速格式化(P)
启用文件和文件夹压缩(E)
< 上一步(B)
下一步(N) >
取消

图 10-33 “卷区格式化”对话框

（5）单击“完成”按钮，结果如图 10-34 所示。

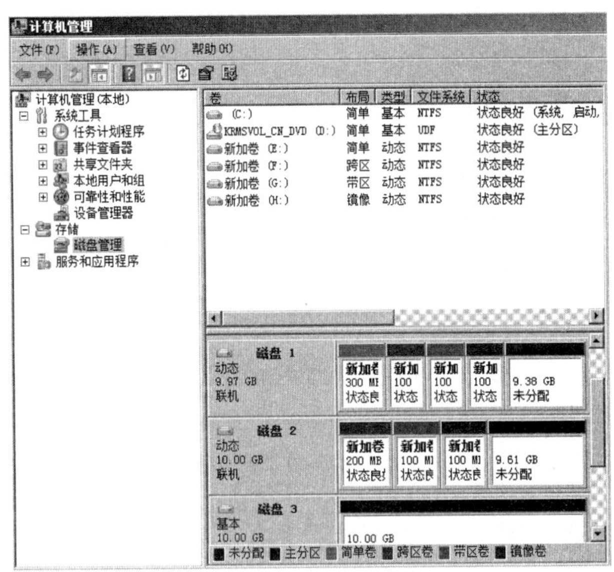

图 10-34　创建的镜像卷

10.3.6　创建 RAID-5 卷

RAID-5 卷是具有数据和奇偶校验的容错卷，分布于三个或更多的物理磁盘。奇偶校验是用于在阵列失效后重建数据的计算值。如果物理磁盘的某一部分失效，可以用余下的数据和奇偶校验重新创建磁盘上失效的那一部分数据。至少需要三个动态磁盘才能创建 RAID-5 卷。组成 RAID-5 的每个成员容量大小相同。

创建 RAID-5 卷的步骤如下：

（1）打开“磁盘管理”，右击要创建 RAID-5 卷的动态磁盘上的未分配空间，然后选择“新建 RAID-5 卷”命令，如图 10-35 所示。弹出“欢迎使用新建 RAID-5 卷向导”对话框，如图 10-36 所示。

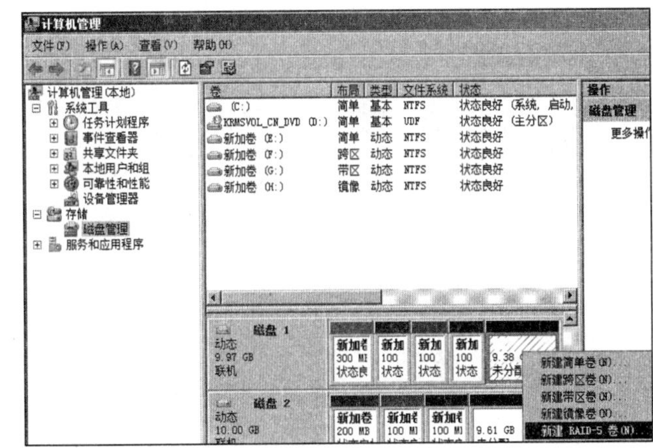

图 10-35　“新建 RAID-5 卷”命令

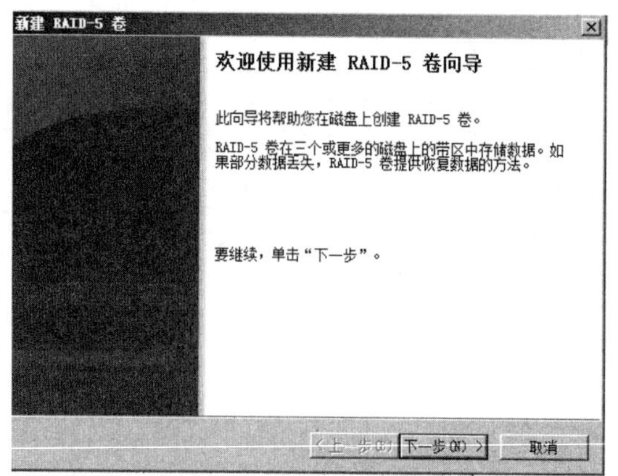

图 10-36 “欢迎使用新建 RAID-5 卷向导”对话框

（2）单击“下一步”按钮，在“选择磁盘”对话框中，选择三个或更多的动态磁盘，并选定要使用的容量，如图 10-37 所示。

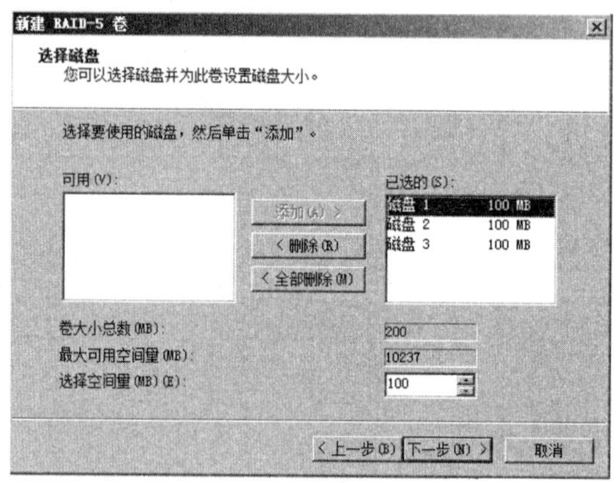

图 10-37 “选择磁盘”对话框

（3）单击“下一步”按钮，在“分配驱动器号和路径”对话框中，选择“分配以下驱动器号”，并为 RAID-5 卷选择一个盘符（如 I），如图 10-38 所示。

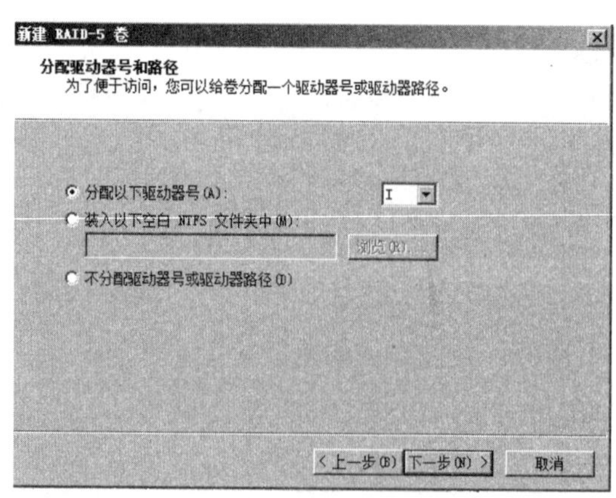

图 10-38 “分配驱动器号和路径”对话框

第10章

（4）单击“下一步”按钮，在“卷区格式化”对话框中，选择“按下列设置格式化这个卷”单选按钮，并设置所使用的文件系统、分配单元大小和卷标，如图 10-39 所示，然后单击“下一步”按钮。

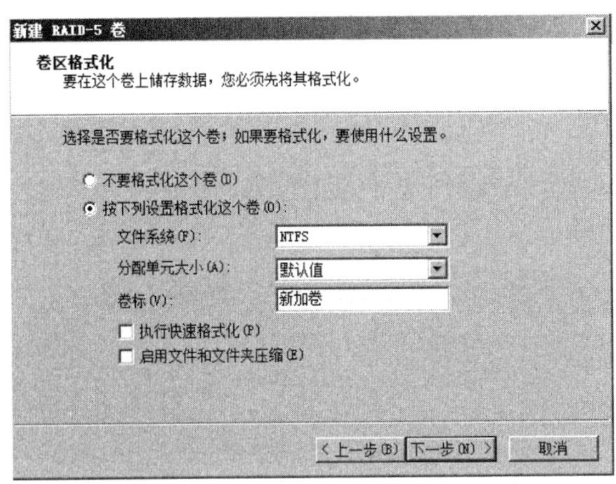

图 10-39 “卷区格式化”对话框

（5）单击“完成”按钮，结果如图 10-40 所示。

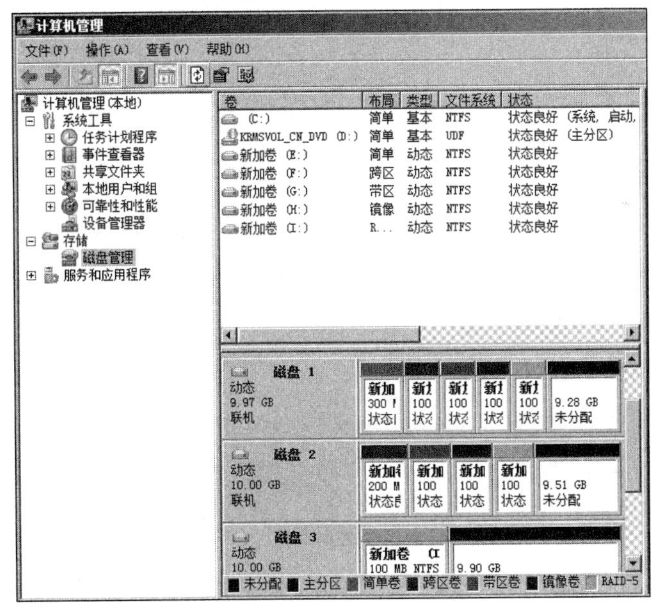

图 10-40 创建的 RAID-5 卷

10.4 磁盘配额

磁盘配额是指系统管理员可以根据用户所拥有的文件与文件夹来配置对磁盘空间的使用。系统管理员可以根据磁盘空间配额功能来设置用户磁盘空间的大小，警告某一用户已快达到磁盘空间配额的限制，记录用户超过磁盘空间配额限制的事件。

在 Windows Server 2008 中，每个用户的磁盘配额都是独立的，一个用户磁盘配额使用情况的变化不会影响其他用户。磁盘配额根据文件的所有权，与卷中用户文件的文件夹位置无关。

设置磁盘配额的步骤如下（以 H 盘为例）：

（1）打开“我的电脑”窗口，选择磁盘 H 的属性对话框中的“配额”选项卡，勾选“启用配额管理”复选框，此时对话框下方所有不可用的选项都会变为可用，如图 10-41 所示。

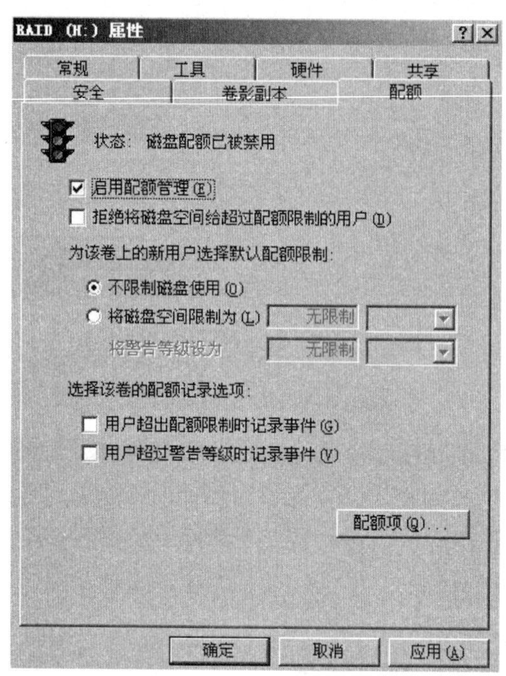

图 10-41　启用配额管理

（2）在图 10-41 所示的对话框中单击“配额项”按钮，弹出如图 10-42 所示的窗口，用户可以设置和查看对特定用户实施的不同的磁盘配额限制。

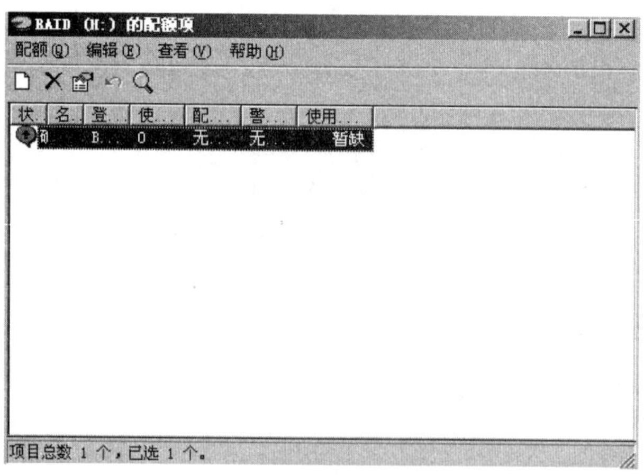

图 10-42　配额项内容

从图 10-42 中的图标可以了解磁盘配额的使用状态。如果是黄色，则表示 Windows Server 2008 正在重新创建磁盘空间配额的信息；如果是红色，则表示磁盘配额系统已经停用。单击“确定”按钮即可启动磁盘配额系统，启动之后，Windows 会根据各个用户所拥有的文件与目录来统计所使用的磁盘空间，所以可能需要一段时间。

（3）在该窗口中可以看到所有用户的磁盘总量与使用的状态，可以选择“配额”→“添加新配额项”命令来为特定的用户限制磁盘配额，在“选择用户”对话框上新建一个用户，单击“确定”按钮后弹出“添加新配额项”对话框，如图 10-43 所示。设置“将磁盘空间限制为”选项为“2KB”，“将警告等级设为”选项为“1KB”，单击“确定”按钮，完成新配额项的添加。

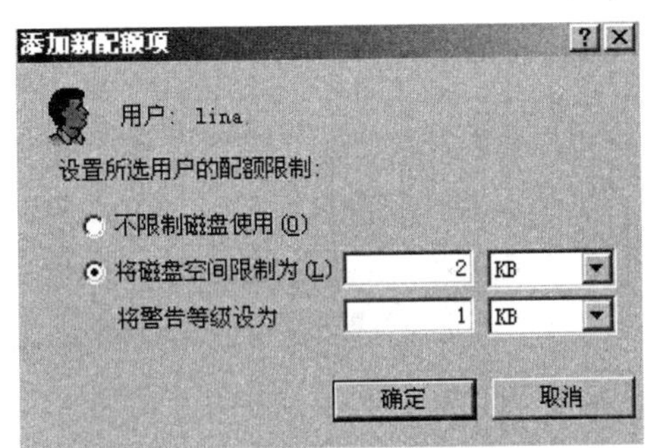

图 10-43　“添加新配额项”对话框

10.5 实验：管理动态磁盘

10.5.1 实验目的

- 掌握在虚拟机中添加硬盘的方法。
- 掌握将基本磁盘转换为动态磁盘的方法。
- 掌握创建简单卷、跨区卷、带区卷、镜像卷以及 RAID-5 卷的方法。

10.5.2 实验内容

本实验的目的是通过磁盘管理程序对基本磁盘和动态磁盘进行管理。实验内容包括将基本磁盘转换为动态磁盘；在动态磁盘上创建跨区卷、带区卷、镜像卷以及 RAID-5 卷。实验要求为在基本磁盘上运行 Windows Server 2008，并且计算机最少安装三块硬盘。

10.5.3 实验步骤

一、将基本磁盘转换为动态磁盘

将基本磁盘“磁盘 1”“磁盘 2”“磁盘 3”升级为动态磁盘。

（1）在转换磁盘之前，关闭在该磁盘上运行的程序。

（2）打开“磁盘管理”，右击需要转换的基本磁盘，然后在弹出的菜单中选择“转换到动态磁盘”命令，如图 10-44 所示。在弹出的对话框中，如图 10-45 所示，选择要转换的基本磁盘，包括“磁盘 1”“磁盘 2”“磁盘 3”，然后单击“确定”按钮。

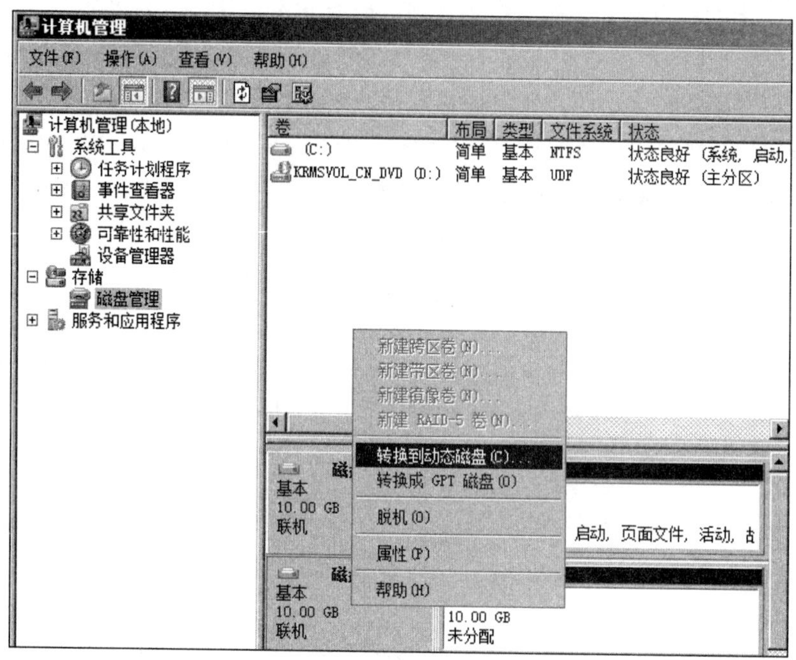

图 10-44 “转换到动态磁盘”命令

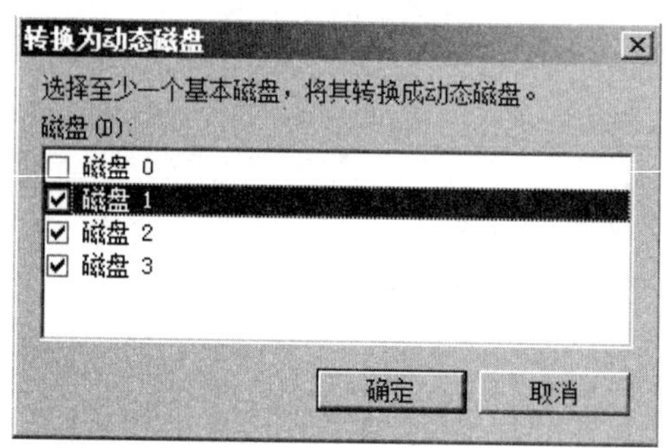

图 10-45 “转换为动态磁盘”对话框

（3）完成转换后，原来那些磁盘显示的“基本”字样变成“动态”字样。

二、在虚拟机中添加硬盘

想要创建跨区卷、带区卷、镜像卷和 RAID-5 卷，至少需要两个或两个以上的物理磁盘空间，如果计算机中只有一块硬盘，则可以通过在虚拟机中添加硬盘来实现，操作步骤如下：

（1）在虚拟机中先关闭 Windows Server 2008 系统，返回到如图 10-46 所示的窗口，然后选择“虚拟机”→“设置”命令，弹出如图 10-47 所示的对话框，在左侧的窗口中选择“硬盘（SCSI）”。

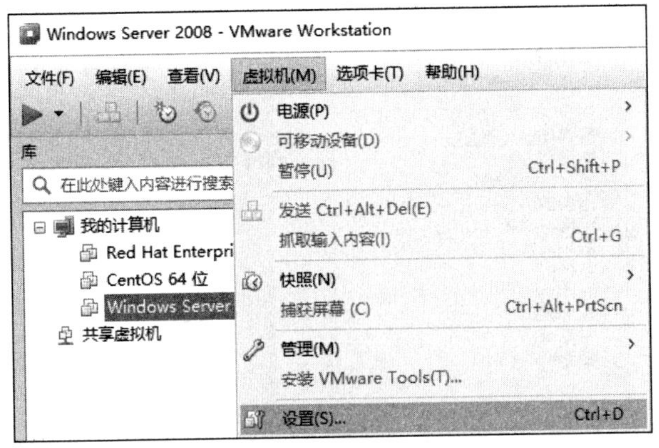

图 10-46　“设置”命令

图 10-47　“虚拟机设置”对话框

（2）单击“确定”按钮，弹出如图 10-48 所示的对话框，选择“硬盘”。

（3）单击“下一步”按钮，弹出如图 10-49 所示的对话框，设置虚拟磁盘的类型。

（4）单击“下一步”按钮，弹出如图 10-50 所示的对话框，选择“创建新虚拟硬盘”单选按钮。

（5）单击“下一步”按钮，弹出如图 10-51 所示的对话框，设置虚拟磁盘的大小。

（6）单击“下一步”按钮，弹出如图 10-52 所示的对话框，设置虚拟磁盘的位置，单击“完成”按钮，即添加了一块新硬盘。

添加硬件向导
硬件类型
您要安装哪类硬件?
硬件类型:
硬盘
CD/DVD 驱动器
软盘驱动器
网络适配器
USB 控制器
声卡
并行端口
串行端口
打印机
通用 SCSI 设备
解释
添加硬盘。
< 上一步(B)
下一步(N) >
取消

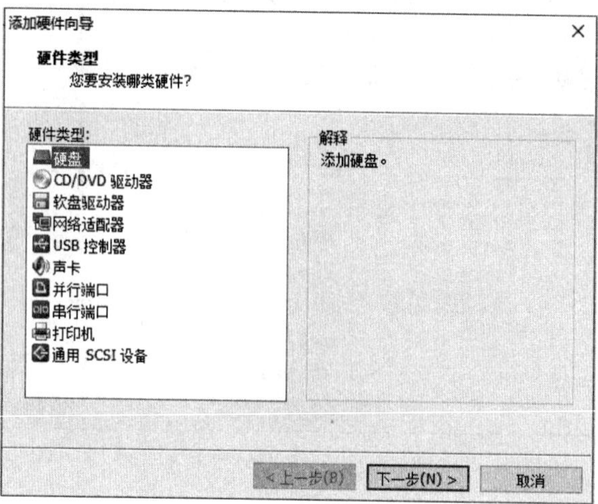

图 10-48　“硬件类型”对话框

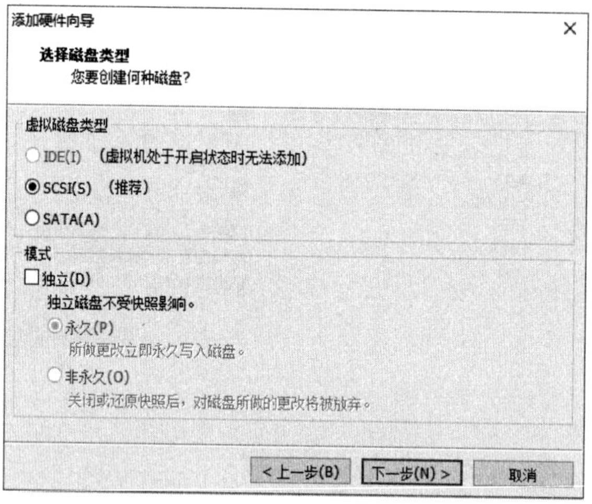

添加硬件向导
选择磁盘类型
您要创建何种磁盘?
虚拟磁盘类型
IDE(I)　(虚拟机处于开启状态时无法添加)
SCSI(S)　(推荐)
SATA(A)
模式
独立(D)
独立磁盘不受快照影响。
永久(P)
所做更改立即永久写入磁盘。
非永久(O)
关闭或还原快照后，对磁盘所做的更改将被放弃。
< 上一步(B)
下一步(N) >
取消

图 10-49　“选择磁盘类型”对话框

添加硬件向导
选择磁盘
您要使用哪个磁盘?
磁盘
创建新虚拟磁盘(V)
虚拟磁盘由主机文件系统上的一个或多个文件组成，客户机操作系统会将其视为单个硬盘。虚拟磁盘可在一台主机上或多台主机之间轻松复制或移动。
使用现有虚拟磁盘(E)
选择此选项将重新使用之前配置的磁盘。
使用物理磁盘(适用于高级用户)(P)
选择此选项将为虚拟机提供直接访问本地硬盘的权限。
< 上一步(B)
下一步(N) >
取消

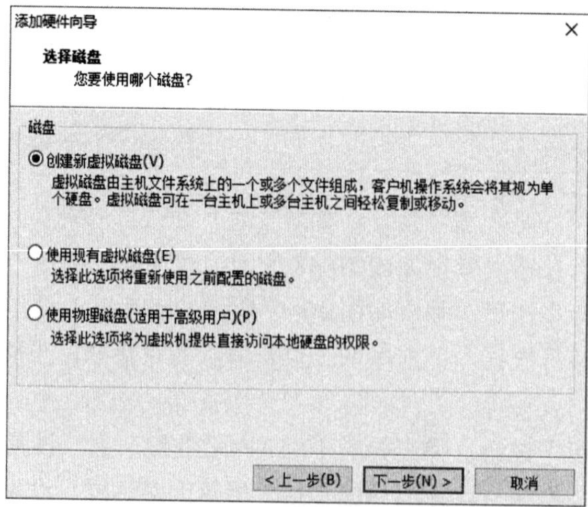

图 10-50　“选择磁盘”对话框

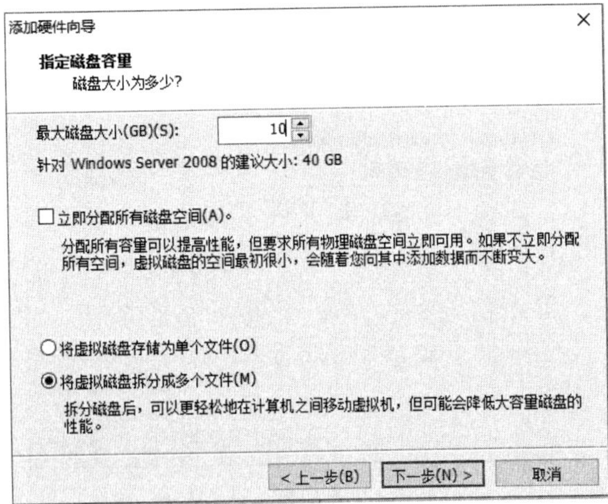

图 10-51　设置虚拟硬盘的大小

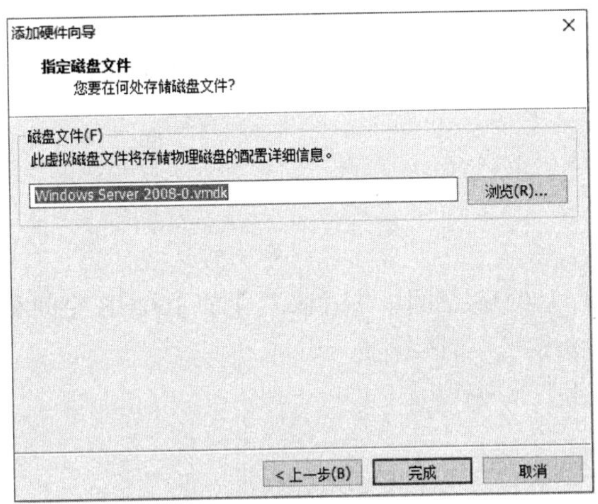

图 10-52　设置虚拟硬盘的位置

（7）重复第 1 步～第 6 步，完成另两块虚拟硬盘的创建，结果如图 10-53、图 10-54 所示。

添加硬件向导
指定磁盘文件
您要在何处存储磁盘文件?
磁盘文件(F)
此虚拟磁盘文件将存储物理磁盘的配置详细信息。
Windows Server 2008-1.vmdk
浏览(R)...
< 上一步(B)　完成　取消

图 10-53　添加第二块新硬盘

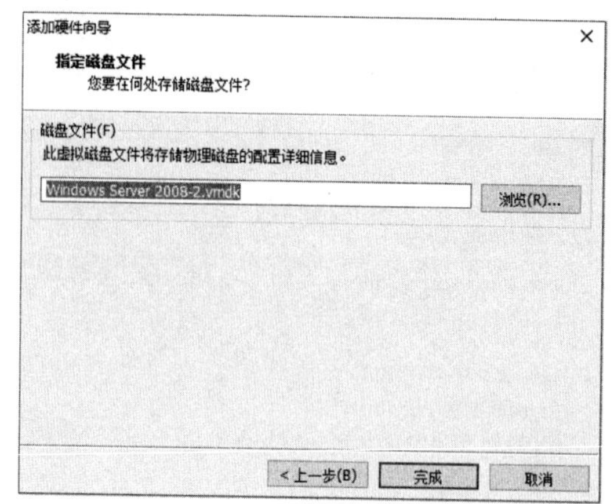

图 10-54 添加第三块新硬盘

三、创建跨区卷

利用“磁盘 1”上的 100MB 空间和“磁盘 2”上的 200MB 空间创建一个跨区卷，卷标为“跨区卷”。

具体步骤参考 10.3.3 小节内容。

四、创建带区卷

利用“磁盘 1”上的 100MB 空间、“磁盘 2”上的 100MB 空间和“磁盘 3”上的 100MB 空间创建一个带区卷，卷标为“带区卷”。

具体步骤参考 10.3.4 小节内容。

五、创建镜像卷

利用“磁盘 1”上的 100MB 空间、“磁盘 2”上的 100MB 未用空间创建镜像卷。

具体步骤参考 10.3.5 小节内容。

六、创建 RAID-5 卷

利用“磁盘 1”上的 100MB 空间、“磁盘 2”上的 100MB 空间和“磁盘 3”上的 100MB 空间创建一个 RAID-5 卷。

具体步骤参考 10.3.6 小节内容。

10.6 习题

1．用户安装了一个新的 10GB 硬盘，打算将它分成 5 个 2GB 部分，应如何进行分区？

2．三块硬盘，其每块硬盘的大小均为 2GB。将三块硬盘制作成 RAID 5 卷，要求在设置过程中理解 RAID 5 卷的特点。

附录A　实验报告参考样本

学院：　　　　　　　　　　　　　　　　班级：

姓名：　　　　　　　　　　　　　　　　学号：

实验设备：

<table>
<tr><td>实验项目名称</td><td></td></tr>
<tr><td>实验目的</td><td></td></tr>
<tr><td colspan="2">实验要求：</td></tr>
<tr><td colspan="2">实验内容（包括步骤）：</td></tr>
<tr><td colspan="2">调试与结果测试：</td></tr>
<tr><td colspan="2">实验总结：</td></tr>
<tr><td colspan="2">－－－－－－－－－－－－－－以下内容为教师填写－－－－－－－－－－－－－－－－－－
教师评阅：</td></tr>
<tr><td colspan="2">成绩：

年　　月　　日</td></tr>
</table>

附录 B　高等职业院校技能大赛竞赛样题（服务器配置）

1. 软件环境

序号	软件名称	技术参数
1	Windows XP	30 天试用版
2	VMware-Workstation-full-10.0.3-18105310	免费版
3	RAR 5.0（中文版）	免费版
4	Microsoft Office 2010（中文版）	30 天试用版
5	Windows 2008 Server（中文版）	180 天试用版

2. 网络拓扑

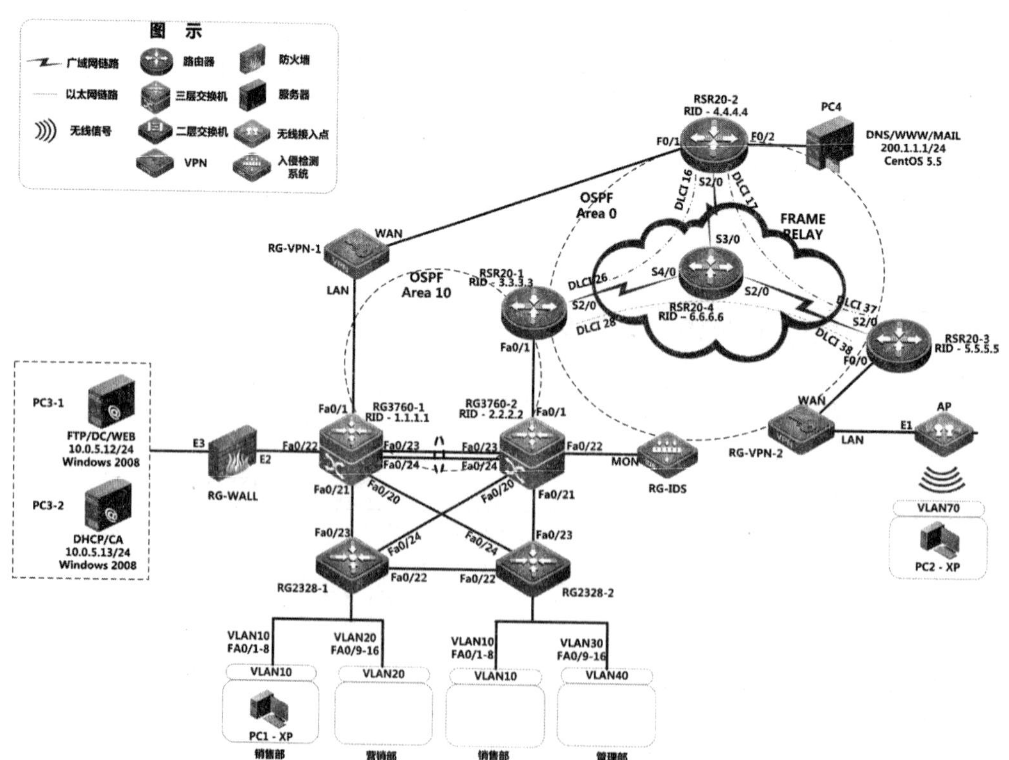

3. 应用系统

服务器名称	提供服务	操作系统	IP 地址
PC3-1.abc.com	域控制器/FTP/WEB 服务	Windows Server 2008	10.0.5.12/24
PC3-2.abc.com	DHCP/CA 服务	Windows Server 2008	10.0.5.13/24
PC1.abc.com	测试	Windows XP	DHCP
PC2.abc.com	测试	Windows XP	DHCP

4. 竞赛题目

系统应用平台构建（100 分）

序号	网络需求	分数
PC3-1	安装 Windows Server 2008 操作系统，配置域名为 PC3-1.abc.com。设置域和林的功能级别为 Windows Server 2003。并配置正确的 IP 地址。DNS 服务仅为域和域中的服务器提供支撑	10
	三块虚拟硬盘，每块硬盘的大小为 2GB。将三块硬盘制作成 RAID 5	10
	创建 3 个组，组名采用需要使用部门名称的拼音来命名，每个部门都创建 5 个用户，销售部用户为 user1～user5、管理部用户为 user6～user10、营销部用户为 user11～user15，用户不能修改用自己的口令，全部用户初始口令为 ABCabc123#，并要求用户只能在上班时间登录（每天 9:00－18:00）	10
	安装并配置 FTP 服务。使不同的用户都有自己独立的文件夹。每个用户 ftp 文件夹最多有 20MB 的空间。当达到 50%的时候能够提醒客户端。凭用户名、密码可以上传下载。来宾账户只能在公共根目录下载，不能上传	15
	安装并配置 Web 服务，是能够提供 www.abc.com 的网站服务。主页为 jndsindex.html，内容为“欢迎访问技能大赛会场”。网站服务带宽为 20MB，最大连接数为 20000 个，必须通过证书进行 SSL 访问	15
PC3-2	安装 Windows Server 2008 操作系统，配置域名为 PC3-2.abc.com。设置域和林的功能级别为 Windwos Server 2003，并配置正确的 IP 地址加入到 PC3-1 的域中去	10
	安装并配置 DHCP 服务，为 VLAN10-30 提供动态的 IP 地址分配服务，租期为 2 天。分配正确的 IP 地址段、DNS 服务器、网关及排除已经使用的地址	10
	安装并配置 CA 服务器，使用户能够申请证书访问 PC3-1 的 Web 服务器	10
PC1	配置正确的 IP、DNS、网关地址	5
PC2	配置正确的 IP、DNS、网关地址	5

参考文献

[1] 柴方艳．服务器配置与应用（Windows Server 2008 R2）[M]．北京：电子工业出版社，2012．

[2] 叶小荣，刘晓辉．网络服务器配置与应用[M]．北京：中国铁道出版社，2011．

[3] 钟小平，张金石．网络服务器配置与应用[M]．3 版．北京：人民邮电出版社，2007．

[4] 吴怡．计算机网络配置管理与应用——Windows Server 2003[M]．北京：高等教育出版社，2006．

[5] 冼进．网络服务器搭建、配置与应用[M]．北京：电子工业出版社，2006．

[6] 张朝辉．网络服务器配置与应用手册[M]．北京：国防工业出版社，2004．

[7] 尹敬齐．Windows Server 2003 网络操作系统与实训[M]．北京：科学出版社，2006．

[8] 张黎明．网络操作系统：Windows 2000 Server 管理与应用[M]．北京：机械工业出版社，2005．

[9] 丛佩丽．网络操作系统管理与应用[M]．北京：中国铁道出版社，2012．

[10] 杨云，于淼，王春身．Windows Server 2008 网络操作系统项目教程[M]．2 版．北京：人民邮电出版社，2013．